中国消防救援学院规划教材

灭火战术训练

主　　编　姜连瑞　苗国典
副主编　黄东方
参编人员　朱显伟　王万通　范文恺
　　　　　原　敏　王　佩　范维松

应急管理出版社
·北　京·

图书在版编目（CIP）数据

灭火战术训练/姜连瑞，苗国典主编. -- 北京：应急管理出版社，2022（2024.2 重印）

中国消防救援学院规划教材

ISBN 978-7-5020-9380-8

Ⅰ.①灭… Ⅱ.①姜… ②苗… Ⅲ.①灭火—高等学校—教材 Ⅳ.①TU998.1

中国版本图书馆 CIP 数据核字（2022）第 095117 号

灭火战术训练（中国消防救援学院规划教材）

主　　编　姜连瑞　苗国典
责任编辑　闫　非　罗秀全　郭玉娟
责任校对　李新荣
封面设计　王　滨

出版发行　应急管理出版社（北京市朝阳区芍药居 35 号　100029）
电　　话　010-84657898（总编室）　010-84657880（读者服务部）
网　　址　www.cciph.com.cn
印　　刷　河北鹏远艺兴科技有限公司
经　　销　全国新华书店

开　　本　787mm×1092mm $^{1}/_{16}$　印张　16 $^{1}/_{4}$　字数　354 千字
版　　次　2022 年 7 月第 1 版　2024 年 2 月第 2 次印刷
社内编号　20220730　定价　48.00 元

前　　言

中国消防救援学院主要承担国家综合性消防救援队伍的人才培养、专业培训和科研等任务。学院的发展，对于加快构建消防救援高等教育体系、培养造就高素质消防救援专业人才、推动新时代应急管理事业改革发展，具有重大而深远的意义。学院秉承“政治引领、内涵发展、特色办学、质量立院”办学理念，贯彻对党忠诚、纪律严明、赴汤蹈火、竭诚为民“四句话方针”，坚持立德树人，坚持社会主义办学方向，努力培养政治过硬、本领高强，具有世界一流水准的消防救援人才。

教材作为体现教学内容和教学方法的知识载体，是组织运行教学活动的工具保障，是深化教学改革、提高人才培养质量的基础保证，也是院校教学、科研水平的重要反映。学院高度重视教材建设，紧紧围绕人才培养方案，按照“选编结合”原则，重点编写专业特色课程和新开课程教材，有计划、有步骤地建设了一套具有学院专业特色的规划教材。

本套教材以马克思列宁主义、毛泽东思想、邓小平理论、“三个代表”重要思想、科学发展观、习近平新时代中国特色社会主义思想为指导，以培养消防救援专门人才为目标，按照专业人才培养方案和课程教学大纲要求，在认真总结实践经验，充分吸纳各学科和相关领域最新理论成果的基础上编写而成。教材在内容上主要突出消防救援基础理论和工作实践，并注重体现科学性、系统性、适用性和相对稳定性。

《灭火战术训练》由中国消防救援学院教授姜连瑞、原辽宁省消防救援总队高级工程师苗国典任主编，中国消防救援学院讲师黄东方任副主编。参加编写的人员及分工：姜连瑞编写第一章，王佩编写第二章及课目一，原敏编写第三章及课目二、十八，范维松编写第四章及附录，朱显伟编写第五章及课目三、四，黄东方编写第六章及课目五、六、十、十一、十四、十七，王万通编写第七章及课目十五、十六、十九，范文恺编写课目七、八、九、十二、十三。苗国典对本教材编写给予总体指导。

本套教材在编写过程中，得到了应急管理部、兄弟院校、相关科研院所的大力支持和帮助，谨在此深表谢意。

由于编者水平所限，教材中难免存在不足之处，恳请读者批评指正，以便再版时修改完善。

中国消防救援学院教材建设委员会

2022年4月

目　录

上篇　灭火战术训练理论

第一章　绪论 …… 3

第一节　灭火战术训练的分类和构成要素 …… 3

第二节　灭火战术训练的特点和任务 …… 7

第三节　灭火战术训练的原则和要求 …… 10

第四节　灭火战术训练的内容、方法及程序 …… 12

第二章　灭火战例研究 …… 20

第一节　概述 …… 20

第二节　战例研究基础 …… 24

第三节　战例研究训练 …… 27

第三章　灭火想定作业 …… 31

第一节　概述 …… 31

第二节　灭火想定作业材料编写 …… 35

第三节　灭火想定作业的组织实施 …… 38

第四章　灭火战术演练 …… 42

第一节　概述 …… 42

第二节　灭火战术演练方案编写 …… 46

第三节　灭火战术演练的组织实施 …… 49

第五章　计算机模拟灭火战术训练 …… 52

第一节　概述 …… 52

第二节　计算机模拟灭火战术训练系统组成 …… 55

第三节　计算机模拟灭火战术训练的组织实施 …… 62

第六章 灭火战术基础训练 …… 67
第一节 概述 …… 67
第二节 灭火战术基础训练的环节 …… 69
第三节 灭火战术基础训练的组织实施 …… 73
第七章 灭火战术综合训练 …… 78
第一节 概述 …… 78
第二节 灭火战术综合训练的环节 …… 84
第三节 灭火战术综合训练的组织实施 …… 88

下篇 灭火战术训练课目

课目一 灭火战例研究训练 …… 97
课目二 灭火想定作业训练 …… 114
课目三 建筑火灾扑救计算机模拟训练 …… 121
课目四 石油化工火灾扑救计算机模拟训练 …… 131
课目五 建筑火灾火情侦察训练 …… 139
课目六 建筑火灾灭火阵地设置训练 …… 146
课目七 建筑火灾疏散救人训练 …… 152
课目八 建筑火灾火势控制训练 …… 159
课目九 危险化学品事故侦检、堵漏、洗消训练 …… 165
课目十 厂房仓库火灾扑救训练 …… 172
课目十一 地下建筑火灾扑救训练 …… 180
课目十二 汽车火灾扑救训练 …… 188
课目十三 危险化学品槽罐车火灾扑救训练 …… 195
课目十四 可燃液体储罐火灾扑救训练 …… 202
课目十五 液化烃储罐火灾扑救训练 …… 210
课目十六 石油化工装置火灾扑救训练 …… 216
课目十七 高层建筑火灾扑救灭火战术综合训练 …… 222
课目十八 大型综合体火灾扑救灭火战术综合训练 …… 231
课目十九 石油化工火灾扑救灭火战术综合训练 …… 238

附录 灭火战术演练方案示例 …… 244
参考文献 …… 252

上篇

灭火战术训练理论

第一章 绪 论

灭火战术训练是消防救援人员将战术理论转化为实践能力的一个必要环节。通过编制各类灾害事故灭火救援训练课目，将所学灭火救援战术原则和作战方法应用于训练课目、付诸实操训练或演练，提高消防救援人员战术应用水平和作战指挥能力，使其在面对高温、浓烟、有毒、缺氧、爆炸或倒塌等险情时能随机应变，面对复杂灭火救援现场能协同作战、综合处置。随着灭火救援对象趋于复杂化和现代科学技术在消防领域的大量应用，灭火救援作战指挥、作战方法和作战保障等都得到了不同程度的发展，也给战术训练增添了新的内容。

第一节 灭火战术训练的分类和构成要素

灭火战术训练是为掌握战术原则和作战方法，提高消防救援人员的战术应用水平、作战指挥能力、临机处置能力、协同作战能力和综合决策能力，针对不同灾害对象特点而开展的各种战法训练或演练。

一、灭火战术训练的分类

我国消防救援队伍灭火方面的训练主要包括三个方面，即消防体育训练、灭火技术训练、灭火战术训练。消防体育训练是根据灭火任务的特点，从实际需要出发开展的体育训练，服务于灭火作战所需的体能训练，主要有登高、器械体操和中长跑等。体育训练的目的主要是强化身体机能，为灭火技术训练和战术训练奠定基础。灭火技术训练是针对消防员灭火操作技能而开展的基本功训练，如个人防护装备穿戴、灭火器具的使用、救生器材的使用等，目的在于掌握装备的性能和使用方法。灭火技术训练是战术训练和遂行灭火救援任务的基础，是任何消防救援人员都应掌握的基本功。灭火战术训练是根据灭火救援实战需要，基于一定的场景设计，针对灭火救援全程开展的战术性训练，目的是提高消防救援人员的战术运用能力，锤炼火场应变、组织指挥的综合素质，是对灭火战术理论的一种实践活动。

在消防体育训练、灭火技术训练、灭火战术训练三者所构成的训练体系中，消防体育训练是技术训练和战术训练的体能保障，处于基础地位；灭火技术训练强调对消防技术装备的运用，在训练体系中处于中间地位；灭火战术训练处于最高层次，是对消防体育训练和灭火技术训练的综合运用与检验。

灭火战术训练的目的是使指挥员熟练掌握战术动作和协同方法，增强指挥员的思维能力和组织指挥能力，提升消防救援队伍协调一致的灭火救援战斗能力。

根据消防救援队伍所肩负的灭火救援任务，灭火战术训练的内容主要是各类火灾的扑救和各类战术方法的训练，重点是练战法、练指挥、练协调、练保障。根据参训对象规模和组织实施的部门，可分为灭火战术基础训练和灭火战术综合训练。灭火战术基础训练包括单兵战术训练、班组战术训练和消防救援站战术训练，通常由站级指挥员组织实施；灭火战术综合训练是指多个消防救援站的协同作战训练，通常由总（支、大）队级领导机构组织。根据训练内容可分为进攻战术训练、防御战术训练、供水战术训练、排烟战术训练、救人战术训练、破拆战术训练等。灭火战术训练的方式方法有多种，除实装实训灭火战术训练外，还有灭火战例研究、灭火想定作业、计算机模拟灭火战术训练等方式。

二、灭火战术训练的构成要素

灭火战术训练构成要素是训练得以实施的必要因素。研究训练及其构成要素，必须运用发展的观点，通过对训练的解剖，揭示其内在、外在因素的本质、特征及其相互作用的关系，以认识并把握训练的客观规律和发展趋势，寻求诸多要素的优化配置、组合与运用，以确保训练有序、有效运行。训练构成要素主要包括组训人员、受训人员、训练内容、训练方法和训练环境五个方面。

（一）组训人员

组训人员是对训练组织实施者的统称。组训人员队伍庞大，主要由三部分组成，一是组织领导和保障训练的人员与机构，如支队级以上机关；二是消防救援队伍的各级领导，由于消防救援队伍训练实行按级任教，所以下至班长、上至局长都是兼职教练员；三是各级各类专职组训人员和消防院校、训练总队、训练与战勤保障支队（大队）的职业组训人员等。

组训人员是灭火战术训练中的关键要素，主要承担选定训练目标、制定训练计划、组织训练准备、实施训练督导、及时发现和解决训练中的问题，是灭火战术训练的设计者、组织者、评价者和控制者，在训练过程中发挥主导作用。

决策筹划是组训人员的首要职能，包括贯彻执行训练的指导思想、方针、原则和上级的训练指示；部署训练任务，审定训练计划；协调训练与其他工作的关系，决定有关训练的特殊需要事项；对训练中可能出现的问题作出预测和判断，对训练运行中和以往训练中暴露的问题，找出症结所在，研究解决办法，为训练准备和展开提供依据与准绳。

组训人员应有坚定的政治立场、崇高的职业道德、严谨的治训精神、渊博的消防知识、过硬的消防技能、精湛的专业素质、创新的思维品格、民主的训练作风、较强的领导管理素质等。对组训人员的能力要求是：娴熟的“四会”（会讲、会做、会示范、会做思想政治工作）能力、组织协调与导演能力、丰富的想象力和较强的训练管理能力。

（二）受训人员

受训人员是指接受训练的个人和单位。受训人员是训练的对象，也是达成训练目的、落实训练质量的主体。受训人员包括受训个人和受训单位两大类。

在训练中，受训人员的数量最多、参与训练时间的比重最大，是训练中最活跃的因素。对组训人员而言，受训人员是客体，但就完成训练任务、实现训练目标而言，受训人员则是主体。受训人员素质和能力的提高，受自身理论基础、体能技能基础、训练的自觉意识、主观能动性以及创新性学习能力的影响，同时也受组训人员的教学训练内容、训练形式和方法的科学性、创新性与有效性相统一程度的影响。

受训人员应自觉遵循训练法规，主动、勤奋、创造性地开展训练。在新的历史时期，随着消防救援队伍职能的拓宽，消防救援队伍同各种灾害作斗争的任务更加艰巨，对训练也提出了更高、更新的要求，受训人员必须更加刻苦地训练，才能适应灭火救援形势发展的要求。平时训练多流汗，战时火场少流血；训练像灭火救援作战那样艰难，作战才能像演练那样从容。当今时代是一个创新的时代，消防科学技术日新月异，训练也要跟上时代的发展创新。受训人员既要勤学苦练，又要富于创造性地开展训练；应注重在训练中培养创新精神和创新能力，善于运用新的消防科学、技术、知识解决训练中遇到的问题，通过训练实践创新灭火救援理论和战法，不断丰富和发展训练内容、训练方式和训练方法。

（三）训练内容

训练内容是指受训人员在组训人员的组织下，根据灭火救援作战对象和作战任务开展的灭火战术训练活动。训练内容是灭火战术训练的核心要素，是组训人员制定训练考核大纲、训练计划及其相关规章制度的依据。

1. 训练内容的组成

训练内容由不同的训练课目组成，根据消防救援队伍所担负的灭火救援任务，其训练课目主要包括各类火灾扑救的灭火战术训练。主要包括：灭火战例研究训练、灭火想定作业训练、建筑火灾火情侦察训练、建筑火灾灭火阵地设置训练、建筑火灾疏散救人训练、建筑火灾火势控制训练、厂房仓库火灾扑救训练、地下建筑火灾扑救训练、交通工具火灾扑救训练、槽罐车火灾扑救训练、可燃液体储罐火灾扑救训练、液化烃储罐火灾扑救训练、石油化工装置火灾扑救训练、森林（草原）火灾扑救训练、其他类型的火灾扑救训练等。

2. 训练内容的重点

消防救援队伍灭火战术训练可分为基础训练和综合训练，其中灭火战术基础训练包括单兵战术训练、班（组）战术训练和消防救援站战术训练，综合训练是消防救援站间的协同训练。

灭火战术基础训练的重点是：战术原则与战术方法的运用、基本战术动作、对地形地物的利用、战斗队形、器材装备和灭火剂的运用、单兵间的协同、班组间的协同、组织指挥技能等训练，训练中强化进攻、防御和保障的训练，组训中应关注练战法、练指挥、练协同。

灭火战术综合训练的重点是：协同战斗的基本原则、作战与指挥手段的运用，组织指挥、灭火救援指挥部工作，消防救援队伍和多种灭火救援力量的协同动作、战斗和战勤保障等。

（四）训练方法

训练方法是灭火战术训练的组织形式、实施程序、教练方法和手段的统称。灭火战术训练方法包括灭火战例研究、灭火想定作业、灭火战术演练、计算机模拟灭火战术训练等，主要包括组训形式、实施程序、教学（教练）方法、手段运用四个方面内容。

由于组成要素的多样性，灭火战术训练方法具有多样性，主要体现在三个方面：训练组织领导者的方法，如组织方法、计划方法、保障方法、指导方法、监督方法、激励奖惩方法；训练实施者的方法，如教学方法、作业指导方法、演练导调裁判方法、检查考核方法、总结讲评方法；受训人员的作业方法，如听课方法、阅读方法、观摩方法、作业方法、评教评管方法等。不同层次的受训人员，不同的训练内容，需要采取不同的组织方法和训练方法。

任何一种训练方法都必须着眼于提高训练的效率和质量，符合训练目的，与训练内容、训练环境和训练条件相适应，否则将难以发挥其应有的作用。为了尽快提高消防救援队伍的实战能力，应进行不同天气、复杂情况下近似实战的训练，如夜间训练、大风天训练、雨雪天训练、严寒酷暑天气训练、缺水情况下的训练等。

训练方法在一定程度上决定训练效果，科学的训练方法可有效提高训练质量与效益。训练方法必须以训练内容为基础，与训练内容相适应。对不同的训练课目，应采取不同的组织形式和方法。例如，灭火想定作业训练课目采用想定作业的形式，但可以结合计算机模拟建立灾害事故场景，以更加形象、直观地进行想定和推演；火情侦察训练课目宜采用实地演练的方式开展训练，利用真实的建筑模拟火情、烟气、障碍物等，以接近实战的场景提升受训人员现场侦察的能力；战例研究训练课目宜采用集体讲授、多媒体展示、分组研讨、总结讲评等方法。因此，选择和运用训练方法必须与训练内容相适应。

（五）训练环境

训练环境是灭火战术训练的时间空间环境、设施、器材装备等物质环境以及思想、社会环境的统称。

灭火战术训练环境具有多元性和复杂性。现代条件下，影响和制约训练环境的因素越来越多，训练的各项组织保障工作越来越复杂，各个环境因素相互之间的联系也越来越紧密，由此决定了训练是在一个复杂的环境中运行。组训人员必须充分认识训练环境的特点及其对训练过程的影响，从宏观上着眼，把各种环境、各个层次、各个方面的保障看成一个完整的体系，建立科学合理的内部结构，周密而科学地组织各项训练活动。

不同的训练环境各有利弊。例如，较多的训练时间当然利于基础差的受训人员熟悉、掌握技能，但对于基础好的受训人员则可能引起疲沓、懈怠等倾向；模拟实战的真火真烟训练环境，与实战结合度高、过程真实，但训练损耗的人力物力成本高、安全隐患多，虽然有先进的保障手段，倘若其实际费用超过一定限度，即使训练效果好，但效费比较低；模拟训练形象逼真，但并不能从根本上替代实物、实地、实装训练。可见，认识到训练环境的优劣并存，有利于组训人员和受训人员科学合理地利用训练环境。

训练环境不是一成不变的。如训练时间是根据训练内容的难易程度和以往的训练经验确定的，但随着受训人员文化基础、自学能力的提高，原定的训练时间就可能缩短；随着虚拟现实、增强现实、空间智能等现代技术的发展和在训练中的广泛应用，训练空间会向虚拟训练空间拓展；随着灭火救援理论的创新，消防救援队伍体制编制的改革，国家经济实力的增强，战术训练的装备、后勤等保障条件也会逐渐提升。

提高训练质量，除了取决于训练指导思想、方针、原则和内容方法之外，还受训练环境的极大制约。具体来说，训练环境制约着训练活动的展开，训练内容的确定，训练方法的选择和训练目标的实现。消防器材装备越是现代化，训练的科技含量越高，这种制约作用就越明显。

第二节 灭火战术训练的特点和任务

灭火战术源于灭火作战实践和装备技术的进步，发展于战术理论的研究和积累。灭火战术训练是介于实战与理论之间，趋于实战的一种练兵活动。

一、灭火战术训练的特点

灭火战术训练是消防救援队伍灭火救援业务训练的重要内容之一，具有实战性、多变性、协同性和广泛性等特点。

1. 实战性

战术训练具有鲜明的实战性，不同类型的战术训练对象需要采用针对性的战术方法和战术措施。

结合特定的灭火救援对象和环境，设置模拟现场和可变的灾情发展过程，这是战术训练的前提。各种组训形式的战术训练，都是以实战为背景，比如模拟重大灾情的灭火救援综合演练，近似于实战，具有灭火救援现场的真实效果。贴近实战开展战术训练有以下三点作用：首先，能为各级指挥员在灾情研判、指挥决策和战术应用等方面提供实践机会，提高其作战指挥能力；其次，能使消防救援人员在实战的环境氛围中得到锻炼，增强战术意识，提高其战术应用水平；最后，还能验证灭火救援新技术和新装备所形成的战术理论在实战中的应用效果。

2. 多变性

主要体现在三个方面：

首先，灾情和灭火救援现场的环境瞬息万变，情况错综复杂，如火灾中经常伴随有爆炸、倒塌或中毒等险情，灭火战术措施的制定也是随灾情和环境而不断灵活多变。因此，多变性的第一点体现就是，战术训练中受训人员所采取的战术措施随设定灾情的变化而变化。

其次，战术训练通常没有固定的模式，其组织形式和力量组成要根据假定的灾情变化而变化。

最后，为锻炼消防救援人员的应变能力和临机指挥能力，在训练计划之外，组训人员可以随机提出救人、进攻或转移阵地等课目的战术训练。

3. 协同性

战术训练是一种单兵之间、多个消防救援站、多种装备、多数人员的合成性训练，需要实施统一的指挥，参战各方协同配合才能取得战斗胜利，具有很强的协同性。

协同功能较强是战术训练的基本特征。一个消防救援站的训练涉及班与班的配合，一个消防大队或支队的训练涉及多个消防救援站及其他消防救援队伍的统一行动；跨区域灭火救援作战训练，通常有多个消防救援支队甚至多个总队力量参与；模拟重特大灾害事故演练需要启动城市应急救援预案，投入社会联动力量。另外，一个训练课目还通常涉及多种装备和较多的受训人员。因此，战术训练特别注重协同性，强调不同力量在作战行动中的协同配合，不同装备在实战中的合理搭配。

4. 广泛性

适用范围广。战术训练是针对不同灭火救援对象或不同险情而开展的具有不同内容的训练，它适用面很广，适用于对各种灭火救援对象、各种技术装备合成、各种消防救援队伍或各种组训形式的训练。

课目内容广。战术训练是针对各类灭火救援对象或不同灾害条件而开展的模拟实战训练，其课目设置涵盖了各类火灾扑救和各类灾害事故处置，不同的训练课目需要运用不同的战术方法和战术措施。

受训对象广。受训对象涵盖了各级指挥员和战斗员，不同层次、不同形式的战术训练，都有不同的训练内容和要求。

训练器材广。训练器材包括消防救援队伍配置的每一件灭火救援技术装备。

训练场地广。训练场地涉及各类建（构）筑物、交通工具和化工装置等实景实物。因此，战术训练具有明显的广泛性特点。

二、灭火战术训练的任务

灭火战术训练任务是根据消防救援队伍处置各种灾害事故能力的需要，自上而下逐级下达的任务与要求。受训个人和受训单位都必须以高度的责任感、使命感，严格按纲施训，落实上级规定的训练人员、内容、时间和质量指标，不折不扣地完成上级赋予的训练任务。经验证明，要真正抓好人员、内容、时间和质量的落实并非易事。所以，受训人员必须以积极而饱满的热情投入训练，尤其是各级各类受训单位，务必落实训练的中心地位，坚持党委（支部）议训制度，正确处理训练与其他工作的关系，圆满完成训练任务。

1. 完成训练大纲的任务

全员练兵、全员参训，人人完成训练任务，实现整体战术水平的提高。灭火救援作战是消防救援队伍的主要职责。《中华人民共和国消防法》第四十五条规定，“消防救援机构统一组织和指挥火灾现场扑救，应当优先保障遇险人员的生命安全。火灾现场总指挥员根据扑救火灾的需要，有权决定下列事项：（一）使用各种水源；（二）截断电力、可燃气体和可燃液体的输送，限制用火用电；（三）划定警戒区，实行局部交通管制；（四）利用临近建筑物和有关设施；（五）为了抢救人员和重要物资，防止火势蔓延，拆除或者破损毗邻火灾现场的建筑物、构筑物或者设施等；（六）调动供水、供电、供气、通信、医疗救护、交通运输、环境保护等有关单位协助灭火救援。根据扑救火灾的紧急需要，有关地方人民政府应当组织人员、调集所需物资支援灭火”。随着“全灾种、大应急”理念的深入人心，消防救援队伍应急救援职能任务愈加广泛，以山岳、水域、地震为代表的救援技术训练占消防救援队伍训练计划的比例越来越大，灭火战术训练似乎受到一些冷落。但是，其他灾种的应急救援均是在政府的统一领导下进行，消防救援队伍仅是其中的参与力量之一，而火灾扑救则是消防救援队伍最基本、最重要的职能，并无其他力量与消防救援队伍共同承担。因此，应务必重视灭火战术训练，每名消防救援人员都要根据自己的职责进行有针对性的训练，尤其是需要多种力量参加的灭火作战，不进行训练，实际作战时很难完成任务。

完成训练大纲要求。训练大纲是制定年度训练计划，组织实施训练和检查考核的基本依据。包括单兵战术训练、班组战术训练、站级战术训练和合成战术训练等部分。灭火战术训练一定要明确训练指导思想，训练的基本任务和要求，年度训练时间段划分，训练的组织领导，训练的基本方法，各级领导训练的基本职责，训练制度等。训练大纲应根据不同的参训人员或参训单位，明确指挥员训练、站（队）训练的基本任务和要求，训练课目名称、目的、内容，各课目训练时间的分配。训练编成由各总队、支队具体制定，消防救援局制定大纲颁发，全国消防救援队伍依照执行。

2. 保障训练时间

根据训练大纲规定，参训人员所在单位除保证参训人员的时间以外，对参训人员和单位，在完成本级人员和单位的训练外，还要参加由上级机关安排的训练和考核活动，也必须给予时间保障。如果参训人员所在单位不依训练大纲给予参加训练人员的时间保障，上级主管训练业务部门应向本级党委及上级主管训练业务部门如实报告情况。

3. 全员练兵

消防救援队伍实行的是全员练兵制度。根据训练大纲规定，参训单位主官除保证所属人员参训时间以外，应参加本级组织的全员练兵活动，参加上级安排的训练和考核活动。

4. 确保训练质量

一般来说，决定训练效果的因素有很多，比如训练方法是否恰当，训练量和强度与受训者是否搭配，讲评与考核的安排是否合理等，但还有一个常被忽视的因素——训练质量。多年训练实践证明，训练质量是决定训练效果高低和好坏的最重要因素之一。但是多年来，由于思想观念有偏颇、对灭火战术训练核心的理解不够深入全面，灭火战术训练中一直存在重训练数量、轻训练质量的现象；对多年训练实践总结出来的“仗怎么打，兵就怎么练”的训练原则，也存在“‘大’就是核心和关键”的理解误区，在训练中有些人“大”字当头，不断追求参训的人多、参训的站（队）多，强调训练场面宏大，具有可观赏性，适合新闻报道，达到组训人员心理满足、自我感觉良好的目的。但实际上，在一味追求“大”的训练过程中，如果忽略了战术训练中的单兵训练、班（组）训练和训练质量，则丢失了战术训练最本质的核心，从而把相当一部分时间和精力花费在“无效训练”上。

第三节 灭火战术训练的原则和要求

灭火战术训练的原则和要求是有效开展灭火战术训练的基本保障，原则指出了战术训练的基本遵循，要求是搞好战术训练的标准。

一、灭火战术训练的原则

灭火战术训练的原则是依据灭火战术训练的基本规律，在总结几十年灭火战术训练实践经验的基础上产生与发展的。认真贯彻各项训练原则，对于科学正规施训、正确选择训练内容和方法、有效组织训练活动、提高训练质量有重要意义。

1. 训战一致

训战一致原则是指战术训练要依据新时期灭火救援任务需求，紧密结合执勤战斗任务特点，尽量缩短训练与实战的距离，做到“仗怎么打，兵就怎么练”。训战一致原则是消防救援工作对业务训练的基本要求，对于提高消防救援队伍战斗力至关重要。为贯彻这一原则，应科学确定各类战斗人员（专业）、各层次的训练内容和标准；应坚持战斗力标准，在近似实战的情况下开展训练，提高训练质量；克服训练中练为看、练为考和消极保安全的思想，不断提高消防救援队伍的作战能力。

2. 从难从严

从难从严原则就是把灭火救援准备工作的立足点放在扑救和处置那些现场环境险恶、情况复杂、扑救和处置难度大、容易造成大量人员伤亡的火灾和其他灾害事故上，立足于“灭大火、打恶仗”，结合消防救援队伍现有装备和战术原则、作战手段，加强战法研究，提高训练质量。

为贯彻这一原则，首先应加强对训练工作重点、难点的研究，掌握其特点和规律。其次应研练有效的灭火战术方法。最后要突出重点，着力解决未来灭火救援战斗中不可回避的问题，把战法研练和训练实践紧密结合起来。

3. 分类施训

分类施训原则是指依据消防救援队伍担负的灭火救援任务，结合战斗人员专业特点和装备情况，实施分类训练。

为贯彻这一原则，应根据主要灭火救援任务，针对消防救援队伍不同专业、不同编制、不同器材装备、不同训练层次和对象，选择相应的训练课题，提出不同的训练要求，有针对性地实施检查、指导，不搞一刀切。分类训练时，要根据各类战斗人员专业特点和各年度消防救援人员的训练要求及素质情况区别对待，因地制宜，因人施教，使各类人员都能较好地完成大纲规定的训练内容。

4. 正规系统

正规系统原则是指按照训练大纲规定的内容进行全面、系统、严格、正规的训练，加强训练管理，保持良好的训练秩序。

贯彻这一原则，必须严格依法治训，按纲施训，克服训练中的盲目性和随意性。要合理确定训练任务、训练人员、训练时间、训练内容和质量指标，周密计划，加强控制与协调。

5. 训养统一

训养统一原则是指加强平时养成教育，坚持训练与养成相结合，提高巩固训练成绩。

贯彻这一原则，首先要严格贯彻落实条令、条例和规章制度，熟悉其基本内容，理解精神实质，增强执行的自觉性。其次要在训练中注重养成，把严格的管理渗透于训练全过程，在提高消防救援人员技战术水平的同时，培养顽强的意志、优良的战斗作风和严格的组织纪律性。最后在平时养成中巩固训练成果，使训练与管理有机结合。

二、灭火战术训练的要求

1. 突出重点，注重实效

在训练课题的选择上，要紧密结合各自辖区的情况，有重点地选择训练课题；在训练层次上，重点抓好单兵和战斗班（组）的训练；在训练对象上，突出消防救援站指挥员、班长、一号员、驾驶员的训练；在训练步骤上，要在做好训练准备、理论学习的基础上，重点抓好分段作业，熟悉在各种不同假设情况下组织指挥的协同动作。同时，在充分准备的条件下组织战术演练，做到演练一次，提高一次，保证训练效果。

2. 分类分级，按步施训

战术训练必须依据各级训练职责进行。一是坚持分类分级，即单兵练动作；班（组）长组织班（组）战术分段作业；消防救援站（大队）或支队、总队组织本级战术分段作业、连贯作业以及战术演练。有政府（企业）专职消防队、志愿消防队及应急管理、公安、环保、医疗、供水、供电、供气等部门参加的大型协同战术训练，应设立训练指挥部。二是坚持按步施训，就是从训练准备和训练实施两方面严格按照各步骤组织训练。

3. 针对多种装备，强化战术合成

在训练中要针对多种装备，强化战术的合成训练，要最大限度地发挥参训消防救援人员的主观能动性，充分实现人员和装备最有机的结合，以便形成最大、最佳、最强的战斗力。要实现一种装备器材有多种用法，一种灾害情况有多种战术措施处置。

4. 针对险恶情况，提高处置能力

要根据灾害事故发生、发展的规律，努力探索在险恶情况下开展训练的新路子。一是要设定险恶情况或利用大风、暴雨等险恶条件，定时或不定时地进行战术演练。二是要明确训练重点，保证训练质量。三是要搞好训练保障，确保训练顺利实施，力求取得良好的训练效果。

5. 研究重要课题，促进战术发展

主要体现在三个方面：首先，结合灭火救援对象和技术装备的发展变化，将不断更新的作战理念和供水、排烟、通信等技术融入灭火战术训练，不断创造新理论和新战法；其次，组织模拟实战演练，检验战术研究成果；最后，要对灭火救援战例进行分析研究，实事求是分析经验教训，总结作战方法。

第四节　灭火战术训练的内容、方法及程序

做好灭火战术训练，首先要明确灭火战术训练的内容，掌握好灭火战术训练的方法，依据训练程序抓实训练，做好成绩评定，搞好经验和教训总结，避免低水平循环，力争逐年提高训练质量。

一、灭火战术训练的内容

1. 单兵战术训练

单兵战术训练是指对单个消防员进行的战斗方法、战斗动作和战斗作风的训练。目的是通过训练使单个消防员具备遂行战斗或保障任务的能力。主要内容包括战术原则，单兵间的协同，阵地的选择与紧急避险，观察与报告，紧盯火势的发展，选择好进攻路线，突破火势薄弱环节，选择好灭火与救人时机，避开火势威胁，火场避险能力和战斗勤务保障训练。重点是战术原则，基本战术动作，单兵间的协同，阵地选择和思维、作风训练等。

2. 消防战斗班（组）战术训练

消防战斗班（组）战术训练通常是以战斗班或战斗小组为单位，按照本单位训练计划，结合辖区灭火救援对象特点，模拟灭火救援各个作战环节展开训练。通过训练，使受训人员掌握扑救各类火灾和处置各类灾害事故的基本战术要点，增强战术意识，提高战斗班（组）独立作战的能力。消防战斗班（组）战术训练一般由消防救援站指挥员或班长组织实施。

消防战斗班（组）战术训练的课目较多，进行战术训练时要明确训练目的，使受训人员掌握训练课目的原则和方法，以确保灭火救援训练任务的完成。消防战斗班（组）战术训练的内容主要包括通信、侦察、警戒、救生与疏散、灭火进攻、供水、阵地转移、破拆、排烟、照明、堵漏、输转和洗消等各个作战环节中的班（组）战术应用训练课目。

3. 消防救援站（大队）战术训练

消防救援站（大队）战术训练通常是根据本单位训练计划，按照辖区消防安全重点单位的执勤战斗预案，选择火灾发生率高、扑救难度大的典型对象，以实地演练的形式展开训练。其目的是增强战斗班（组）之间的协同战术意识，确保作战行动的协同与默契，提高站（大队）指挥员的战术运用水平和作战指挥能力，提高消防救援站（大队）的整体作战能力。消防救援站（大队）战术训练一般由消防救援站指挥员或支队指挥员组织实施。

消防救援站（大队）战术训练的内容主要包括各类火灾扑救以及各类灾害事故处置的战术应用训练课目。消防救援站战术训练的具体内容主要包括高层建筑、地下建筑、大型城市综合体、石油化工、工厂仓库、交通工具、森林（草原）、特殊物质等各类火灾扑救的训练。

4. 消防救援支队（总队）战术训练

消防救援支队（总队）战术训练通常是根据本单位训练计划，结合本地区灭火救援对象特点，选择火灾危害大、扑救难度高等重点目标，以综合实战演练的形式展开训练。其目的是增强消防救援站之间、消防力量与社会联动力量之间的战术配合意识，确保作战行动的协同性和默契性，以提高协同作战的综合效能。消防救援支队（总队）战术训练一般由消防救援支队指挥员或总队指挥员组织实施。

消防救援支队（总队）战术训练的内容主要包括各类火灾扑救、灾害事故处置以及跨区域紧急救援行动的战术应用训练课目。具体内容主要包括高层建筑、地下建筑、大型城市综合体、石油化工、工厂仓库、交通工具、森林（草原）、特殊物质等各类火灾扑救和各类灾害事故处置训练。训练实施过程主要包括训练目的、场地概况、参训力量、作业实施、作业讲评等环节。

二、灭火战术训练的方法

战术训练的实施通常采取想定作业、实地训练、实战演练、计算机模拟灭火战术训练、战例研究等方法。

1. 想定作业

想定作业是指设定灭火救援模拟现场，显示火灾或其他灾害事故类型、特点和发展趋势，以及现场环境、水源条件和作战力量配置等情况，让受训人员依据作战指导思想、作战原则和作战方法，制定作战方案和部署作战行动的一种作业方法。想定作业是战术训练的基本方法，也是提高消防救援人员战术运用水平和作战指挥能力的重要环节。

想定作业的作用有：

(1) 锻炼分析判断能力。能够根据已经掌握的灾害情况资料和现场情况，进行客观分析和推理，对灾情发展蔓延的趋势和可能出现的后果作出判断，提出战术意图，锻炼消防救援人员对灾害现场局势的分析判断能力。

(2) 增强运筹决策能力。通过想定作业训练，可以增强消防救援人员分析判断灾情，综合分析作战力量、装备物资、现场环境、消防水源和场地道路等各种因素和运筹决策的能力。

(3) 提高组织协调能力。在想定作业中，消防救援人员可以把自己的作战意图变为实际行动，根据灭火救援作战的实际需要，对参战力量合理编成，使消防救援人员协调一致地展开战斗，提高其组织协调能力。

(4) 强化临机处置能力。消防救援人员可以通过想定作业中设置的各种灾情变化情况，锻炼应变能力、判断能力和决策能力，从而强化其灭火救援现场的临机处置能力。

2. 实地训练

实地训练是指根据执勤战斗预案、战术训练课目，并结合辖区灭火救援对象特点开展的实地战术演练。

实地训练的作用有：

(1) 熟悉辖区消防安全重点单位情况。通过实地训练，使消防救援人员掌握辖区灭火救援对象的基本概况，熟悉消防安全重点单位执勤战斗预案的内容，以及突发灾害情况下的针对性战术措施等。

(2) 提升消防救援人员的作战指挥能力。通过实地训练，规范指挥程序；提高消防救援人员准确运用战术及复杂、险恶条件下的应变能力和决策能力。

(3) 提高受训人员的战术运用水平。通过实地训练，提升消防救援人员在模拟灭火救援实践中灵活运用战术的技巧和能力；使消防救援人员加深对战术意图的理解，掌握采取战术措施的手段和方法。

(4) 验证新的战术理论。通过实地训练，验证灭火救援新理论、新战法的实践应用效果；检验新型技术装备的作战效能及其所形成的新战法等。

3. 实战演练

灭火救援实战演练是指模拟各类火灾及其他灾害事故真实现场情况的一种应用性实战训练。实战演练是最贴近灭火救援作战的战术训练，能够锻炼消防救援人员从模拟现场体验实战感受、积累实践经验；提高消防救援人员的战术应用水平和作战指挥能力；检验并提升现有消防技术与装备的作战效能；提升消防救援队伍与相关社会力量协同作战的能力。消防救援队伍可选择辖区内的消防安全重点单位或训练基地，定期组织较大规模的灭火救援实战演练。

4. 计算机模拟灭火战术训练

计算机模拟灭火战术训练是指利用训练软件构建虚拟的各类火灾及其他灾害事故现

场，借助计算机网络平台开展训练的一种练兵方法。我国消防救援队伍计算机网络建设初具规模，为开发和应用计算机模拟灭火战术训练系统，实现战术训练虚拟化创造了条件。

计算机模拟灭火战术训练的特点如下：

（1）自动化程度高。根据实战需求开发的计算机模拟灭火战术训练系统，程序高度合成，操作方便快捷，消防救援人员比较容易掌握。

（2）模拟场景逼真。运用声、光、电、影等多媒体仿真技术虚拟的各类火灾及其他灾害事故的场景，可达到近似真实灾害现场的效果，使消防救援人员产生身临其境的感觉。

（3）程序可控性好。完善的计算机模拟灭火战术训练系统具有较高的安全性和可控性，可在程序中不断添加新的战术训练课目或战术思路，有利于消防救援人员对不同战术措施进行比较与实验，对重点和难点问题进行反复训练，分析研究，寻求突破。

（4）组训手段多样。计算机模拟灭火战术训练在单机、局域网或广域网上均可进行，组织网上战术训练时既可以进行单兵战术训练，也可以组织战斗班（组）战术训练，或组织多个消防救援站进行综合战术演练，还可以组织异地同步的协同战术训练。

（5）训练成效突出。计算机模拟灭火战术训练与其他训练手段相比较，其训练的针对性更强，对作战指挥的效能评估更趋合理，特别适合消防救援人员训练；其训练的经济性也比较明显，可节省大量人力、物力和财力。

5. 战例研究

开展灭火救援重要课题的战例研究，是促进战术理论发展的前提条件，也是提高战术训练质量的重要保证。能否在灭火救援作战中准确运用战术措施，直接体现了消防救援人员的指挥、作战水平，更决定着灭火救援的成败。因此，要针对现代火灾及其他灾害事故的特点，摸索其发展规律，研究其战法，优化推广应用，组织战术训练，以提升消防救援队伍“救大火、抗大灾、打恶战”的实战能力。

灭火救援战例研究的方法有：

（1）根据社会经济发展给各类火灾及其他灾害事故带来的变化，分析其规律和特点，研究行之有效的新技术和新战法。

（2）根据灭火救援技术装备的更新发展，研究确定新的供水理论和作战理念，发挥先进灭火救援装备的优势，辅助以新战法的形成与应用，提升消防救援队伍的整体作战能力。

（3）根据各类建筑火灾的特点，分析其在不同火灾条件下，不同建筑结构的强度变化及倒塌概率，研究应对的战术措施。

（4）根据灭火救援现场突变的条件和特征，研究出现爆炸、倒塌、中毒等险情的可能性，以便在实战中能抓住战机，及时组织进攻或撤离。

（5）根据对灭火救援战例的分析研究，实事求是地总结经验教训，以提高消防救援人员在灭火救援实战中的战术运用水平。

三、灭火战术训练的程序

灭火战术训练通常按照理论学习、熟悉情况、制定灭火作战预案、分段作业、连贯作业、战术演练的步骤实施。

（一）理论学习

理论是行动的指南。理论学习是开展战术训练的基础，也是指导战术训练的依据。理论学习一般在开展课目训练之前进行，也可以穿插在制定课题预案中。理论学习的内容主要是掌握各类火灾的特点、规律和灭火救援组织指挥及战术措施等与课目相关的知识。理论学习的方法应针对消防救援人员的文化基础以及课题难易程度，采取讲课、自学、实验等方法实施。要求做到以下三个结合：一是课堂讲授与预习自学相结合；二是课堂讲授与实地勘察相结合；三是多种方法和手段相结合。理论学习一般依照备课与预习、讲授与讨论、测验与讲评的顺序进行。

（二）熟悉情况与制定灭火作战预案

1. 熟悉辖区情况

熟悉辖区情况一般采取深入辖区重点单位和部位，采用“听、看、问、查”等方法，进行广泛调查研究；请有关专家和重点单位的领导、技术人员介绍重点单位和重点部位的地理环境、总体布局、火灾危险性类别、建筑特点、生产工艺流程、储存物资的形式、周围环境以及相邻建筑物的情况，在消防地图上学习，达到对重点单位情况的熟悉和掌握。熟悉重点单位或部位的地理位置、周围环境、物资的性质；建筑特点、建筑面积和高度以及耐火等级；生产储存物资的性质；水源（内部水源、外部水源）情况；毗邻情况及其对灭火战斗的影响；执勤消防救援站与重点单位的距离和行车路线。

2. 拟制灭火作战预案

灭火作战预案是指对灭火作战进程和战法的设想。从困难、复杂的情况出发，设定多个灾情，设想火灾可能的发展变化，以最大可能出现的情况拟定基本方案，内容包括火情判断，主要任务和作战方向，基本战术、步骤和力量部署及各种保障措施等。可采用地图注记式、文字式或图表式。制定灭火作战预案，要在熟悉辖区情况的基础上，按照假设起火部位、绘制有关图纸，科学计算、确定灭火力量，并确定灭火作战意图，拟制灭火作战预案，上报审定，按照拟定的预案实施演练。

（三）分段作业

分段作业是战术训练的主要方法。组织进行战术训练分段作业，通常按照理论提示、宣布情况、反复练习、小结讲评的步骤实施。

1. 理论提示

理论提示是教练员围绕课题训练内容，依据条令、教材、作战预案，有重点地提示有关业务理论，使受训人员进一步理解火灾特点，熟悉战术原则，了解灭火训练组织指挥程序、战斗行动要求和掌握其他相关知识。理论提示时必须围绕重点，做到简明扼要、形象直观。理论提示方法，可采取直述、提问、归纳等方法。

2. 宣布情况

在开始训练之前，要明确课题训练假设情况、任务分工，为展开训练提供作业条件。宣布情况一般应以统一设定的情况为依据。宣布情况通常采取口述、通信、实物显示等方法进行。指挥员应根据作业进程和训练的实际需要，灵活采取，互相结合，为分段作业训练提供依据和条件，把战术练活。

3. 反复练习

反复练习就是在训练中对重点、难点内容进行多次重复训练，反复练习是战术分段作业实施的重要步骤。在反复练习中，重点突出指挥、单兵战术动作、战斗展开、固定消防设施、抢救人员、排除险情、协同作战等内容，及时纠正训练中存在的问题。

4. 小结讲评

当训练完一个阶段或一个内容之后，应退出情况，集合参训人员，结合训练任务，对作业情况进行扼要小结，总结经验，表扬先进，指出问题，提出要求。

课题分段作业结束后，应结合消防救援站、班（组）完成训练战斗任务的情况，认真总结经验，搞好作业讲评。其主要内容是重述课目、目的、内容及评估训练效果，表扬好的消防救援站、班（组）和个人，指出存在的问题和下一步训练时应特别注意的事项。

（四）连贯作业

连贯作业是在分段作业训练的基础上实施的，因此组织训练比较简单，通常按照宣布提要、指挥战斗行动、作业讲评的步骤实施。

1. 宣布提要

组训人员应根据连贯作业的内容，按照作业实施的程序下达课题，包括课目、目的、内容、方法、要求等。

2. 指挥战斗行动

连贯作业实施通常依据作业课题性质，按战斗发展进程逐个情况、逐个内容组织实施，即从受训人员进入预定位置，完成战斗准备开始到战斗结束为止。

3. 作业讲评

连贯作业课题全部训练完毕，组训人员要围绕消防救援队伍的组织指挥和行动进行讲评。讲评要从理论与实践的结合上总结经验，达到打一“仗”进一步的目的。其方法有逐级讲评和集中讲评两种，内容包括：重述连贯作业课目、目的、内容；评估训练效果；从组织指挥和战法上总结经验教训，表扬训练中好的消防救援站、班（组）和个人；指出训练中存在的问题和不足，明确下一步训练努力的方向。

（五）战术演练

战术演练是依据制定的灭火作战预案，搞好各方面的训练保障，在分段作业、连贯作业的基础上进行。目的在于全面锻炼消防救援队伍，巩固基础训练成果，增强消防救援队伍整体作战能力和检查考核消防救援队伍的训练水平。演练的形式一般应采取模拟实战训练，即执勤消防救援站按接警出动要求到达现场后，根据模拟灾情出灭火剂，或进行抢救、疏散人员和物资的训练，使之具有实战性。战术演练一般按照以下程序进行。

1. 演练准备

由于演练是在分段作业、连贯作业的基础上进行的，故演练的准备工作主要是根据演练课题的进程要求，确定和派出情况显示、警戒人员，力求做到一员多用。对情况显示、警戒人员要进行编组，明确分工与任务。然后到现场给每个人定位置、定信号、定时间，必要时还应组织培训，使其做到任务清、情况显示准、警戒严密，确保演练顺利进行。情况显示人员在演练实施之前到达演练场地指定地点。警戒人员一般由分管单位的防火监督人员和单位保卫人员或单位指派的职工担任。

2. 演练实施

演练实施是指消防救援队伍从接到演练命令开始，登车出动，到达演练场地（单位）进行战斗展开等实施一系列演练的全部过程。其内容和程序是：

1）发布演练出动命令

通常有两种方法：一种是派出的情况显示人员，到达演练场地（单位）后进行报警；二是集合消防救援队伍宣布命令。

2）演练出动

演练出动是参演消防救援队伍接到出动命令后，受训人员迅速着装登车（艇），乘消防车（艇）驶往演练场地的行动过程。

向演练场地（单位）出动有两种方式：一是直接向演练场地出动。即按照出动命令，由指挥员带领全队车辆（人员）驶往演练场地，按拟定的预案进行演练。二是到达指定地点集结。即发布演练出动命令之后，为了使参演消防救援队伍统一行动，同时进行战斗展开，防止因交通拥挤消防车辆不能同时到达，组训人员要预先指定演练场地（单位）附近某处为集结点，令消防救援队伍在规定时间集结，待集结完毕，准备就绪之后，统一发令，按拟定的方案实施演练。

3）战斗实施

战斗实施是指参演消防救援队伍到达演练场地（单位）时，指挥员依据演练方案或灭火作战预案的情况，组织消防救援队伍依据灭火作战行动的要求所展开的一系列灭火、抢险、救援战斗行动。

4）检查情况

检查情况是指按照设置的情况实施战斗展开之后，受训人员在各自的位置，由组训人员和指挥员（或上级指挥员）对战斗展开的情况逐点、逐项、逐段进行检查。

5）演练结束

演练结束后，组训人员或指挥员要发布演练结束命令。参演消防救援队伍停止行动并做好如下工作：

（1）清查演练场地。

（2）各消防救援站清点人数，整理器材装备，对使用过的消防水源要恢复到备用状态。

（3）撤回警戒、情况显示人员。

（4）各班组将人员带到指定地点集合，准备讲评。

3. 演练讲评

讲评是深化演练的重要环节，由组训人员组织实施。可按训练问题分段讲评和演练结束后综合讲评两种方法进行。讲评时，可先由各消防救援站对本次演练情况进行自评自查，表扬好人好事，指出问题，然后由教练员依据演练情况进行综合讲评。讲评要围绕演练目的，主要阐明演练成绩、存在问题与解决问题的办法，对演练指挥员、各班（组）的优缺点作出总的评价，并提出今后应努力的方向。

讲评结束后，应指派专人告知演练场地（单位）领导，演练已经结束，并对演练场地（单位）为演练所提供的方便条件和给予的积极配合表示感谢。

4. 归队，恢复战备

参演消防救援队伍接到归队命令后，应迅速归队。归队后，执勤人员要按照各自的任务分工检查、清洗、保养、维修消防车（泵）和器材装备，及时补充器材装备和灭火剂，调整人员，恢复正常的执勤备战状态。各班长要对本班（车）恢复战备的情况进行认真检查，并向消防救援站执勤站长报告，然后由执勤站长向上级业务部门或指挥中心报告。

5. 演练总结

总结通常在演练结束，恢复战备后进行。可采取由下而上或由上而下的方法进行。总结要实事求是、突出重点、全面兼顾，找出经验教训，探讨学术问题，提出改进措施，以达到演练一次，提高一步的目的。

习题

1. 灭火战术训练的含义是什么？
2. 灭火战术训练由哪些要素构成？
3. 简述战术训练的特点。
4. 灭火战术训练的任务有哪些？
5. 灭火战术训练的原则是什么？
6. 简述灭火战术训练的要求。
7. 简述灭火战术训练内容。
8. 灭火战术训练的方法有哪些？
9. 简述灭火战术训练的程序。

第二章　灭火战例研究

灭火战例研究是指通过对以往灭火战例的分析研究，总结历史经验教训，学习作战的理论和方法，也是“从战争中学习战争”的有效方法。选择有针对性的战例，进行较为系统的、深入的研究和讨论，可以使受训人员掌握灭火战例分析研究的内容、步骤、方法和要求，学会运用灭火战术理论分析灭火战术行动过程，从中汲取丰富经验和教训，以强化对各类火灾性质、特点和扑救技战术方法的认识，提高灭火技战术水平和组织指挥能力，以弥补作战行动和指挥经验的不足，又可以从战例中找出作战行动和智慧的发展变化规律，探讨未来灭火作战的新情况，研究新对策。

第一节　概　　述

灭火战例研究的主要目的是通过对战例的深入研究、分析和评价，使受训人员了解典型战例灭火救援行动过程，培养独立思考、独立解决问题和理论联系实际的能力，实现初级指挥员思维逐步形成，最终掌握组织指挥、技战术措施运用的方法，学会一般性火灾事故处置和重特大灾害事故的初期处置。

一、战例研究的作用

1. 战例研究是提升指挥员素质和能力的一种有效手段和方法

通过灭火战例研究分析，可以提高受训人员分析和解决灭火作战实践问题的能力。战例研究是受训人员由被动接受知识变为主动接受知识与主动探索并举，受训人员应用所学的灭火战术基础理论和原则，对教学战例进行理论联系实际的思考、分析和研究。通过阅读和分析，进行一系列积极的创造性思维活动，充分体现受训人员在学习中的主体地位。战例分析研究过程，为受训人员提供了更多地表达自己观点和见解的机会，受训人员通过对战例中所包含的矛盾和问题的分析处理，可以有效加强受训人员对战术基本理论和原则的理解，同时也可以锻炼和提高运用理论解决实际问题的能力。因此，战例研究是培养和训练指挥员的一种有效手段和方法。

2. 战例研究是提高战例研究组训人员教学管理水平的一条有效途径

战例研究的质量优劣，其中组训人员是关键的第一环节。战例研究训练对组训人员的知识结构、教学组织能力、工作态度及教学责任心要求更高，既要求组训人员具有渊博的灭火战术理论知识，又要求组训人员具有丰富的教学和实践经验，并将灭火战术理论与灭火实践融会贯通；既要求组训人员不断更新教学内容、充实教案，又要求组训人员重视改革发展时期的消防救援队伍工作实践，不断从丰富的实践活动中求索适宜的教学战例。采用战例研究训练，有利于调动组训人员进行教学改革的积极性，从而使教学活动始终处于活跃进取的状态，不断提高战例研究组训人员的教学质量和管理水平。

3. 战例研究是加强组训人员与受训人员互动关系的重要纽带

在传统的教学活动中，组训人员是主体，而在战例研究教学活动中，受训人员是主体。组训人员与受训人员的关系是“师生互补、教学相辅”。受训人员在阅读分析战例和讨论环节中发挥主体作用，组训人员在教学活动中主要作引导。战例研究训练有利于加强师生间交流、活跃课堂气氛，是传统教学无法实现的。

在灭火战例研究训练中，组训人员把控教学活动进程和节奏，并作积极引导，是教学活动的主导；受训人员要积极参与，是活动的主体。组训人员课前要认真选取研究战例并做好教学教案，受训人员必须仔细阅读组训人员制定的战例材料，进行认真思考和分析，作出自己对灭火作战实践活动的决策和选择。受训人员是教学活动的主角，既可以从自己和他人的正确决策和选择中学习，也可以从错误中学习，即从模拟决策过程中得到训练和提升，增长才干。这样，受训人员学到的知识就不再是书本上的理论知识，而是鲜活的经验教训和思考问题、解决问题的方法和能力。因此，战例研究是加强组训人员和受训人员之间互动关系的重要纽带。

二、战例研究的特点

战例研究的训练方法需搭建战例研究的基本框架，反映战术训练的基本要求。换句话说，战例研究就是借助典型灭火战例，引导受训人员对特定情境下的疑难问题进行分析讨论，从而启发解决问题的创造性思维，提高受训人员解决实际问题能力的训练活动。

1. 问题的导向性

在战例研究训练活动中，深刻复杂的问题和矛盾能够激发受训人员积极探索和深入思考，引发受训人员之间的思想碰撞，启发受训人员的灵感和智慧。受训人员如果能独立运用理论、实践和方法去解决问题和矛盾，就会促使其真正掌握所学知识。战例研究训练是通过现实中的客观问题来激发学习动机，把学习和解决问题相联系，引导受训人员围绕解决问题探索发现，鼓励受训人员对解决问题的过程进行反思，促进知识和经验的迁移。受训人员借助战例研究情境，进入当事人的角色，在问题的引导下充分发挥主观能动性，自主进行探索和发现，通过解决问题构建知识和积累经验。这与以结构化知识体系为导向的理论教学有显著区别。

2. 施训的研讨性

战例研究训练把研究和讨论作为训练活动的重要组成部分，在受训人员个人深入分析和研究的基础上，受训人员之间、组训人员与受训人员之间展开讨论甚至辩论，形成热烈的、互动的教学氛围，使受训人员能够充分表达自己的观点，促进思维的相互碰撞、相互启发和相互补充。因此，战例研究训练既具有独立性和深刻性，又具有开放性和互动性，是个人研究基础上的再认识过程。通过这种方式，战例研究训练把传统教学活动中的个体的、单向的、封闭的学习过程，变为集体的、开放的、合作交流的学习过程，激发组训人员和受训人员的思维，丰富和加深对问题的解决，以提高教、学、练的质量。

3. 实践的指导性

战例研究训练创造了一种更加贴近实战的情境，使受训人员能够充分感受到岗位任职所面临的实际问题，进入特定事件中的具体角色，自主地分析战例并拟订方案，具有鲜明的实践性。其实质就是让受训人员通过有类似实战的实践活动来获得有价值的经验，把体验解决问题的过程作为学习的基本任务，把学习过程与解决问题的过程统一起来，引导受训人员在学习中实践、在实践中学习，搭建理论通向实际的桥梁。战例研究训练活动中，受训人员不只是理解和记忆一个个定论，而是透过问题现象更深刻地理解事物的矛盾性及内在逻辑，这是知识经验形成和发展的重要途径。因此，战例研究训练必须把受训人员的学习活动引向实践、引向决策，把训练重心放在提高受训人员面对复杂问题时作出处置的能力上，放在解决问题的过程上。

三、战例研究训练构成要素及其相互关系

战例研究活动由多种要素构成，但起主要作用的是组训人员、受训人员和训练内容。战例研究诸要素之间的联系，决定着战例研究的整体功能。因此，分析战例研究的构成要素及相互关系，应从组训人员、受训人员和训练内容之间的关系入手。

1. 组训人员和受训人员的关系

训练双方的关系问题是训练过程中首先要解决的问题。通常而言，二者关系是由一定的训练思想所主宰的。在传统训练中，组训人员负责教，受训人员负责学，训练就是组训人员对受训人员单向的培养活动，表现为以下两点：一是以教为中心。组训人员是知识的占有者和传授者，没有组训人员对知识的传授，受训人员就无法得到知识。二是以教为主。受训人员只能跟着组训人员复制讲授内容。教支配和控制学，学无条件服从于教，训练由共同体变成了单一体。

在战例研究训练中，训练双方的地位发生了明显变化，变为“教为主导，学为主体”。组训人员主导和受训人员主体是辩证的统一。学，是在教之下的学；教，是为了学而教。组训人员不再是简单知识的代言人、权威者，而是与受训人员共同构建知识的对话者和交流者，是受训人员探究活动的引导者和促进者；受训人员不仅是学，也在对话中教，从而达成共识、共享、共进，真正实现“教学相长”。

2. 受训人员与训练内容的关系

训练内容是训练双方训练活动的依据和媒介，是对受训人员实施影响的主要信息。在传统训练中，内容侧重是分门别类的、科学化的知识和技能，与现实生活中真实问题情境和实践活动有一定差距。这些知识着眼于普遍性的原理和概念，忽视了复杂具体的条件限

制，导致的结果是受训人员学习的课目越来越多，但对知识的理解简单片面，妨碍了所学知识在具体情境中的灵活运用。所以在传统训练中，训练内容与实践贴得不紧，也与受训人员的未来工作岗位要求相去甚远。

在战例研究训练中，则特别强调要密切关注受训人员的工作实际，把训练内容与受训人员的工作实际结合起来，把所学知识与一定的真实任务情境联系起来，激发受训人员学习的内驱力，让受训人员通过解决情境性问题和参与情境性活动，建构其能够灵活迁移应用的知识，促进知识向能力的转化。训练内容要选择真实的灭火救援战例，使训练活动与灭火救援实践有一定的对应性和同构性，弱化学科界限，体现多学科的交叉融合。注重训练活动的情境化，训练过程应与灭火救援实践现实问题的解决过程相类似，把训练过程变为解决问题的实践过程，促进受训人员对知识的构建。

3. 组训人员与训练内容的关系

在传统教学训练过程中，教学内容与组训人员是彼此分离的。组训人员的任务是按照教材、教学参考资料、考试试卷和标准答案去教，组训人员成了各项规定的执行者。在战例研究训练中，组训人员不仅是训练内容实施的执行者，还是训练内容的建设者和开发者。组训人员要编写、选择教学内容，查找相关资料，了解战例背景，熟悉相关的专业知识，同时还要注意训练内容的更新。这些都要花费比传统训练更多的时间和精力。如果组训人员课前准备不足，知识和结构不适应战例研究训练的变化，整个训练过程就可能难以为继。战例研究训练要求组训人员应具有宽广深厚的知识基础，组训人员在战例教学过程中，不能只局限于本学科的内容，有时也可以跨学科或跨专业地选择战例、准备教案，即使没有跨专业和学科，但战例的相关背景也可能超出本专业和学科，组训人员要想使训练顺利进行下去，必须不断完善自己的知识结构，以适应日益丰富的训练内容对专业知识横向扩展的需求。

四、战例研究训练对受训人员的基本要求

1. 受训人员要认真准备

受训人员要认真阅读组训人员布置的战例研究材料及相关内容，要善于从战例材料中寻找问题、发现线索；要对可能出现的情况有所预料并做好记录，拟订发言提纲，以便进行深入研究。

2. 受训人员要积极参与

战例研究训练为锻炼受训人员的思维能力和分析判断能力提供了机会和场所，受训人员应以战例中相应的身份和角色拟订方案，撰写分析报告并通过积极参与战例研讨和分析来提高分析和解决实际问题的能力。

3. 受训人员要做好总结

只有善于总结，才能不断进步。战例研究训练完成后，受训人员应自觉总结在战例阅读、倾听、发言和研学过程中存在的问题，以及战例理解和运用上的收获。在总结中，要

善于发现问题，把整个过程升华为不断发现问题和解决问题的过程。通过对战例的研究分析，既要加深对战术理论的理解，又要了解理论应用于实践的全过程，以更好地掌握解决实际问题的理念和方法，增强创新思维和实际工作能力。

第二节　战例研究基础

灭火救援战例研究的基础是指根据教学训练需要，选择适当战例，运用理论知识对其进行加工、分析，并编写成战例研究素材。

一、战例准备

按照《消防救援队伍执勤战斗条令》规定，消防救援队伍实行每战必评制度，并形成相关总结报告和战例材料，这些资料都是战例研究的主要来源。

（一）战例收集

根据承担的消防灭火任务和工作侧重点不同，各级队伍开展战评的内容和重点各不相同。按照组织实施形式，战评工作一般划分为消防救援站、大队、支队、总队、消防救援局五个层次，并根据战例规模、是否典型，及时撰写总结报告和战例材料，并在条件成熟时编印成册。其中，消防救援局下发的战例汇编、各消防救援总（支）队编印的战例汇编是战例收集的主要来源。同时，经调查研究发现的消防救援大队（站）典型战例也可作为战例收集的补充来源。

（二）战例选择

灭火救援战例收集来以后，要按照火灾种类或研究问题进行分类。首先进行粗选，即在分类的同时初步选择所需要的各种战例。其次在粗选的基础上进行精选。这就要对每个战例进行分析研究，看所要求的条件是否具备，有不清楚的要弄清楚，需要补充的情况要补上，需要调研的要进行调研，这是一个加工整理的过程。

（三）编写战例分析作业

在挑选和加工的基础上，分解战例，给出作业条件。主要内容如下。

1. 基本情况

基本情况就是发生火灾或事故对象在发生前的实际情况。例如，建筑的基本情况，生产储存物质的特性、存放方法，水源、交通道路、周围环境、消防设施等基本情况。

2. 火灾事故情况

火灾事故情况是指发生火灾或事故的时间、部位、原因，火灾事故特点，对人员、设备等的威胁程度，灾情变化等。如果发生爆炸，还包括爆炸部位、原因、后果，事故现场出现的复杂情况，倒塌范围，造成的后果等。

3. 灭火经过

灭火战斗的经过要全面、系统，主要包括报警时间、出动时间、到场时间、战斗展开时间、控制灾情时间与消灭灾情时间、技战术措施等。

4. 经验教训

全面分析后，肯定成功经验，找出不足。

5. 拟定研究或探讨的问题

根据灭火战斗经过，拟定本战例需要研究或探讨的问题。

二、基本理论知识

1. 灭火救援作战相关的法规文件

灭火救援作战法规文件主要包括《中华人民共和国消防法》、《消防救援队伍执勤战斗条令》、《城市消防站建设标准》（建标 152—2017）、《高层建筑火灾扑救行动指南》（XF/T 1191—2014）等。

2. 灭火救援战术基本理论

灭火救援战术基本理论主要包括物质燃烧规律、灭火救援战术的基本原则、灭火救援组织指挥、灭火救援战斗行动规程、灭火救援作战计划的制定和各类火灾处置原则与方法等。

3. 消防技术装备

消防技术装备是指用于火灾扑救和抢险救援任务的器材装备以及灭火剂的总称。消防技术装备是灭火的物质基础，直接制约或影响灭火战斗时采用的技战术方法以及施行战术的结果。消防技术装备主要包括消防员个人保护装备、消防车辆、灭火器材、抢险救援器材和灭火剂等。

4. 灭火救援作战应用计算

灭火救援作战应用计算主要包括常用灭火喷射器具的战斗性能参数计算、灭火消防车有关计算、灭火剂用量计算、燃烧面积计算等。随着科技水平的不断提高，灭火救援活动中的技术含量也越来越高，对指挥员的决策水平提出了更高的要求，灭火救援作战应用计算为指挥员如何科学决策提供了技术支持，但是也必须清楚地认识到，运用基本理论知识计算所得数据与灭火救援行动实践检验仍然存在一定的区别。

三、研究重点

战例类型不同，其研究重点也不同。

1. 高层建筑火灾

高层建筑火灾是建筑火灾扑救中的难点对象之一，高层建筑本身具有主体建筑高、层数多，形式结构多样，竖井管道多，用电设备多，功能复杂，人员集中等特点。高层建筑主要类型包括高层住宅、宾馆酒店、写字楼、商贸楼、金融楼、科研楼、通信指挥楼、图书馆、邮电楼等。高层建筑结构复杂、火灾荷载大、内部消防设施相对较为完善。

高层建筑火灾具有烟火蔓延途径多，易形成立体火灾；疏散困难，极易造成人员伤亡；火场供水难度大；登高进攻难等特点。高层建筑火灾扑救行动基本要求是立足自救，适应立体作战，加强首批力量出动，坚持以固定设施为主、固移结合的原则，积极抢救和疏散人员，有效控制火势，消灭火灾。因此，高层建筑火灾战例研究的主要侧重点是从战术行动和指挥决策两个方面进行研究和分析，在研究过程中着重围绕人员疏散问题、固定消防设施应用技术、火场供水技术以及内攻路径选择问题等进行拓展研究。

2. 人员密集场所火灾

人员密集场所包括宾馆、饭店、商场、集贸市场、客运车站候车室、体育场馆、会堂以及公共娱乐场所等公众聚集场所，医院的门诊楼、病房楼，学校的教学楼、图书馆、食堂和集体宿舍，养老院，公共展览馆、博物馆的展示厅，劳动密集型企业的生产加工车间和员工集体宿舍，旅游、宗教活动场所等。

人员密集场所建筑具有结构复杂，火灾危险性大，一旦发生火灾燃烧速度快，容易造成大量人员伤亡，扑救难度大等特点。通常，扑救此类火灾具有时间长，参战力量多，疏散救人任务重，灭火进攻困难等共性问题。因此，此类火灾战例研究的重点是如何确保疏散救人的效率，尽可能减少人员伤亡；合理使用灭火力量，解决火场供水和内攻问题。

3. 储罐火灾

可燃液体储罐火灾是石油化工火灾中较为常见的一类。可燃液体储罐火灾具有爆炸危险性大、火焰温度高和辐射热强等特点。重质油品燃烧易发生沸溢喷溅，油品易扩散形成大面积燃烧，具有复燃性，油蒸气具有一定毒害性。根据储罐火灾发生的原因，可分为稳定型燃烧、爆炸型燃烧和沸溢型燃烧三种基本类型。根据油品燃烧的状态，储罐火灾燃烧形态分为火炬状燃烧、敞开式燃烧、塌陷状燃烧、流散形燃烧和立体式燃烧。

可燃液体储罐火灾灭火基本要求是坚持冷却保护，防止爆炸和沸溢，充分发挥固定、半固定消防设施的作用，同时兼顾移动灭火力量，适时消灭火灾。可燃液体储罐火灾扑救行动的主要任务分为冷却和灭火，重点是冷却力量和灭火力量估算与部署。因此，此类火灾战例研究的重点应放在储罐的规格、类型和油品的种类，储罐火灾特点梳理，储罐火灾扑救行动中主要面临的危险，储罐区消防设施作用发挥，消防救援队伍战斗行动主要采取的技战术措施，尤其是冷却和灭火力量的部署情况等方面。

4. 石油化工装置火灾

石油化工装置火灾是石油化工类火灾发生频率较高的一类火灾。石油化工生产工艺具有生产综合化、产品多样化、装置规模大型化、生产工艺参数控制要求高、生产装置高度密集、联合装置更为普遍、工艺管线多、阀门多等特点。

石油化工装置火灾具有爆炸危险性大，容易形成立体、大面积燃烧，燃烧速度快，扑救难度大，火灾损失和影响大等特点。石油化工装置火灾扑救要在确保灭火救援力量充足和有效，全面掌现场情况的前提下，采取工艺处置（关阀断料等）、积极冷却控制、堵截蔓延等措施。因此，此类火灾战例研究的重点是力量集结是否充足和有效，指挥员对现场情况判断是否准确，尤其是对可能发生爆炸的风险的预判能力，扑救过程中工艺措施选用是否恰当，撤离战法运用和安全防护是否到位等。

5. 交通事故火灾

交通事故火灾是由各种交通工具所引起的人员伤亡和财产损失的灾害。在我国交通事故火灾具有发生频率高、易造成人员伤亡和财产损失、社会影响大和救援难度大等特点。

交通事故火灾扑救的重点和难点是要解决好快速集结力量到达事故现场和应对耦合事故，其基本对策是快速侦察，救人第一，先控制后消灭，快攻近战，以快制快，多种灭火剂联用，统一指挥，协同作战。因此，此类火灾战例研究的重点是对事故的综合预判能力，力量集结的针对性和有效性，救援器材使用的正确性，现场各方协作情况等。

第三节　战例研究训练

战例研究训练应遵循战例研究训练方法、程序和要求组织实施。

一、战例研究训练方法

1. 灭火战例介绍法

灭火战例介绍法是通过选取典型的灭火救援作战实例，重点介绍灭火救援作战的基本情况、作战行动过程中技战术手段的运用等，学习研究灭火救援战术理论的方法。战例介绍应根据训练目的力求形象直观，善于抓住重点，特别对于能够启迪思维，对今后灭火救援作战有普遍指导意义的细节，要做详细介绍，使受训人员能够留下深刻印象。战例介绍主要按以下步骤进行：一是明确计划，即宣布战例的题目、内容、目的、方法和要求等；二是介绍战例，可结合沙盘、作战图纸或影像资料介绍作战背景、作战力量编成、作战行动过程、作战指挥过程以及作战经验教训，开展要做到轮廓清晰、条理清楚、层次分明、生动形象，给受训人员以深刻的印象；三是组织讨论，重点研究战例中的技战术运用、作战经验教训、作战指挥的方法以及对今后灭火救援作战的指导意义等；四是进行总结讲评，重点讲解学习概况和战例体现运用的作战方法、指挥方法、经验教训和对今后灭火救援作战的指导作用。

2. 灭火战例剖析法

灭火战例剖析法是指通过对灭火救援作战实例中若干个问题进行深入剖析，探讨其内在规律性，总结经验教训，学习研究作战行动规律和作战指挥理论的方法。战例剖析主要按以下步骤进行：一是准备，主要包括明确研究问题，熟悉战例的作战情况、参战力量情况、作战环境等客观条件；二是逐段研究，将战例按作战阶段分段进行研究，讨论各个作战阶段的成败与得失，应该吸取的经验和教训，通常按照介绍情况、组织讨论和归纳意见的程序进行；三是归纳总结，主要是讲评战例研究的基本情况，对逐段研究结果进行梳理和升华，包括主要收获、战例中体现的作战思想、技战术以及对今后灭火救援作战的指导作用等内容。

3. 灭火战例作业法

灭火战例作业法是指受训对象充当战例中的指挥人员，按照给定的想定条件完成相应的作战指挥作业，研究灭火救援作战理论的方法。一般是在战例介绍和战例剖析的基础上进行。战例作业主要按以下步骤进行：一是作业准备，宣布课题计划，下发战例作业基本想定，提出要求执行事项；二是组织作业实施，通常采用分段作业法，也可以采用连贯作业法，当采用分段作业法时按照组织作业、组织讨论、宣布原案、归纳小结的步骤进行；三是总结讲评，重点讲评作业的基本情况，研究战例作业的意义、主要收获以及对今后作战指挥所产生的影响。此种方法对于深入理解灭火救援战术理论，继承传统战法，借鉴作战有益经验，提高指挥者战术意识和组织指挥能力，磨炼谋略艺术有重要作用。

二、战例研究训练程序

（一）布置战例

布置战例作业应着重说明以下内容：战例基本情况，有关数据、图表等；战例研究的要求、步骤和方法；要求完成和回答的问题；完成的时间和注意事项。

（二）个人阅读战例，拟定发言提纲

受训人员拿到战例后，首先由个人进行阅读和思考，在全面了解熟悉的基础上，根据战例作业要求拟出发言提纲，把自己的意见用文字或图表表达出来，要求有理论、有分析、有见解、有评价、有经验体会，力求高质量完成自己的作业。发言提纲要明确战例研究的重点。

1. 战前情况

即警情受理、力量调度、出动情况、灾情跟踪、辅助决策、信息报送等情况，这是研究战例的基础。

2. 火势情况

即发生灾害后，消防救援队伍到达现场时的灾害情况和战斗过程中的灾情变化等情况，这是研究战例的依据。

3. 战斗经过

主要包括作战方案以及采取的战术技术措施情况，各环节的组织指挥、战斗行动、安全防护、协同作战和战勤保障情况，装备运用和作战效能，建筑消防设施实战应用情况，以及现场纪律、战斗作风与完成任务情况。这是战例分析的核心内容。

4. 经验教训

即从分析战例中，总结原战例成功的经验和失败的教训及其原因。通过对上述各点的分析，得出正确结论，以便更好地指导今后灭火救援工作，这是研究战例的目的。

（三）分组讨论

每人将自己的战例分析在小组内宣读，大家评议讨论，形成统一认识。

（四）总结讲评

在各组代表发言的基础上，对所研究的战例进行归纳总结，从理论和实践的结合上总结出成功的经验和失败的教训，提高战术思想和组织指挥水平。

三、战例研究训练要求

战例研究训练是一项系统、完整的工程，参训人员只有本着研究、探索的心态，细心、细致地读懂战例，对战例进行全面、认真分析，研究发现战例中存在的问题并提出解决方案等，才能对战例有客观的、符合实情的评价。

1. 要切实读懂战例

战例研究训练时，受训人员需要反复阅读，彻底读懂战例的每一个细节，这样才能对战例中的相关信息了然于胸。战例阅读过程必须细心、细致，必要时应对战例中的背景、主要技战术措施、面临的困难、利弊条件等重要内容进行记录。

2. 要分析研究透彻

受训人员要抓住战例中的组织指挥、决策部署、战斗力量调集、战斗展开、主要技战术措施的实施等重点环节展开全面深入的分析研究，应能够分析出上述环节对灭火救援行动的利弊影响以及影响的主次关系。分析研究过程中，在遵循应急救援行动一般规律的同时，受训人员更应设身处地地考虑战例中客观存在的实际困难，评估其对应急救援行动影响的程度。同时，在分析研究时也不能仅依靠战例中所给定的数据或事实来进行简单地分析，要认清数据及事实具有表面欺骗性的特性，必须去伪存真才能保证分析的正确性。

3. 要善于发现问题

在分析研究的基础上，受训人员应具备“透过表面看本质”的能力，应能发现表面现象和内在原因的关联因素，准确把握影响灭火作战行动的主要和关键因素，对需要解决的问题和不足进行归纳和整理。明确提出亟须解决的、根本性的、核心的问题。

4. 要提出最佳方案

受训人员应针对战例中存在的问题和不足，提出症结所在，并针对性地提出解决措施或方案；受训人员可根据战例实情和应急救援行动的一般规律，提出多个可供选择的解决方案，对各个方案进行优劣对比。在经过反复权衡和比较后确定针对问题的最佳解决方案，并阐述其理由，同时应指出被淘汰方案的缺陷所在，最后对方案的计划实施提出建议。

习题

1. 战例研究的目的是什么？
2. 战例研究训练的特点是什么？
3. 战评等级划分为几级？
4. 战例研究主要包括哪几个方面？

5. 战例研究训练组织实施包括哪些环节？
6. 高层建筑火灾战例研究的重点是什么？
7. 石油储罐火灾战例研究的重点是什么？
8. 交通事故火灾战例研究的重点是什么？
9. 在战例分析过程中，为什么要避免一味地批判或褒扬？

第三章　灭火想定作业

在灭火救援理论知识学习和灭火战例研究的基础上，通过想定灭火救援现场的各种情况，描述灭火救援作战的全部过程，把受训人员引入设想的场景，使其运用所学的灭火战术基础理论，对火场各种情况进行分析研究、综合判断、比较概括和抽象理解，模拟实战场景的思维形式，从而产生灭火救援决心和确定灭火救援作战方案，这就是灭火想定作业的过程。

第一节　概　　述

通过灭火想定作业训练，既能加深受训人员对灭火战术原则和战术方法的理解，又能提高其分析问题和解决问题的实际能力，初步掌握灭火战术和火场指挥基本程序与方法，为实战打下基础。

一、灭火想定作业的含义

灭火想定作业是根据灭火理论和原则，设想一定的火灾发展情况，然后组织实施灭火指挥的训练，以提高灭火救援人员组织、指挥各参战力量协同作战能力的一种训练方法。

灭火想定作业由基本想定和模拟作业两部分组成。基本想定是依照火灾现场基本态势、灭火救援意图和火灾发展情况进行的设想；模拟作业是根据训练课题、目的，参战力量的装备、人数与作战特点拟定的，是组织灭火救援指挥作业和演练的一种训练方法。

灭火想定作业包含以下两层含义：第一，想定作业是对灭火救援意图和行动的设想，是灭火救援指挥作业和演练的训练方法，使参训人员能在设想模拟实战的情况下，进一步理解和运用灭火救援指挥理论和原则，以提高组织指挥战斗的能力；第二，想定作业是根据训练计划所指定的训练课目、目的、问题、时间、方法等，以及其他一些实际情况编写后，组织参训人员作业实施。

二、灭火想定作业的特点

1. 实战性

实战性是指想定作业的训练是在实战化的背景下提出的火灾情景，并通过课目设置等形式，将实战中遇到的问题展现在参训人员眼前，运用灭火战术原则和方法、灭火指挥理论解决想定问题，提升战术水平和指挥能力。想定作业无论是在指导思想、内容和目的上，还是在训练的组织形式、方法和手段上都要尽可能地贴近实战。想定作业训练的最终目的是提高指挥人员的实战指挥能力。其训练的组织形式、方法和手段是以实战为背景，以最接近实战的需要和条件为标准，使训练者在近似实战的条件、环境中得到各方面的训练和提高。

2. 综合性

一方面，在想定作业训练的内容上，将灭火战术、灭火救援指挥的理论、原则和方法融为一体，进行综合训练，以达到为灭火救援实战服务的目的；另一方面，将指挥员和指挥机关、指挥手段和指挥对象、任务和目的内容相结合，模拟不同岗位的指挥员，利用掌握的理论处置突发情况，既能强化训练者的战术思维，提升组织指挥水平，又能训练其综合思维能力。

3. 灵活性

无论是在实战中还是在训练中，战术运用和组织指挥都具有“具体情况具体对待”的特点，同一个灭火救援场景有不同的解决方法和指挥决策，通过想定作业寻求最优解是想定作业的基本目的，它既要以战术方法和指挥理论为依据，又要在实施中避免生搬硬套，体现出原则性与灵活性的高度统一，提倡思维活跃，倡导多种方案并存，从而体现出想定作业高度灵活这一特点。

4. 创造性

灭火救援现场突发灾情多样，作战形式多样，这就要求在训练中必须立足于适应不同的作战类型与样式需要，掌握灭火救援的基本规律和方法，同时又必须针对出现的新问题，探索研究新战法，培养锻炼消防指挥人员的创造力，以不断丰富和发展灭火救援指挥理论、提高处置突发情况的能力。

三、灭火想定作业的作用

通过想定作业训练，可有效提高受训人员的分析判断、运筹决策、组织协调、临机处置等灭火救援指挥能力。灭火救援指挥是整个灭火救援作战活动的重要组成部分，灭火救援指挥水平对灭火救援作战的成效起至关重要的作用。提高各级灭火救援指挥人员的指挥能力，增强消防救援队伍协同作战的整体效能，是当前消防救援队伍训练中迫切需要解决的问题。

1. 锻炼分析判断能力

想定作业中训练者能够根据已经掌握的灾害和现场情况资料，进行客观分析和推理，对灾情发展蔓延的趋势和可能出现的后果作出判断，提出作战意图，锻炼指挥员对灾害现场局势的分析判断能力。

2. 增强运筹决策能力

指挥员在分析判断灾情的基础上，对能够使用的作战力量、装备物资、现场环境、消防水源和场地道路等各种因素进行综合分析，优化作战方案，增强运筹决策能力。

3. 提高组织协调能力

在想定作业中，指挥员可以把自己的作战意图想定为消防救援人员的实际行动，根据灭火救援作战的实际需要，对参战力量合理编成，使消防救援人员协调一致地展开战斗，提高其组织协调能力。

4. 强化临机处置能力

指挥员可以通过想定作业中设置的各种灾情情况变化，锻炼应变能力、判断能力和决策能力，从而强化指挥员在灭火救援现场的临机处置能力。

四、灭火想定作业的分类

1. 按想定作业的训练内容分类

按想定作业的训练内容可分为指挥想定作业和专项想定作业。

（1）指挥想定作业：受训人员充当各级灭火救援指挥员，按想定作业中设置的训练课目，开展灭火救援指挥方面的训练。

（2）专项想定作业：受训人员根据想定作业中的灾情设定，完成某项特定的灭火指挥程序，如进行火情侦察、前沿指挥、后方供水等专项指挥业务的训练。

2. 按想定作业的实施方法分类

按想定作业的实施方法可分为集团作业和编组作业。

（1）集团作业：受训人员均充当某一职务，按照统一的想定内容和训练课目实施作战指挥作业。

（2）编组作业：将受训人员分成若干小组，每个小组模拟一个现场作战指挥部，小组成员按分工不同，分别担任总指挥员、副总指挥员、作战组组长和通信组组长等不同职务，围绕同一课目进行演练。

3. 按想定作业的场地形式分类

按想定作业的场地形式可分为现地作业、沙盘作业和图上作业。

（1）现地作业：受训人员选定一个消防安全重点单位，编写想定作业，并进行实地训练。这种方法接近实战，景象逼真，有利于具体地探讨问题，是基层消防救援站指挥员通常采用的方法。

（2）沙盘作业：在按一定比例缩制的消防安全重点单位的模型上，以各种灯光和标记显示各个作战环节和各种情况；也可以利用3D系统建立模型，模拟灾情和作战的各个环节开展模拟训练。该法比较形象直观，有立体感，近似实地，且作业不受地形、天候、季节等条件限制，它适用于各级指挥员和指挥想定作业的训练。

（3）图上作业：在专用地形图上，以规定的消防图例标绘灾情态势和作战情况，开展想定作业的训练。它可通观整个火场全貌，不受作业地幅大小的限制，简便易行，经济节约，但不如现地作业和沙盘作业实战感强。

五、灭火想定作业的基本构成

想定作业通常由总体构想、基本想定、补充想定和作业实施四部分构成。

（一）总体构想

总体构想是指在编写基本想定和补充想定之前，对训练课目所进行的总体构思和设想，是整个想定作业的前提，也是编写基本想定和补充想定的基本依据。总体构想通常由想定作业编写人员拟制和掌握，与受训人员参与完成作业的关系不大。

1. 设定意图

其主要内容包括对灭火救援对象、环境条件、技术手段、灾害背景等情况的策划与设定。

2. 设定目的

通过训练使受训人员熟悉各类火灾及其他灾害事故的特点，锻炼指挥员在模拟复杂灾害情况下的作战指挥能力、临机处置能力、火场估算能力和综合决策能力。

（二）基本想定

基本想定是想定作业的基本内容。其主要内容包括单位基本概况、灭火救援作战过程和需要提示的内容等。

1. 基本情况设定

基本情况设定主要包括单位名称、地理位置、周围环境、平面布局、重点部位及灾情危险特性等。消防救援队伍通常采取“六熟悉”的方法对辖区进行实地调研，以掌握消防安全重点单位的基本概况。

2. 灾情设定

灾情设定包括灾害原因、受灾部位、灾害特点、灾情发展趋势，以及可能造成的经济损失和人员伤亡等内容，可采用文字或图文结合的形式表示。

3. 救援力量设定

救援力量设定包括报警时间、参战消防救援队伍的出动和到场时间、力量调集的批次、各参战消防救援队伍出动消防车辆数量和人员数量，以及社会联动单位到场的时间和情况等内容。

除正常调集的消防救援人员和消防车辆之外，灭火救援过程中还可能涉及的其他装备、灭火剂、油料和通信器材等各种物资材料。

4. 要求执行事项

要求执行事项通常主要写明受训人员作业的身份或充当的职务，学习的有关材料，实施作业的内容，完成作业的标准和时间等。

5. 附件

凡是单位基本情况、灭火救援过程和参考资料不易直接表达的内容，均可用附件形式表达。常见的附件有事故单位平面图、灭火战斗编成表、消防技术装备表、现场灾情态势图等。

（三）补充想定

补充想定亦称补充情况，是基本想定的补充和继续，是为受训人员理解某项训练问题提供的条件。它是根据想定目标、基本想定、训练问题的内容、目的和受训人员水平等条件编写的。

补充想定主要内容包括作战的时间和地点、灾情突变和力量调整等。灾情突变是指模拟现场发生爆炸、倒塌或中毒等险情，给指挥员提出新的想定内容。力量调整是指根据模拟灾情发展的不同阶段和局势变化，现场需要调整力量部署或补充增援力量。补充想定通常采用文字叙述或地图注记两种形式表达。也可在实施模拟作业后对想定作业过程中出现的重点突出问题，围绕原课题又继续延伸进行补充想定。在变换想定情况、作业场地和作业方式的前提下，就原来的训练问题进行补充，可使受训人员巩固基本作业中所学到的知识和技能，加深对有关灭火战术理论的理解，提高灵活运用灭火战术理论的能力。

补充想定通常是依据基本想定对训练问题的设计进行编写的。如想定准备阶段没有系统考虑各训练问题的基本方案时，一般按下列方法和步骤进行编写：

（1）根据训练问题和目的，确定灭火救援决心和处置要点。

（2）根据灭火救援决心和处置要点，设置火情态势和必须给受训人员提供的条件。

（3）根据设置的火情态势和给受训人员提供的条件，具体设想灭火救援总体方案和灭火行动计划。

（4）根据火情态势和行动计划，给出力量部署方案。

（5）按规定的格式和内容形成补充想定。

（四）作业实施

作业实施即想定作业的组织实施，是指受训人员在组训人员指导下，依据灭火救援指挥和战术理论，按照基本想定材料提供的情况进行灭火救援行动的组织指挥和训练活动。其目的在于使受训人员进一步深化对灭火救援指挥和战术理论的理解，获得对灭火救援指挥规律的认识，实现由知识向能力的转化，提高灭火救援指挥水平和战术素养。灭火想定作业的组织与实施，根据课题类型、训练目的和受训对象不同，通常可分为集团作业和编组作业两种方法。

第二节　灭火想定作业材料编写

想定材料是根据训练大纲、灭火战术理论教材、训练课题类型、训练目的及灭火救援行动特点、受训人员的理论基础和训练场地等条件进行编写的，编写材料的内容包括基本想定和补充想定。

一、编写前的准备工作

1. 拟定编写计划

编写计划应明确想定目标，确定编写课题和指导思想、训练时间和学时分配、编写任务和要求、编写方法和步骤以及完成编写的时限等。

2. 掌握理论知识

编写前应围绕编写课题，广泛收集相关灭火救援基础理论、技术装备、最新学术观点和气象资料等，并从实际需要出发，有重点地组织学习和研究，准确掌握战术原则和行动特点，各种消防技术装备的性能和在灭火救援中的运用，各种学术观点和实例、数据等。

3. 选取典型战例

从编写想定作业的总体需要出发，选择与训练目的相对应的灭火救援战例。灭火救援战例选定后，可组织有关人员进行战例研究，以充实和丰富灾情设定的内容。

4. 勘察作业场地

选择作业场地通常应结合训练课目，考虑现场地形、地物和环境因素。地形因素应便于反映想定作业所涉及范围内的道路、水源等情况；地物因素应便于设计想定作业训练课目的灭火救援作战条件；环境因素应便于组织警戒、通信和给养等多方面的训练。

二、编写的具体方法

（一）想定准备

想定准备是在编写基本想定前需要做的准备工作，针对不是根据灭火救援战例改编的想定作业，首先确定总体构想，根据训练课题、训练目的和训练问题设想的灭火救援企图和总体方案。

确定总体构想应统观火场全局，明确灭火救援的地位和作用，并注意把握以下几点：

一是首先应设置灭火救援背景，及由此形成的灾情态势，以此构思灭火救援要实现的目标，从而确立灭火救援的地位和作用。

二是统筹灭火救援过程的发展，合理设置灭火救援的关键节点。灭火救援的关键节点是进行灭火救援处置行动的关键。

三是设计有特色的灭火救援战法。不同的灾情态势，不同的消防装备，使不同的灭火救援各具特色。设计的新的有特色的灭火救援战法，要能引导灭火救援指挥员把握火场环境和火情态势的特点，针对不同情况采取不同的灭火救援战法。

四是要体现灭火救援科学研究的新成果，反映消防救援队伍、消防车辆和器材装备的新变化，避免陈旧老套，使灭火救援的想定准备更加现实生动。

（二）基本想定的编写

基本想定是根据总体构想、训练目的和受训人员水平编写，根据灭火救援战例改编的基本内容，主要包括以下内容。

1. 基本情况设定

主要介绍事故单位的地理位置、周围环境、内部建筑布局、消防水源以及事故处置的其他情况，如天气情况。

2. 灾情设定

灾害发展情况包括灾害发生的时间、部位、原因，发现灾害时的情景，灾害的发展蔓延速度和进程，灾害影响面积，造成的人员伤亡和物资财产损失，以及对社会生产、生活带来的重大影响等。

3. 救援力量设定

根据灭火救援需要及时将各种灭火救援力量调往火场，是有效进行救援的客观物质基础，也是确定事故救援方案，实施灭火救援的前提条件。力量调集情况应着重写明调集的时间和单位，出动的车辆数量和人员数量，前去协助救援的社会团体和动用的各种装备等。

4. 其他保障情况设定

包括交通、通信、警戒、灭火救援物资等方面的保障。主要写明执行保障任务的单位，动用的保障力量，采取的保障措施及保障的组织等。

5. 要求执行事项

即受训人员在完成想定作业过程中所充当的职务或作业的内容及要求。

（三）补充想定的编写

编写补充想定应以想定目标、基本想定和训练目的为依据，通常采取先构思原案，再按照原案设想作业条件的方法进行编写，编写过程中要按照灭火救援的发展过程及顺序编写。灭火救援过程是灭火救援指挥员不断分析、判断火情，确定灭火救援意图、调整和修正灭火救援方案，自始至终对每一灭火救援环节进行组织和协调的过程。灭火救援过程，应先从辖区消防救援站接警出动开始，中间是各增援消防救援站陆续投入灭火救援作战，最后是灭火救援结束。编写中要按照“先辖区消防救援站，后增援消防救援站；先一线作战，后外围保障；先控制发展，后消灭灾情”的顺序进行。同时，要写明各种保障情况，并提供各种参考资料等。设想的作业条件要符合现代灭火救援作战情况复杂、危险性大、技术性强等特点。补充想定的表述应巧妙、含蓄，要有主有次，真伪并存。

三、编写的基本要求

编写灭火想定作业要紧密结合各类火灾及其他灾害事故的特点和规律，根据灭火战术训练的任务和要求，立足于消防救援队伍现有消防装备，着眼于未来灾害发展形势；符合现代条件下灭火战术方法、指挥原则和行动规律；从难从严，从实战需要出发来构思和编写想定作业。

1. 要符合灭火救援战术训练课题的需要

想定作业的编写，要紧紧围绕想定课题的训练目的，选取与想定课题相适应的案例。

应对消防安全重点单位进行实地调研，创设能够达成训练课题所需要的作业条件，使受训人员通过想定作业和演练，提高其灭火救援战术水平和指挥能力。

2. 要着眼于开发受训人员的思维和智慧

编写想定作业时，情况设置要若明若暗，曲折含蓄，必须提供的作业条件尽量不要集中提供，分散提供的作业条件尽量不要直接提供，使作业条件具有一定的难度。想定情况要采用隐语法、分散法、间接法和真伪并存法等表述方法，表达形式可采用文字叙述或地图注记等。

3. 要体现灭火救援作战的原则和特点

想定作业训练是为进一步加深受训人员对灭火救援战术与指挥理论的理解，学会运用灭火救援基本技能和战术而编写的。因此，构思想定情况时，要体现出灭火救援作战的基本原则和行动特点。

4. 要形成严谨的结构整体

在设定模拟灾情过程中，要重视把握灭火救援作战各环节之间的内在联系，使创设出的灭火救援情况前后衔接、结构严谨，形成有机的统一整体。

第三节　灭火想定作业的组织实施

想定作业的实施是指受训人员在组织者的指导下，依据灭火救援战术和指挥理论，按照想定材料提供的情况进行作业的训练活动。其目的在于使受训人员进一步深化对灭火救援理论的理解，获得对灭火救援规律性的认识，实现由知识向能力的转化，提高灭火救援指挥水平和战术素养。灭火想定作业的组织与实施，根据课题类型、训练目的和受训对象不同，通常可分为集团作业和编组作业两种形式，也可在完成模拟作业后围绕新问题继续进行补充作业。

一、实施集团作业的程序和方法

集团作业是受训人员在组织者的指导下，以同一身份独立思考，各抒己见，集体讨论灭火想定作业所提出问题的训练形式。通过集团作业可使受训人员深化对灭火救援指挥和战术理论的理解，灵活掌握运用灭火救援知识技能解决实际问题的基本方法，初步形成灭火救援指挥的能力，并为灭火演练奠定基础。这种训练组织形式具有组织保障简便，方法灵活多样，研究问题集中，作业独立性强等特点。实施集团作业的程序和方法一般分为布置作业，个人独立完成作业，集体讨论，总结讲评四个阶段。

1. 布置作业

布置作业是在作业之前，对受训人员有计划地进行的辅导。目的是使受训人员尽快进入想定情况，知道做什么、怎么做、明确作业内容、掌握作业方法，为独立作业创造条件。内容通常包括：训练课目、目的、问题、作业内容、重点、方法和要求，完成时间和提示等。在提示中，除利用作业图将灾害情况和参战力量等作简要介绍外，应着重指出要大家考虑和掌握的问题，并根据受训人员的水平和课目难易程度，进行启发引导，使其能入门作业。布置作业的方法根据情况灵活掌握。

2. 个人独立完成作业

个人独立完成作业即受训人员根据想定作业所提供的作业条件和组训人员布置的作业要求，独立完成灭火救援指挥方案的设计，这是集团作业中的中心环节。

个人独立完成作业时必须严格要求受训人员独立完成对灭火救援指挥方案的设计，注重强化创造意识，培养受训人员的独立指挥能力。

3. 集体讨论

集体讨论是受训人员在组训人员指导下，就各自作业方案交换意见、深化认识的交流活动。目的在于通过交流互相启发，进一步加深对灭火救援指挥和战术理论的理解，掌握分析判断的基本方法，提高解决各种复杂问题的实际能力。

4. 总结讲评

总结讲评是在想定作业后进行的总结。通常是在集体讨论的基础上由组训人员实施，也可指定参训人员进行。其内容主要包括：重述灭火想定作业课题的题目，进一步明确训练目的，讲评作业情况并作出评价，结合作业阐述有关理论问题等。

总结讲评时要将对具体问题的认识上升到理性的高度，防止就事论事，要联系大家作业的实际，归纳总结出规律性的知识启发大家，防止放电影式的简单再现，要有严谨的治学态度，实事求是地解答学员提出的疑难问题，切不可不知以为知，要善于提出新的问题让大家思考，以便保持思维的连续性。

二、实施编组作业的程序和方法

编组作业是指受训人员在组训人员的指导下，按不同职务（如现场总指挥员、作战组长、后勤保障组长、通信联络组长等）编组后所进行的作业。编组作业通常在集团作业的基础上进行，有时也与集团作业相结合或穿插进行。编组作业的内容可以是完整的训练课题，也可以是一个或几个训练课题。

（一）编组的方式

按人员职务构成可分为指挥员系统编组和指挥机构编组；按编制序列可分为一级编组和多级编组；按编组员额可分为满员编组和缺额编组等。

（二）编组作业的基本程序

编组作业的基本程序包括作业准备、作业实施、总结讲评三个阶段。

1. 作业准备

作业准备中，除应明确人员编组和职务分工外，其他工作内容与集团作业基本相同。

2. 作业实施

作业实施阶段的训练问题通常连贯进行。作业条件由组训人员以文字、口述或情况显示等方法，利用有线电话、无线电台、文字传真、人员传递等多种手段，逐次提供并诱导参训人员作业。作业中，应适时检查作业进展情况，发现问题应以随机情况来诱导其自行纠正。无特殊情况一般不中止作业，但必要时也可以停止作业组织大家讨论研究。

3. 总结讲评

总结讲评的内容和方法与集团作业中基本相同。

（三）编组作业的注意事项

编组作业能最大限度接近实际，作业过程实战感强，参训人员得到的锻炼较大。但由于作业人员分别充当不同职务，各自作业内容互不相同，且训练问题连续性强。因此，组织实施编组作业工作量大，指导和管理都有一定难度。因此，在组织实施编组作业时需要特别注意以下问题。

1. 确保作业秩序

编组作业要求受训人员以不同身份完成同一课题作业，相互之间联系密切、交流频繁，易于影响作业秩序。为使作业有条不紊地进行，组织作业的组训人员一要周密计划，充分准备，做到编组有计划，指导有方案；二要加强现场管理，特别要加强作业班子以外的人员管理，使他们严守现场纪律，保持良好的秩序；三要注意引导大家对已有知识和技能在脑海中的再现，保证其作业有据可循，防止忙乱现象。

2. 做好科学编组

编组作业由于受多方面因素制约，很难一次使参训人员都能充当所有的职务，特别是主要职务。为使每个参训人员都能得到锻炼的机会，应尽量缩小编组范围和增加作业组次，并在作业过程中适时轮换所任职务。同时还应加强对作业班子以外人员的组织指导，使他们随着作业进程完成作业的主要内容并从中得到锻炼和提高。

3. 加强对作业的指导

编组作业、参训人员作业内容不一，但又相互联系，相互制约。为保证训练效果，组织作业的组训人员应全面了解和掌握作业的进展情况，采取多种方法实施全面指导。指导应贯彻启发式、诱导式，善于让参训人员在自我发现和自我解决问题的过程中得到锻炼。

三、实施补充作业的程序和方法

补充作业是在完成某一训练问题基本作业的基础上，围绕原课题又继续延伸的作业。在变换想定情况、作业场地和作业方式的前提下，就原来的训练问题进行补充作业，可使受训人员巩固基本作业中所学到的知识技能，加深对有关灭火战术理论的理解，提高灵活运用灭火战术理论的能力，同时也能检查受训人员对所学内容理解的程度。补充作业既可以集团作业的形式组织，也可以编组作业的形式组织。

（一）补充作业的特点

1. 内容特定，针对性强

补充作业通常以强化重点内容为主要目的，作业内容通常为某个训练的难点问题，而不是某一课题的内容。

2. 难度较大，要求较高

补充作业是想定情况创设中的特殊作业方法，一般都具有一定的难度。

3. 准备简单，便于组织

补充作业不需要编写系统的文字材料或进行较长时间的准备，只要创设出必要的想定情况便可组织实施。

(二) 补充作业的基本程序

补充作业的基本程序包括布置作业、独立完成作业、检查讨论和小结讲评。

1. 布置作业

宣布作业内容，明确作业条件和要求。

2. 独立完成作业

受训人员根据提供的作业条件，运用所学理论知识和技能独立完成作业。

3. 检查讨论

对受训人员作业方案的口头报告和书面报告进行讨论。

4. 小结讲评

针对补充作业与基本作业的不同特点，结合作业完成情况，有重点地讲清补充作业的研究内容和需要达到的目的，其他内容与基本作业相同。

(三) 补充作业的注意事项

一是要创设复杂的灭火救援作战过程，最大限度地缩短作业时间，强调个人独立作业；二是补充作业要以巩固和检验受训人员的灭火救援指挥理论知识和各种技能及战术应用为目的；三是提高灵活运用战术理论解决实际问题的能力，防止出现低层次循环现象。

习题

1. 灭火想定作业的含义是什么？
2. 灭火想定作业的特点是什么？
3. 灭火想定作业的分类是什么？
4. 灭火想定作业的主要作用和意义是什么？
5. 灭火想定作业由哪几部分构成？
6. 基本想定材料编写的内容包括什么？
7. 灭火想定作业的组织实施方法有哪些？

第四章　灭火战术演练

灭火战术演练是根据模拟各类火灾以及其他灾害事故现场真实的情况，按照战斗进程进行的综合性应用训练。灭火战术演练是一种重要的灭火战术训练方法和手段，是灭火战术训练的高级阶段，对消防救援队伍的整体素质、能力培养和战斗力提升具有重要作用，能有效缩短训练与实战的距离，检验消防救援队伍协同作战能力。

第一节　概　　述

改革转隶以来，消防救援队伍面临新使命和新要求，灭火战术演练能够通过综合性的应用训练，锻炼各级受训人员的实战能力，保证消防救援队伍和社会多种形式消防救援力量能够有效履职，从而提高灭火救援能力。

一、灭火战术演练的地位和作用

1. 有效提升消防救援队伍灭火救援实战能力

通过灭火战术演练，可以规范受训人员的指挥程序，提升受训人员在模拟灭火救援实战中灵活运用战术和技术的能力，以及在复杂、险恶条件下的应变能力和决策能力，使受训人员加深对战术意图的理解，掌握采取战术措施的手段和方法。灭火战术演练过程把诸参战力量按灭火作战需要进行组合，从形式上构成联合训练的实体，把多项战斗技能从方法上体现联合，从内容上实现联合，可以更广泛、更有效地使诸参战消防救援队伍或力量联合作战付诸行动。此外，灭火战术演练也是对消防救援人员自身素质、胆量、能力等的综合培养，通过高度逼真的消防火灾现场的模拟，消防救援人员能够锻炼自身的临场应变能力、自我防护能力以及安全救援技巧等，从而为灭火救援工作提供更坚实的基础。

2. 有助于消防救援人员熟悉作战对象和作战方案

通过灭火战术演练，受训人员可以熟悉辖区灭火救援对象的基本概况，掌握消防安全单位（部位）灭火救援预案的内容，研究突发情况下的针对性战术措施等，加强作战的针对性。确保辖区重点单位一旦发生火灾或其他灾害事故，消防救援队伍可以立即出动，高效率地投入灭火救援行动中，减少现场灭火救援行动的盲目性，争取灭火救援行动的主动权，缩短灭火救援行动的时间。

3. 灭火战术演练可以为新的战术理论运用创造条件

灭火救援实战演练活动的开展为现代化灭火救援技术、战术的示范运用创造了条件。

消防实战演练中运用各种新型灭火救援技术和装备，通过示范演练可以促进消防救援人员对各种新型技术、装备的了解和应用。此外，还可以通过灭火战术演练检验新技术的水平及新装备的性能，通过演练形成新战法，为新战术理论的形成和运用创造条件。

二、灭火战术演练的特点

1. 演练过程接近实战

当前，以实战演练的方式模拟真实的灭火救援现场，从场景设置、力量部署、装备运用再到灾情演变都极大地贴近于实战，从而为消防救援队伍创造了良好的实训机会。通过实战演练，锤炼消防救援人员临场反应和危险应对能力，全面提升消防救援队伍整体作战水平。

2. 参战力量复杂

现代灭火作战是各种力量共同参与的联合作战，灭火战术演练既是对各种参战力量训练成果的一种综合检验，又是一次联合性较强的协同训练。通过消防救援队伍、企业专职消防队、志愿消防队和相关社会联动力量的共同参与，战术演练的合成性、协同性和联合性更加突出，有利于锤炼各参战力量联合作战的能力。

3. 后勤保障任务艰巨

灭火救援实战演练所需物资量较大，各类消防装备、器材、保障物资等都应供应充足，才能保证安全、高效地完成演练任务。在演练过程中应强化装备、油料、人员等后方保障，确保灭火救援实战演练工作可以高效开展。部分大型演练还需要协调多个部门做好战勤物资保障任务。

4. 演练准备工作烦琐

灭火救援实战演练涉及多个对象，演练种类十分复杂，工作项目多而杂，演练准备工作更为烦琐，这就使得演练前需要投入大量时间和精力做好器材准备、场地布置、演练流程编制、演练方案制定等工作。演练正式开始前要完成妥善地组织、周密地计划，同时要确保组织的有效性，以保证灭火救援实战演练能达到预期效果，发挥战术演练的示范化功能。

三、灭火战术演练的分类

1. 示范性演练

示范性演练主要是指供观摩教学的演练，也可用于力量检阅和工作成果汇报等，一般用于教学法培训和新技术、新战法的推广。其特点：一是准备较充分，一般选择素质较好的队伍预先演练，程序、过程成熟后，再公开做示范性演练；二是演练实施基本上是按方案进行推演；三是具有教学性质。其目的是使观摩见学人员认识新战法的特点，掌握新战法正确的组织指挥、准确的战斗行动和相应的训练方法。比如院校为学员开展的示范性演练，在宁波召开的全国化工灭火救援编队作战效能演示会、在内蒙古召开的全国煤化工灭火救援作战效能演示会、在黑龙江开展的冰域救援大型实战演练等活动，为全国消防救援队伍开展类似灭火救援训练提供了示范和参考。

2. 研究性演练

研究性演练主要用于测试完善特定火灾事故的技战术，如高层建筑灭火演练测试、大跨度大空间建筑灭火演练测试等。这种演练可以加速新战法的形成，并对改进、优化队伍的编制体制或作战编成提供参考，也能为队伍作战和训练提供有参考价值的数据、资料和经验。其特点：一是演练方法比较灵活，没有固定方案；二是通常仅以少量试训队伍进行演练。比如化工装置事故处置研讨会、科技成果试点应用现场培训等。

3. 考核性演练

考核性演练主要用于检验消防救援队伍的综合训练成果，如消防救援局、各消防救援总队练兵考核时进行的演练。其目的在于检查队伍运用战法的水平，全面评估队伍整体作战能力，一般在队伍年度训练后期由上级机关组织，通常为多课题综合演练。其特点：一是情况复杂、昼夜连贯实施；二是事先不透露方案，不摆练，比较接近实战；三是演练中导演不直接干预队伍行动，无特殊情况不中断演练；四是容易暴露问题，有利于改进战法。比如北疆片区石油化工与地震救援“实战演练”对抗赛等。

4. 宣传性演练

宣传性演练主要用于向社会群众展示消防救援队伍的建设成果，宣传消防知识，如“119 消防宣传月”期间组织的灭火和疏散演练、开展的辖区高层建筑消防安全演练等。其目的主要是提高生产经营单位和社会群众的消防业务知识、安全防范意识和应对突发事件的处理能力。

四、灭火战术演练的相关要求

1. 精心准备，周密实施

灭火战术演练分为演练准备、演练实施、演练结束三个环节，前期需要做大量的准备工作，如成立导演机构、编制演练文书、选择演练地点或场所、组织各种演练保障等，都要在演练准备阶段完成。同时，演练又是一个环环相扣、互相制约的群体操作活动。由于参演对象多，任何一个环节出现差错都可能影响演练的进程和效果。因此，从演练准备到结束，每一个演练的阶段、每一个演练问题和每一种演练的情况都要全面考虑，科学计算，周密计划，统筹安排。

2. 实战出发，从严要求

作为灭火战术训练的最后阶段，灭火战术演练是深化战术训练的重要措施，也是完成向实战过渡的最后环节。演练活动必须结合消防救援队伍日常工作实际，从实战角度出发，从难、从严组织训练。应注重现代条件下多种力量的协同和联合演练，不怕暴露问题，防止消极保安全。演练的实战性主要反映在：指导思想上坚持从实战需要出发，全面提高灭火救援队伍的整体作战能力；在组织形式上创造逼真的火场作战环境，使受训人员经受全面锻炼。

3. 突出重点，注重实效

灭火战术演练是一种综合性较强的训练形式，且受演练内容、时间、经费等因素制约，因此，只有突出重点，注重实效，才能达到预期目的。突出重点，应以训练大纲为依据，结合本地灭火实际，重点演练规定的必训项目。在演练对象上，要紧紧围绕科技练兵的重点，突出指挥员指挥能力和战斗员作战能力的训练。在演练内容上应以组织指挥、战术协同和各种保障为重点，使战术演练成为增强训练针对性和实战感，不断完善战法、丰富战法的有效途径。要突出指挥协同训练，新形势下的灭火工作必须更加注重指挥和协同的科学性、及时性和准确性。由于参与演练的单位多、人员多、指挥系统多，容易导致各自为政，造成行动失调、协同困难，从而影响演练质量。这就要求战术演练必须着眼于实战需要，突出战术指挥和协同演练。

4. 严格纪律，注重安全

纪律和安全是进行演练的保证。要进一步增强安全意识，落实安全责任，在演练过程中要根据实际需要设定演练课目和目标，不设不切实际的高指标。要始终把思想政治工作贯穿演练全过程，充分激发参演消防救援人员的积极性、主动性和创造性。演练方案要周密计划，安全与事故预防工作要责任到人，安全防护措施要落实到位，严防在训练过程中发生意外或伤亡事故。参演消防救援人员要认真履行各自职责，服从导演指挥，严格遵守演练和火场纪律，防止演练过程中发生伤亡事故。

五、灭火战术演练的注意事项

1. 既要注重演练全过程，更要注意演练安全

大型灭火演练人员多，车辆多，拉动频繁，有时还会加入爆炸等声光效果，在任务繁重、时间紧张时，各级指挥员的“安全弦”务必高度紧张而不能放松，要提前分析可能出现隐患的因素和环节，做好应对措施。演练中要有干部带队，专人负责，密切注意行车、登高、出水、爆炸、撤离等环节的安全，做到安全与演练相伴。

2. 主办单位既要积极牵头，更要加强协调配合

灭火演练是所有参战单位、人员的共同任务，是各业务职能部门的共同工作，绝不是某个单位或某个部门的任务。演练效果的好坏，综合战斗能力能否得到明显提高，是整单位的共同责任，必须杜绝主办部门唱“独角戏”的不良现象。在社会联动单位调度上，要善于借助政府的协调作用，利用各种方式与手段，积极主动地与有关单位联系，充分发挥在灭火演练中的作用，争取相关协同单位参与到演练工作中来，为灭大火打恶仗做好协同练兵准备。

3. 既要考虑演练效果，更要考虑执勤备战和突发情况

大型灭火演练牵涉的人力、物力、财力多，往往会顾此失彼，必须合理调整兵力，以演练为主，抓好演练效果。同时，更要加强执勤备战，防止出现各消防救援站救援力量不

足的现象。因此，大型演练时，在执勤力量上要考虑有后备，在现场力量上也要考虑有后备，如现场人员、车辆、器材装备必须有备份，以应对演练中人员不足、车辆器材突然发生故障等实际问题，这既可以满足随机演练的需要，又可以作为机动力量，随时参与辖区火灾扑救；在方法手段上要考虑有后备，如现场突然出现通信中断、演练计划被改变时，都要有应对措施，以确保演练持续进行，不允许出现冷场、慌乱等影响演练效果乃至中断演练的行为。

第二节　灭火战术演练方案编写

演练地点确定后就可以围绕所选的地点制定演练方案。演练方案主要包括演练想定和演练计划两个部分，演练方案的好坏直接影响演练的成败。

一、演练方案编写要求

1. 火情设定合理

火情设定是演练方案制定的关键环节之一，对力量部署、扑救对策制定等内容起决定性的作用。大型灭火战术演练火情设定一般从最不利点出发，火情设定较复杂，以达到演练目的。如果火情设定过于简单，如只确定一个起火点、着火面积小，或者火情发展平稳，建筑火灾未设定人员被困，油罐火灾无沸溢喷溅情况等，战术演练就无法对作战训练工作起到应有的指导意义。

2. 力量部署科学

要结合战术原则、作战特点、战斗能力、水源、道路、外部场地等影响因素，结合保卫对象的火灾事故特征和人员装备的实际，确定火场蔓延的主要方向和灭火战斗力量部署的主要方面。要依据任务、火情变化特点，确定各参战单位的战斗任务，搞好战斗编成。特别是要搞好供水、救人、灭火剂用量、火灾持续时间等方面的估算，科学部署人力物力资源。并把战斗的基本意图和兵力的部署计划落实到图、文上。在参战力量进退路线的安排部署上，要有救援路线和退防路线，要以队（站）为单位，形成供水、作战完善的战斗单元。

3. 战术运用得当

方案要体现战略战术，要体现“救人第一，科学施救”的指导思想，优先救人。要突出“固移结合”的理念，尽可能地运用好固定消防设施，灵活运用堵截、突破、夹攻、合击、分割、围歼、排烟、破拆、封堵、监护、撤离等战术方法，科学有序地开展灭火战术演练。

4. 灭火救援层次明显

要从客观实际出发，按照火灾发展的科学规律，从火灾发生、单位自救、报警、接警调度、第一时间到场侦察火情、准备展开、预先展开、全面展开、救人控火、增援力量到场、成立指挥部、设立战斗段、紧急避险、二次进攻、发起总攻的顺序层层展开，层次分明，与灭火调度实际相一致，不能无章法地一哄而上。

二、演练方案编写的程序

1. 认真领会作战意图，准确把握决策内容

作战意图集中反映着灭火救援指导思想和作战目的。灭火战术演练按照任务和特定目的分为示范性演练、研究性演练、考核性演练和宣传性演练。要认真领会作战意图，准确把握决策内容，才能有依据地选取合适的演练组织形式，才能使演练方案正确地反映指挥员的意图。

领会作战意图，除了对上级赋予本消防救援队伍的任务、完成时限要求认真领会以外，还要注意站在全局利益的高度去考虑问题。站得高，才能看得远；想得深，才能使方案符合总体的作战意图。在灭火战斗现场，整体战略对于局部战术的制约作用更加明显，面对什么火场环境，采取什么扑救方式，运用什么战术手段，达到什么战略目的，都要着眼于战略全局的需要。为此，在制订战术演练方案时，必须全局在胸，从多方需求出发，全方位、多角度地考虑演练计划。

2. 准备有关资料，分析研究情况

准备资料，分析情况是着手制订战术演练方案时，必须做好的一项重要工作。如果不充分地占有资料，掌握情况，就不可能把方案建立在坚实的客观基础之上。因此，在制订方案前，一是要尽可能多地从想定的条件中搜集一些与计划有关的资料；二是要善于运用“去粗取精，去伪存真，由此及彼，由表及里”的科学方法，分析判断各方面情况。资料搜集主要包括火情资料的收集、参战力量资料的收集和自然地理环境资料的收集三个方面。

（1）火情资料的收集，重点是掌握战术演练现场所想定的火灾规模、燃烧态势、燃烧物质、被困人员数量和位置等情况。真实的火灾现场，特别是一些大跨度厂房、复杂化工装置区、油罐区、高层建筑、地下建筑、大型商场等火场现场，要特别注意考虑各类不确定危险因素，不仅要掌握火灾现场当前的态势，还要分析和预见其可能的发展变化，认真研究分析现场情况。

（2）参战力量资料的收集，主要是参与灭火战术演练的消防救援队伍人员素质、训练水平、装备水平、消防救援站区位等情况。此外，在联合战术演练中，还包括参与灭火战术演练的社会联动力量，如应急、医疗、交通、水电、环保等部门。对参战力量不仅要进行定性分析，还要进行定量分析，从而对消防救援队伍完成任务的条件和能力作出正确的判断。

（3）自然地理环境资料的收集，主要是演练场地的特点、交通状况、水源分布、天然障碍、人工障碍、气象条件及变化规律等情况。

准备资料、分析研究情况，必须客观、全面、深入，切忌主观片面和表面化，要把握

好有利与不利因素的相互转化，在充分发挥有利因素作用的同时，创造条件促使不利因素向有利因素转化。

3. 划分演练阶段，设计行动方案

在充分准备资料、分析判断情况的基础上，演练计划制订者应对演练阶段进行科学划分，设想可能的灾情，有针对性地提出行动方案。

演练阶段的划分和行动方案的设计应根据演练样式和规模而定，战术演练的现场情况不同，阶段划分也不同。一般大型联合战术演练的阶段可划分为灾情等级响应、辖区力量处置、支队增援力量处置、总队跨区域力量处置四个阶段。灾情等级响应阶段，一般包括单位自救、力量调派、途中指挥等内容；辖区力量处置阶段一般要求初战到场消防救援站执行初期侦察、初战部署、疏散救人等任务；支队增援力量处置阶段，支队增援力量到场后应设立现场作战指挥部，开展侦察评估、排烟排热、调整部署等行动；总队跨区域力量处置阶段，支队应向总队移交指挥权，总队获取指挥权后应进行二次调整部署，并根据火场实际情况适时发起总攻。

在战术演练的行动方案中，演练对象不同，行动方案的重点也应当有所区别。例如，在高层建筑火灾灭火战术演练过程中，应当重点组织好火场供水保障。扑救高层建筑火灾，能否及时和不间断地组织向火场供水，满足灭火所需的水量和水压，直接关系到灭火战术演练的成败。“以固为主，固移结合”的原则应当在方案中得到强调，具体的供水方式应当在方案中得到详细介绍。又如，在地下建筑火灾灭火战术演练过程中，应当注意地下建筑一般无窗，着火时烟气聚集在建筑物中，高温烟气难以排出，散热缓慢，内部空间温度上升快。因此，演练方案中应当有针对性地强调排烟措施和行动过程。

在演练内容设置上，应当贴近实战。灭火战术演练最大的特点就是实战感强，参演力量不仅能在逼真的环境和紧张的节奏中感受实战氛围，还能在与火灾激烈的对抗中体验自身角色的重要性。因此，演练内容的设置应立足于消防救援队伍的训练水平、体制编制和物资装备，按照不同区域、方向、阶段、任务制订和完善演练方案。把练战法、练指挥、练协同、练意志、练体力有机统一于演练全过程。

由于火灾现场燃烧物质种类多，建筑结构复杂，灭火战术演练过程中可能出现许多偶然情况，因此演练阶段的划分和行动方案的设计，不可避免地会出现部分演练内容和实战相差较多。一般来说，情况越复杂，灭火作战持续时间越长，不确定性就越大。因此要估计多种演练可能性，拟制不同对策，不仅考虑火情可能出现的变化，还应考虑参战力量可能出现的问题，这样才能使灭火战术演练方案建立在切实可靠的基础之上。

4. 合理分配资源，作出统筹安排

制订演练计划，从某种意义上讲，就是对人员、装备、物资、时间、空间等资源进行计划分配。在分配各种资源时，要根据资源总量、演练任务和救援力量的实际情况分配资源。因此，要计算完成各项任务所需要的人员、装备、物资、时间、空间，然后根据现有资源总量作出安排。例如，在空间资源分配上，要根据演练所要达到的目的、救援力量担负的任务、灭火行动的需要、火场环境、交通条件，合理安排各参战力量的任务范围，使各参战力量充分发挥效能。在时间分配上，应根据轻重缓急，有先有后，既要环环紧扣，又要留有余地。资源分配是一个有机整体，空间可以换取时间，时间可以换取空间。救援力量的投入与时间消耗成反比。就完成一项任务而言，时间不足，可以用增加投入的办法；救援力量不足，可以用延长时间的办法。应当根据演练的实际情况合理作出统筹安排。

灭火战术演练方案撰写示例见本书附录。

第三节 灭火战术演练的组织实施

灭火战术演练实施是指消防救援队伍从接到战术演练开始的命令，登车（艇）出动，到达战术演练场地（单位）进行战斗展开等实施一系列战术演练程序的全过程。可以划分为演练准备阶段、演练实施阶段和演练结束阶段。

一、演练准备阶段

1. 召开演练会议，组建导演机构

由负责演练的单位召开演练会议，明确演练机构的组成、演练单位的编成、任务区分和指挥关系、装备器材等后勤保障工作。演练通常由上级首长和灭火救援指挥部组织进行，上导下演，有时也可以自导自演，应根据演练规模的大小和需要组织导演机构。导演机构的主要工作是：组织勘察演练现场；拟制演练文书；检查演练消防救援队伍和调理组的准备情况；传达导演的命令、指示，并督促、检查演练队伍执行，及时搜集综合演练情况为指导演练准备资料；选择导演机构指挥所、观察所位置，绘制演练情况报告图，准备演练总结和讲评材料等。

2. 编写演练准备工作计划和演练实施计划

通常在导演机构组成后，着手进行编写演练想定和演练实施计划，保证演练计划按时完成。制订演练方案时，除了要考虑演练的整体效果之外，演练过程中还要设计侦察、掩护、救生、突破、强攻等战术措施，使各个作战环节都能在模拟实战中得到反映。此外，还需做好演练准备工作计划，主要包括：思想政治动员，勘察演练现场，调理员和演练单位的训练安排，检查演练单位的准备工作，消防装备器材及物资保障等。

3. 组织调理员训练

当演练实施计划制订完成后，应组织调理员的训练，使参加演练的各级调理员熟悉想定和演练实施计划，明确各自的职责和相互间的关系，以便能准确地设置和显示情况，适时地检查、监督和诱导演练的实施。若演练设计保密，在训练过程中要做好保密工作。

二、演练实施阶段

1. 发布战术演练出动命令

发布战术演练出动命令，一种是直接从宣布演练开始，即由组训人员集合参训队伍后宣布战术演练训练课题、战术演练场地（单位）情况，提出有关要求，依据方案安排力量出动；另一种是派遣人员到达战术演练场地（单位）报警，通过指挥中心或通信室按照接警出动的程序和方式，调集执勤力量，采用电子屏幕显示或广播的办法，说明战术演练场地（单位）情况，然后受训人员着装登车，依据作业方案出动力量，演练开始以后即按实施计划进行演练。

2. 战术演练出动

战术演练出动是指参演队伍接到出动命令（信号）后，受训人员迅速乘消防车（艇）驶往战术演练场地的行动过程。向战术演练场地（单位）出动有两种方式：一种是直接向战术演练场地出动。即按照出动命令（信号），由消防救援站指挥员带领全队车辆（人员）驶往战术演练场地，按拟定的方案进行战术演练。另一种是到达指定地点集结。即发出出动命令（信号）之后，为了使参演队伍统一行动，同时进行战斗展开，防止因交通拥挤车辆不能同时到达，组训人员预先指定战术演练场地（单位）附近某处为集结点，令队伍在规定时间集结，待集结完毕，准备就绪之后，统一发令，按拟定的方案实施战术演练。

3. 战斗实施

即参演队伍到达战术演练场地（单位）时，依据战术演练方案或灭火救援作战计划，实施一系列灭火救援的技战术行动。战斗行动要做到准确、果断。依据灭火救援作战行动的要求，按照准备展开、预先展开、战斗展开的方式实施战斗。

演练中要灵活运用烟、火、爆炸、倒塌、中毒等模拟技术，营造出各类火灾或其他灾害事故现场的真实场景和发展规律情景，使受训人员在心理和生理上适应重大灾情的作战环境。

4. 检查情况

即按照设置的情况实施战斗展开之后，受训人员在各自的位置，由组训人员对战斗展开的情况逐点、逐项、逐段进行检查。在战术演练过程中，组训人员一方面要实施正确的指挥，另一方面要注意观察，及时掌握战术演练时各阶段的进展情况。进行战斗展开情况检查时，一定要认真细致，发现问题当即进行纠正。在演练中要注意安全，避免车辆出动和演练结束归队时的交通事故、人身事故和器材装备损坏。

5. 战术演练结束

即组训人员命令通信员发出战术演练结束信号。战术演练结束后应清查战术演练场地；清点人数，整理器材装备，对使用过的器材装备要恢复到备用状态；撤回警戒、情况显示人员；将受训人员带到指定地点集合，准备讲评。

三、演练结束阶段

1. 组织讲评

演练讲评，通常在一个训练课题结束后或整个演练结束后进行，通常由组织演练的最高指挥员实施。讲评内容主要针对参加演练队伍的演练情况，它不仅要如实反映演练的基本情况，更重要的是在演练基础上对演练成绩作出客观评价，肯定成绩，表彰先进单位和个人，并指出存在的问题和解决的办法，为指导今后的灭火救援业务训练和演练工作创造条件，积累资料。总结讲评的内容通常包括：演练方案设计的基本精神，演练的实施情况、达到的程度和总体评价；演练中的优缺点，有关消防学术理论的探讨；演练的各种协同、保障工作；主要经验、教训和今后的改进意见等。

2. 归队，恢复战备

受训人员接到归队命令后，应迅速归队。归队前注意检查消防车上的器材放置是否牢固、器材厢门是否关闭等。归队应按照出动队形原路返回，并保持通信联系。

归队后，执勤人员要按照各自的任务分工，迅速检查、清洗、保养、维修车辆和器材装备，及时补充器材装备和灭火剂，调整人员，恢复至正常的执勤备战状态。

3. 演练总结

总结通常在战术演练结束、恢复战备后进行。可采取由下而上或由上而下的方法进行。总结一般包括标题、基本情况、工作和成绩、存在的问题、经验教训、今后的意见或打算等部分。总结要实事求是，突出重点；照顾全面，找出经验教训；详略得当，重点突出；语言规范，表达准确简洁。此外，要对演练的相关资料进行整理归档，进一步完善演练方案，积累有关资料。

习题

1. 开展灭火战术演练的作用是什么？
2. 灭火战术演练如何进行分类？请举例说明。
3. 灭火战术演练方案编写的程序是什么？
4. 灭火战术演练方案火情设定有什么要求？
5. 灭火战术演练的组织实施可以分为哪几个环节？
6. 开展灭火战术演练时的注意事项有哪些？
7. 发布战术演练出动命令的形式有哪些？
8. 结合辖区工作实际，拟定一个灭火战术综合演练方案。

第五章　计算机模拟灭火战术训练

在计算机技术、网络技术、通信技术、数据库管理技术和图形图像处理等技术的支持下，三维场景地图可视化以及风险评估、决策指挥、应急预案的数字化应用的影响性越来越大。计算机虚拟仿真技术在模拟仿真训练、灾害风险评估、应急数据处理、灾情监测等方面的应用也愈发成熟。开展计算机模拟灭火战术训练能够在保证训练质量的基础上，缩短训练周期、节省训练经费，已逐渐成为训练和教学有效的辅助和补充手段。

第一节　概　　述

计算机模拟灭火战术训练是指利用灭火战术训练软件构建各类虚拟火灾及其他灾害场景，借助计算机网络平台开展训练的一种练兵方法。目前我国消防救援队伍计算机网络已基本建设完善，为开发和应用计算机模拟灭火战术训练系统，实现计算机模拟灭火战术训练创造了条件。

一、计算机模拟灭火战术训练的特点

先进的方法手段，能够有效地增强灭火战术训练的效果。近年来消防救援队伍紧紧依靠科技进步，以模拟仿真训练为手段，以信息网络为基础设施，大胆运用现代化手段，改进训练方法，积极推动了队伍战斗力水平和训练质量的提升。与传统的训练方法手段相比较，计算机模拟灭火战术训练具有以下特点。

1. 自动化程度高，可重复操作

根据实战需求开发的计算机模拟灭火战术训练系统，程序高度合成，操作方便快捷，消防救援人员比较容易掌握。传统的灭火战术实地训练，人力、物力调动消耗巨大，难以实现多次重复性训练，且由于训练中所设指挥员名额有限，受训人员不可能都担任指挥人员，因此也得不到应有的指挥锻炼。相比而言，计算机模拟灭火战术训练系统由于不受场地、经费等限制，同时能够将灾情准确再现，因此可多次、重复地针对不同场景展开训练。受训人员既可担任同一级别指挥人员，也可担任战斗员实施灭火战斗。不但使受训人员得到同种规模的训练，而且可多次、重复训练，使受训人员分别担当不同角色，提升其综合能力。

2. 模拟场景逼真，贴近实战

计算机模拟灭火战术训练系统运用声、光、电、影等多媒体仿真技术虚拟的各类火灾

及其他灾害事故现场及其发展规律，可依据受训人员所采取的不同处置措施展现多种灾情的变化过程，甚至可出现突发险情，达到近似真实的效果，使消防救援人员产生身临其境的感觉，锻炼受训人员对突发事故的应变能力。此外，计算机模拟灭火战术训练系统通过建立模型对消防救援力量综合战斗力和灾情进行量化，进而能够模拟计算出战斗中的人员、装备占用或损耗，解决了传统战术训练所不能解决的量化评估问题。

3. 程序可控性好，重点突出

完善的计算机模拟灭火战术训练系统具有较高的安全性和可控性，可在程序中不断添加新的战术训练课目或战术思维，有利于消防救援人员对不同战术措施进行比较与试验，对重点和难点问题进行反复训练、分析研究、寻求突破。

4. 组训手段多样，便于评估

计算机模拟灭火战术训练在单机、局域网或广域网上均可进行，组织网上战术训练时，既可以进行单兵战术训练、战斗班组战术训练，也可以组织多个消防救援站进行综合战术演练，还可以组织异地同步的协同战术训练。与其他训练手段相比较，其训练的针对性更强，对作战指挥的效能评估更趋合理，特别适合指挥员训练。

二、计算机模拟灭火战术训练的原则

开展计算机模拟灭火战术训练应遵循以下原则。

1. 着眼实战，训战一致

在训练中，必须贯彻训战一致的原则，一切从实战需要出发，从难、从严，不断总结经验，发现问题和解决问题，这也是对消防救援人员训练提出的基本要求。

以实战需要为标准。在指导思想上，坚持从实战需要出发，从受训人员需解决的灭火战术重点、难点问题出发，搭建具有针对性的训练场景，要造成紧张、真实的灭火现场气氛，使受训人员在近似实战的条件下经受全面锤炼；选取具有针对性的训练模式，使受训人员在复杂的情况中锻炼火灾处置谋略；设置具有针对性的训练内容，从作战思想、作战手段，以及担负的作战任务确定训练课目，全面提高受训人员处置各类典型灾害的作战能力。

创造近似实战的训练场景。训练中模拟的灾情，包括基础火灾场景搭建（火灾烟气扩散、火焰强度、烟雾形状等）、灾情发展设置（火灾发展蔓延规律、临机任务、突发险情等）和到场力量（人员、器材、装备等）都符合真实火灾现场的基本现状。模拟的灾情要体现“练为战”的指导思想，不能出现“练为看”而设置观赏型的模拟效果。训练方案的撰写要结合消防救援队伍的作战任务、配备装备、各类灾害特点、救援环境和灭火预案。同时，在场景上，应充分体现灭火救援行动突发情况多、形势变化快、装备器材种类多和物资消耗大的特点，设置复杂多变的情况，尽量完整地反映战斗全过程，突出战术运用的前瞻性问题。

2. 严格规范与灵活处置相结合

灭火战术训练是一项较为复杂的训练活动，在训练中，既需要严格规范，又需要根据具体情况灵活把握。消防模拟训练和其他各项训练一样，都必须以《消防救援队伍执勤战斗条令》为指导，每一个模拟训练项目的设置，每一个技战术课题的完成，都要体现出条令所规定的灭火指导思想和战术原则，体现指挥程序和作战行动的规范性。同时，要严格执行训练大纲的各项要求，受训人员在各作战环节进行各项行动部署的模拟操作中，也必须一丝不苟地按技战术的行动要求和操作规范去实施，包括火灾扑救中的个人防护、水枪阵地设置、地形地貌利用，以及进攻、转移和撤离等环节的把握，此外火灾扑救中的堵漏、破拆、输转、洗消等课目的模拟训练，都必须以训练大纲为行动准则。

此外，由于建设发展和驻地情况不同，各地消防救援队伍装备建设存在较大差异、不尽平衡，且各地都结合自身的作战任务，在训练中总结了一套适合自身实际的训练方法。针对这些情况，计算机模拟灭火战术训练应立足现状，着眼消防救援队伍实际，灵活把握，避免一刀切。凡是能够提高消防救援队伍训练水平，提高实战能力的做法均应得到支持和鼓励，这样才能从根本上促进消防救援队伍训练的发展。设置训练情景时，还可不设预案，以充分发挥受训人员的创造性思维和主观能动作用。

3. 突出重点，注重实效

计算机模拟灭火战术训练是一种综合性较强的训练形式，为有效检验训练效果，必须根据消防救援队伍担负的作战任务，突出重点课题、重点内容的训练，提高训练的实际效果。

突出训练的重点课目。应根据训练大纲的要求，结合教学任务和教学大纲，重点训练必训课目，使训练重点与消防救援队伍灭火救援担负的作战任务尽可能地结合起来，以提高训练的针对性。

突出训练的重点内容。计算机模拟灭火战术训练的内容涉及消防救援队伍作战的各个环节，其中多力量协同作战和组织指挥为战术训练的重点内容，要紧紧围绕这个重点，在训练场景布置、训练内容设置、训练流程设计上，把练谋略、练战法、练协同、练保障有机地统一于训练的全过程，以提高训练的目的性。

突出现有器材装备的运用。消防救援队伍器材装备的建设与灭火任务要求的发展相互促进，因此，计算机模拟灭火战术训练系统必须设有消防救援队伍常见器材装备等素材，突出发挥现有器材装备作战效能，以提高训练的实用性。

4. 立足现有装备，模拟相应灾情

计算机模拟灭火战术训练要依据消防救援队伍现有装备，立足于新装备的应用来设置灾情现场，使消防救援人员既能调用现有装备扑救各种火灾、处置各种灾情，又具有一定的超前指导性，熟悉新装备、试验新装备、推广应用新装备。

计算机模拟灭火战术训练必须有符合要求的演示导调室，有成熟的计算机模拟灭火战术训练系统，系统内可设置相应的灭火战术训练课目，且有相应的可供调用的装备素材，训练课目的设置要依托现有软硬件条件。

要立足于消防救援队伍目前的装备水平和技战术水平设置训练内容。装备水平是一个动态过程，随着经济社会的发展，消防装备也在不断发展变化、更新提高，因此计算机模拟灭火战术训练系统可供调用的装备要有开放性，能够及时更新原有装备的参数以及新装备，设置的训练内容、采取的训练方式也要不断地改革创新。

第二节　计算机模拟灭火战术训练系统组成

计算机模拟灭火战术训练系统通常由导调控制系统、作战推演系统和监控系统三部分构成。三个系统协调运行共同完成灾害场景搭建、灾情态势设置、导调角色端模拟、指挥角色端模拟、执行角色端模拟、训练记录保存管理及可视化动态复盘和真实执勤力量资源创建及维护等主要功能。

一、导调控制系统

导调控制系统是对整个模拟训练过程进行策划组织和调控的系统，是监测和引导训练全过程的核心，包含了灾害场景搭建、灾情态势设置、导调角色端、训练管理、训练记录保存管理、记录回放、评分设置、训练评分等功能。

导调控制系统具有针对初始场景设置参数生成各种模拟灾情，以及对情况设置进行任意修改和自动生成的功能。如依据战术原则和力量部署知识库，自动生成作战方案；施加喊叫声、噪声等必要的外界干扰，以提供真实的指挥环境；设置一些合理的浓烟、爆炸、倒塌、中毒等困难情景，以锻炼受训人员的应变能力；对灭火救援对象的建筑结构、耐火等级、建筑高度和平面布局进行设定后，能自动生成新的灾情和作战条件等。另外，导调控制系统还应具有按照作战指挥模拟训练过程，提供自动评判和专家人工评判相结合的综合集成分析决策机制，并根据综合评判结果，自动导引现场态势，使训练进入下一过程的功能。

1. 灾害场景搭建

搭建起火单位场景，明确起火单位建（构）筑物结构、布局、功能（图 1－5－1）、固定消防设施（图 1－5－2），以及起火单位毗邻建筑物和周边道路交通、水源等情况，以模拟火灾现场的实际情况，为调用不同的灭火力量、确定战斗编成、选择合适的进攻路线和作战方法提供依据；场景编辑器也可对训练环境进行编辑，如出警时的天气、湿度、风向等（图 1－5－3），为消防救援队伍灭火救援的开展提供逼真的训练环境。

2. 灾情态势设置

组训人员通过导调控制系统可对训练中的灾情态势进行编辑设定，可通过对基础场景的编辑来实现，如火情（火点位置、火势大小、发展趋势等）、人员被困情况（人员位置、数量及营救途径等）、险情（爆炸、坍塌等）和社会联动力量（知情人、救护车等）。通过训练灾情态势的编辑设定，使得训练能够更加贴近现实，给受训人员在训练过程中提

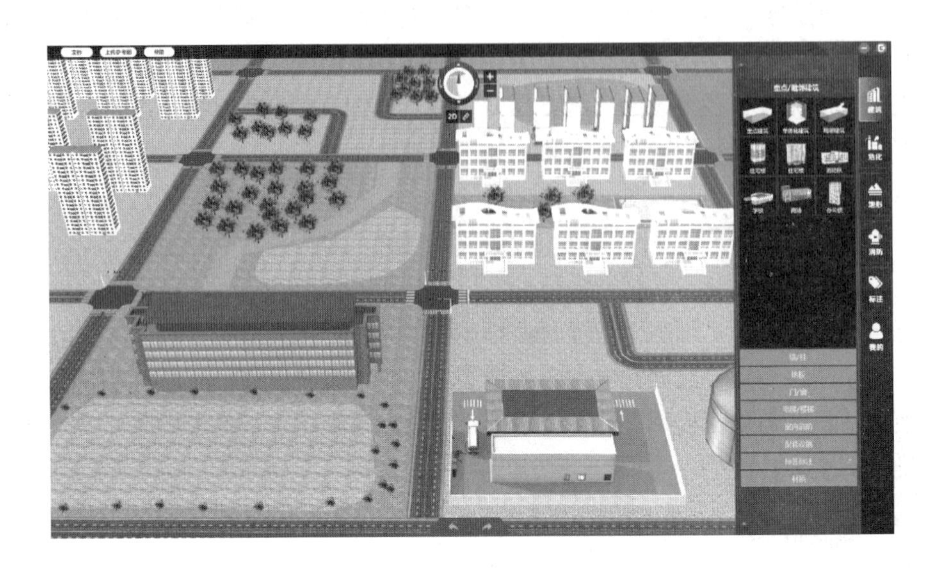

图 1-5-1　明确起火单位建（筑）物结构、布局、功能

图 1-5-2　设置起火建筑固定消防设施

供一种逼真的训练环境。灾情态势设置如图 1-5-4 所示。

3. 导调角色端模拟

组训人员通过导调控制系统可对系统的脚本进行编辑，训练脚本管理可通过对基础场景的编辑来实现，如到场力量（消防救援站数量及车辆、人员、器材装备数量等）、人员被困情况（人员位置、数量及营救途径等）、险情（爆炸、坍塌等）和社会联动力量（知

图1－5－3　训练环境设置

图1－5－4　灾情态势设置

情人、救护车等）。通过训练脚本的编辑使得训练能够更加贴近现实，给受训人员在训练过程中提供一种逼真的训练环境。导调控制系统还可以根据灭火作战环节添加模拟训练行动内容，如设置询情功能，将真实火灾中的问询、侦察环节体现出来，从而完善训练流程。突发爆炸险情设置如图1－5－5所示。

图 1－5－5　突发爆炸险情设置

二、作战推演系统

作战推演系统是专供参训人员进行作战推演训练的系统，分为作战指挥中心台、一线指挥台和行动小组台，对应设有指挥角色端和执行角色端，可确保各级消防救援人员可以通过该系统进行本级或多级力量参加的灭火战术训练。

1. 作战指挥中心台

作战指挥中心是领导决策指挥机构，肩负着任务协调开展与指令上传下达的任务。作战指挥中心模块可以模拟指挥中心的决策、部署等功能，在灭火过程中指挥中心负责调派消防车辆、作战人员和装备器材，以及作战期间的增援力量，以保障灭火战斗持续展开。参训人员操作指挥角色端，作为作战指挥中心在接到报警后，查看受灾单位预案并结合火情大小派遣相应处置力量。待到场消防救援站展开作战行动并做好警戒后，指挥中心通过与到场消防救援站的信息交流了解现场情况、收集信息，为下阶段全勤指挥部到场提供作战参考。

战斗中指挥中心模块力量调遣分为两部分：第一部分为作战所需的消防救援人员；第二部分为作战所需的车辆器材装备。人员的派遣分为首战出动和后期增援的消防救援人员；车辆器材装备的派遣分为初战到场和后期增援的车辆器材。

作战指挥中心进行力量调派是灭火作战中的重要组成部分，影响火灾扑救的顺利进行。参训人员操作指挥角色端进行力量调派，是对参训人员掌握火场态势、消防救援队伍灭火作战战斗力和作战编成的一种高效锻炼提高方式。

2. 一线指挥台

一线指挥台作为计算机模拟灭火战术训练火灾现场两大实际行动分组之一，其功能类似于前沿作战指挥部和现场灭火作战行动小组，是火灾现场的决策指挥机构。其主要功能是：指挥员作战指挥与对战斗员的工作安排，在发生火灾后进行火场询情了解基本信息；进行现场侦察，明确作战目标；查看灾害场景及灾情态势，制订作战方案；查看周边道路、水源等情况，合理安排停车位置（图1－5－6）；标定具体供水路线，保证供水不间断（图1－5－7）；按照出动车辆，部署、分配战斗员作战任务和器材；对火情进行分析，作出进一步行动并合理设置进攻阵地（图1－5－8）；设置安全哨，命令所有参战人员做好安全措施，根据火情发展情况及时向指挥中心请求增援力量；在战斗结束后向各行动小组台发出人员、装备清点的命令。

图1－5－6　停车位置设置示意图

图1－5－7　保障供水示意图

图1-5-8　设置进攻阵地示意图

3. 行动小组台

行动小组台是现场战斗员开展各自灭火工作的具体体现，是一线指挥台发出作战指令的实施者。灭火中所有战斗员必须充分利用导调控制系统给出的训练脚本中的器材装备（图1-5-9），合理完成规定任务，包括现场警戒，使用警戒素材标定警戒区域；现场侦察，标明侦察路线了解火场情况；设置进攻阵地，标定水枪射流形式进行火灾扑救

图1-5-9　选择器材装备示意图

（图1-5-10）；组织后勤保障，连接供水线路保障火场供水不间断；组织排烟降温（图1-5-11），标定选择的排烟方式、使用的器材、器材的位置等；组织清除障碍，标定攻坚组携带的破拆器材、破拆的位置及进行人员疏散与救助等工作的路径等。每一名战斗员要最大限度地发挥战斗力，同时行动小组之间要加强协同配合，共同应对灾情，以利于任务顺利完成。

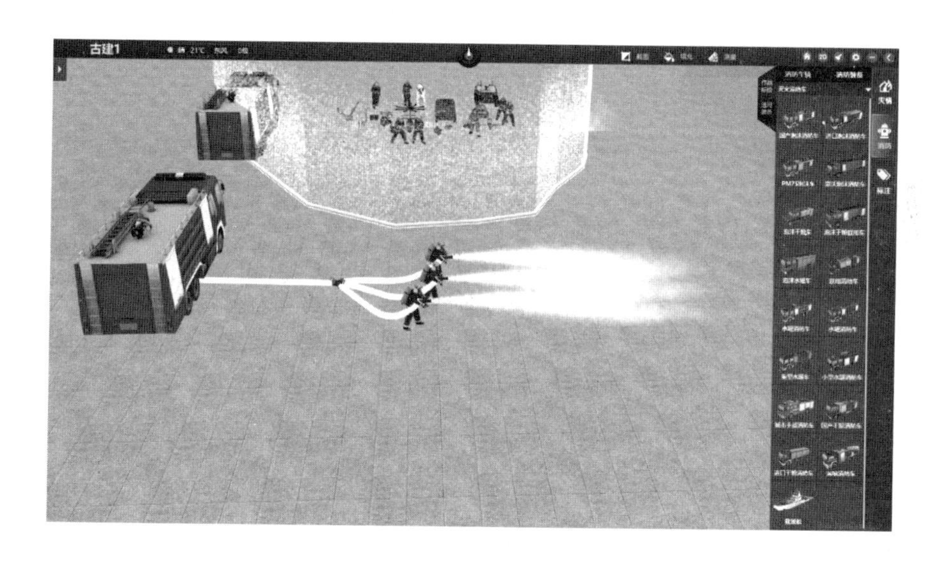

图1-5-10　设置进攻阵地，标定水枪射流形式示意图

图1-5-11　组织排烟降温示意图

三、监控系统

监控系统应具有对整个战术训练过程进行监视和控制的功能，可以随时监控各个作战推演室以及某个受训人员的指挥作业和训练进展情况，并可将相关信息显示（切换）到模拟训练大厅的大屏幕上，供观摩人员观看。系统还应具有训练过程回放功能，用于再现本次训练的整个过程或回放历史训练记录，为分析讲评提供支持。计算机模拟训练效果评判如图 1 –5 –12 所示。

图 1 –5 –12　计算机模拟训练效果评判示意图

训练效果评判从评判角色来说主要分为计算机评判和专家评判。计算机评判是计算机根据系统设置对操作流程作出的智能评判；专家评判是专家根据训练要求对操作流程作出的人工评判。专家评判分为实时查看评判和记录回放评判。实时查看评判就是专家在现场观看训练操作过程，并实时对操作步骤进行的打分评判；记录回放评判是模拟训练系统的一大特色功能，首先系统查询相关训练记录档案，通过控制按钮回放指定的训练记录，再逐一根据训练要求对操作步骤进行打分。评判员根据打分情况可以对训练情况进行分析，还能就个别问题进行探讨，学习交流作战经验，受训人员对训练中存在的问题和不足进行改正以总结经验、吸取教训，提高自身的综合能力水平。

第三节　计算机模拟灭火战术训练的组织实施

在组织实施计算机模拟灭火战术训练时，需要确定作战指挥层次、选定训练模式、对受训人员进行人员编组，在训练前做好训练准备，并按照训练程序开展训练。

一、作战指挥层次的确定

消防救援队伍的灭火与应急救援组织指挥通常分为总队、支队、大队、消防救援站、班组五个层次。与此相适应，根据灭火组织指挥主体的级别，可将指挥主体的指挥员划分为初级指挥员、中级指挥员与高级指挥员。

初级指挥员在灭火作战训练过程中，应侧重于初期作战指挥，包括对火势发展蔓延的预判、个人防护装备穿戴的落实等；中级指挥员应侧重于灭火作战过程中的协同作战指挥、战勤保障与现场的安全监督等；高级指挥员在灭火作战训练过程中，应侧重于灭火中的指挥决策制定、社会联动力量的协调等。

二、训练模式的选择

计算机模拟灭火战术训练系统的训练模式包括指挥员训练模式和协同作业训练模式，可以开展单个或多个受训人员的训练与考核，不同的训练模式训练目的不同。

1. 指挥员训练模式

指挥员训练模式指主要针对单个受训人员的战术运用能力进行的训练或考核模式。该模式主要通过导调控制系统的编辑器功能进行灭火救援相关重点、难点问题的场景设定，形成逼真的基础训练场景，而后通过操作平台让受训人员依据到场的作战力量，判断火情、定下决心，完成重点、难点的险情处置。通过指挥员训练模式，可利用评判系统对受训人员进行考核，提升受训人员的战术运用能力、组织指挥能力和突发险情的临机处置能力。

2. 协同作业训练模式

协同作业训练模式指主要针对班、组、站、大队、支队等作战单元整体作战能力进行的训练或考核模式。该模式通过导调控制系统的编辑器功能进行灭火救援的协同作战问题建立场景，使受训人员在明确各自任务分工的基础上，完成包括接警出动、火情侦察、技战术运用等整个灭火作战过程。通过该模式，可有效提升班、组等的协同作战能力，同时系统也可对灭火作战效能进行考核评估。

三、计算机模拟灭火战术训练的编组

计算机模拟灭火战术训练的编组要区分指挥员训练模式和协同作业训练模式，并由模拟训练设施承训的负荷量、训练目的及内容、训练方式的组织实施、参训对象的层次与规模等因素共同决定。

1. 指挥员训练模式

以消防指挥专业学员参训人员为例，将所有参训人员分为 3 组，每组 25 人左右，每组的 25 人都担任指挥员，进入同一模拟训练场景，利用给定灭火救援力量，充分发挥其战斗力，合理部署灭火救援行动，完成规定的任务。以此类推，共开展 9 次小组训练。

2. 协同作业训练模式

以消防指挥专业学员参训人员为例，将所有参训人员分为3组，每组25人左右，而后将每组分为3个小组，每小组8~9人，每个小组的人员分别担任作战指挥中心值班员、辖区消防救援站指挥员、增援消防救援站指挥员、特勤消防救援站指挥员与全勤指挥部指挥员和各行动小组组长，协同配合完成规定灭火救援任务。以此类推，共开展9次小组训练。

组训人员进行现场指导，并对训练进程进行控制，对训练结果进行讲评；参训人员根据讲评情况进行方案修改完善，为下一组人员训练奠定基础。

四、计算机模拟灭火战术训练的实施程序

1. 确定训练内容

明确组训人员，一般由2~3人组成，选择具有扎实理论基础与一定实践经验的人员担任组训人员，并明确任务分工。组训人员根据教学大纲、教学内容和教学进程，确定训练模式和训练内容，拟定训练方案。

2. 训练准备工作

（1）软硬件准备。硬件准备主要是对计算机模拟灭火战术训练系统组网内计算机状况进行检查。软件准备要求根据训练方案，合理设定训练课目，使用导调控制系统搭建灾害场景和设置灾情态势，或直接选取真实的战例作为背景。

（2）进行调试预演。启动系统，对模拟现场环境、指挥自动化和通信保障等程序进行整体运行调试。

（3）明确训练规则。向参训人员介绍有关系统知识和规则，主要包括系统流程、操作要领、训练规则和注意事项等。

3. 下达开始指令

参训人员进入计算机模拟灭火战术训练位置后，启用系统，导调控制组通过系统的指挥功能和通信功能向参训人员下达指令，同时宣布训练开始。

4. 作战行动推演

受训人员开始操作，作出处置决策。进行分段作业推演时，应根据模型运行情况和训练需要适时暂停，对推演结果进行阶段性讲评，并做好下一训练课目的模拟准备。进行连贯作业推演时，应根据推演结果自动进入下一阶段。

5. 计划与随机导调

根据参训人员处置结果和指挥员意图，采用计划导调与随机导调相结合的方式，让参训人员根据新的情况继续执行新的训练内容，当完成部分或阶段性预定作战任务后，可暂停模型运行，宣布训练进展和下一步计划。

6. 宣布训练结束

经过导调控制组的多次导调和参训人员的持续处置，当预定的各项任务完成后，组训

人员宣布指挥角色端或执行角色端模拟训练结束。

7. 讲评

训练记录保存管理及可视化动态复盘功能具有训练过程智能解析功能，支持按照灾情设定、作战部署等环节的操作细节，自动解析保存为3D动态可视化训练记录进行保存管理。主要功能包括部署结果复盘、全流程动态复盘、不同角色端视角动态复盘、自由视角动态复盘实时浏览以及暂停/播放、倍速观看等。在训练操作完成后，组训人员结合复盘功能进行总结讲评。

五、计算机模拟灭火战术训练的注意事项

1. 要结合对象特点组织训练

实施计算机模拟灭火战术训练时，除了要设计好灾情之外，还要根据受训人员的对象、业务素质以及系统功能等方面的特点，有针对性地组织训练。编组训练时，应结合受训人员层次组织分层施训。要以指挥员和指挥机关训练为重点，尽可能按实战模式配齐、配全各级指挥机构和指挥员，以便使受训人员得到全面锻炼。

2. 要对模拟训练进行活导活演

在计算机模拟灭火战术训练过程中，活是导和演的灵魂，只有实现活导活演，才能真正实现计算机模拟灭火战术训练的高效性。因此，开展计算机模拟灭火战术训练时，要设组训组长席、导调控制席和监控席。导调控制系统负责人给出灾情和可供使用的到场力量及水源，各作战阵地的受训人员按总指挥意图展开行动，并及时反馈作战情况。监控系统负责人要适时获取战斗进程的截图和录像，并反馈给组训组长，及时展开讲评，或下达调整作战部署指令，由受训人员展开战术变化训练，以确保训练质量。

3. 要注重人机结合

实现人机最佳结合，是提高计算机模拟灭火战术训练质量的关键。即便是最完善的计算机模拟灭火战术训练系统，其本身具有的基本功能并不能完全代替受训人员的主观能动性和作战意图，更不能取代虚拟灾情突变情况下的判断和决策。因此，利用计算机模拟灭火战术训练系统进行训练时，既要充分发挥系统的固有功能，还要求组训人员和受训人员结合模拟训练系统标注功能和模拟训练室通信系统，及时标识作战部署及战术运用过程和结果，以求人机最佳结合。

4. 要发挥受训人员的主导作用

受训人员是训练的主体，训练中要处理好辅助决策与主观能动的关系。虽然计算机模拟灭火战术训练系统为受训人员在信息获取、数据统计、统计计算以及决策方案评估论证等方面都提供了便利，达到了智能化程度。但系统并不能完全替代受训人员的主观能动性，因此，受训人员不应完全依赖模拟系统，应在充分发挥系统功能的基础上，积极运用战术思维，确保角色的主导地位。

5. 要强调训练的实效性

注重实效是计算机模拟灭火战术训练所要追求的最终结果。运用计算机开展模拟灭火战术训练，技术性强，仿真程度高，训练人员要充分认识这一先进训练手段对战术训练的积极影响和实际意义，要结合科学技术的进步和现代灾害事故的发展规律，不断完善、丰富计算机模拟灭火战术训练系统的设计，使系统更贴近实战需求，并在训练中求系统发展，在系统发展中求训练质量，从而实现战术训练的高效性。

习题

1. 计算机模拟灭火战术训练的优势是什么？
2. 进行计算机模拟灭火战术训练时的注意事项是什么？
3. 计算机模拟灭火战术训练系统中，导调控制系统的作用是什么？
4. 计算机模拟灭火战术训练系统中，监控系统的作用是什么？
5. 计算机模拟灭火战术训练系统中，作战推演系统的作战指挥中心台和一线指挥台分别承担什么任务？
6. 计算机模拟灭火训练有哪些训练模式？各种模式的侧重点是什么？
7. 计算机模拟灭火训练的实施程序是什么？

第六章　灭火战术基础训练

灭火战术基础训练是指以消防救援站为单位组织实施的灭火战术相关训练，包括单兵战术训练、班组战术训练和站级战术训练。灭火战术基础训练是灭火作战的基础性训练，是消防救援队伍战术训练的重点。灭火战术基础训练的质量直接影响消防救援队伍的整体战斗力水平。因此，应正确认识和把握灭火战术基础训练在训练工作中的重要地位，不断提升消防救援队伍的训练水平和战斗力。

第一节　概　　述

灭火战术基础训练是以消防救援站为单位，由站级指挥员组织实施的一种训练形式，旨在贯彻执行《消防救援队伍执勤战斗条令》和《消防救援队伍应急救援业务训练与考核大纲》，达到灵活运用灭火战术原则和战术方法的目的。

一、灭火战术基础训练的类型

根据组训规模和组织形式，灭火战术基础训练分为单兵战术训练、班组战术训练和站级战术训练，参训人员规模依次增大，训练级别依次提升。

根据有无固定操法分为通用型训练和场景式训练。通用型训练具有固定的程序、人员和装备编成，如枪炮协同灭火、攀登 15 m 金属拉梯、百米障碍救助、楼层火灾内攻等消防救援队伍较为通用、成熟的训练操法。但该种类型的训练未设置灾情，重点训练消防救援人员单兵灭火技术、战术能力和相互之间的协同配合，通常有单兵和班组两种训练模式，如枪炮协同灭火是班组训练，攀登 15 m 金属拉梯为单兵训练。通用型训练通常在站驻地展开，训练方法简单，操作程序清晰，评判细则明确。场景式训练通常不固定操法和人员装备编成，设置一定的火灾场景，参训人员根据组训人员设定的模拟灾情自主选择装备和操作方法，如侦察检测训练、警戒训练、建筑火灾扑救训练等，训练根据灾情灵活运用战术的能力。场景式训练可以是班组规模，也可为站级规模，通常在训练基地或者重点单位展开。

根据是否有预案分为有预案式战术训练和无预案式战术训练。有预案式战术训练是指结合灭火作战预案，深入重点单位（部位），消防救援人员进一步熟悉和掌握重点单位（部位）的情况，以增强消防救援人员的协同配合意识，进一步修改完善灭火作战预案。无预案式战术训练是指事先并不清楚作战行动内容，到达训练现场后，由组训人员临时给定训练情境，并按照临时给定的情况决定训练流程和战斗部署，这种战术训练既可以在站驻地，也可以在重点单位和训练基地进行，旨在提升消防救援人员的临机处置能力和水平。

二、灭火战术基础训练课目

训练内容应紧密结合灭火作战的任务需求设定，通常灭火战术基础训练的内容主要有以下方面。

1. 通用型灭火战术基础训练

通用型灭火战术基础训练的主要内容有百米障碍救助训练、攀登 15 m 金属拉梯训练、初战快速出水控火训练、枪炮协同灭火训练、楼层火灾内攻训练、楼层火灾救人训练、纵深灭火救人训练、紧急救助训练、两车三枪灭火训练、车辆事故处置救援训练等内容。

2. 场景式灭火战术基础训练

场景式灭火战术基础训练主要包括火情侦察训练、设置警戒训练、灭火阵地设置训练、火势控制训练、疏散救人训练、火场内攻灭火训练、火场供水训练、破拆排烟训练、火场照明训练、降温稀释训练、高层建筑火灾扑救训练、厂（库）房火灾扑救训练、地下场所火灾扑救训练、可燃液体储罐火灾扑救训练、液化烃储罐火灾扑救训练、化工装置火灾扑救训练、车辆火灾扑救训练、特殊情况（如带电设备火灾、金属火灾、强风、严寒情况等）火灾扑救训练等课目的基础训练。

三、灭火战术基础训练的特点

灭火战术基础训练具有训练层次性强、训练内容丰富、训练作用突出等特点。

1. 训练层次性强

在进行灭火战术基础训练时，既可进行班组训练，也可进行站级协同配合战术训练，还可进行站级战术演练。站级战术训练对象既有指挥员又有战斗员，既训练指挥员的现场决策和战术运用，又训练战斗员的战术执行能力，提升消防救援站的整体战术应用水平。

2. 训练内容丰富

灭火战术基础训练内容是由灭火任务所决定的。因此，训练内容非常丰富，按照规模大小包括单兵战术训练、班组战术训练和班组协同战术训练；按照任务包括火情侦察、设置阵地、火场排烟、疏散救人、进攻灭火、防御控制和撤离等战术训练；按照火灾对象包括建筑火灾扑救战术训练、石油化工火灾扑救战术训练、交通工具火灾扑救和特殊火灾扑救战术训练等；按照作战规程包括接警出动、火情侦察、战斗展开、战斗进行和战斗结束等战术训练。

3. 训练作用突出

灭火战术基础训练在消防救援队伍训练中起承上启下的重要作用。既是巩固、提高单兵训练成果，把单个消防员的战斗力凝聚成整体战斗力的基本途径，同时也是协同灭火战术训练的基础。加强战术基础训练，有利于提升消防救援站初期作战的处置能力，有利于提升消防救援站在大规模火灾现场中的协同配合能力，有利于保障消防救援人员灭火作战安全。

第二节　灭火战术基础训练的环节

依据《消防救援队伍应急救援业务训练与考核大纲》的要求，灭火战术基础训练主要环节包括训练目的、训练问题、训练实施程序、训练要求、成绩评定等。

一、训练目的

训练目的主要用于明确受训人员通过训练要达到的结果和效果，同时也要体现对所学理论知识的理解和应用。通常要按照理解（熟悉）、掌握和熟练掌握的形式进行表述。例如，火情侦察课目，通过本课目训练，使受训人员掌握外部观察、内部侦察、仪器检测和利用消防控制室进行侦察等不同火情侦察方法；熟练掌握火情侦察的主要任务，并掌握火情侦察的组织实施程序。

二、训练问题

训练问题主要包括训练课目所要体现的任务、内容、场景设定等。以火情侦察为例，训练问题主要包括以下方面。

1. 火情侦察的任务

（1）外部观察。主要通过外部观察烟气颜色、流动方向和火势等情况，初步判定燃烧物质和起火部位。

（2）深入火场内部侦察。组成侦察搜救小组，深入建筑物或火场内部，寻找起火点和火势蔓延趋势以及被困人员情况等，以便指挥员确定主攻方向。

（3）仪器检测。主要利用红外热成像仪、测温仪和有毒气体检测仪等进行火场信息侦察检测，以增加火情判断和决策的科学性。

（4）利用消防控制室侦察。利用消防控制室的接收、显示和处理的基本功能，快速确定起火部位和固定消防设施的运行状态，以便确定战术方法。

2. 火情侦察的内容

消防救援队伍到达火场后，必须要从是否存在人员被困、重要物资受到威胁，是否存在爆炸、倒塌和有毒有害物质泄漏危险以及火势控制重点等方面开展侦察行动。具体要查明下列情况：

（1）火源位置、燃烧物质的性质、燃烧范围和火势蔓延的主要方向。

（2）是否有人受到火势威胁，所在地点、数量和抢救、疏散通道。

（3）有无爆炸、毒害、腐蚀、放射性、遇水燃烧等物质，其数量、存放形式、危险程度和具体位置。

（4）火场内是否有带电设备，以及切断电源和预防触电的措施。

（5）要保护和疏散的贵重物资及其受火势威胁的程度。

（6）燃烧的建（构）筑物的结构特点及其毗连建（构）筑物的状况，是否需要破拆。

（7）起火单位内部的消防设施可利用情况。

3. 火情侦察场景设定

场景设定是针对受训人员的实际情况，结合训练问题，规定训练难度和限定条件，明确受训人员的训练作业条件。确定火灾对象后，结合火场实际，设定若干贴近实战的环境氛围，让受训人员在较为真实的条件下完成训练任务。为多方位训练受训人员的火情侦察能力，可设置一些突发灾情，以变化的火情考察受训人员获取动态火场信息的能力。火情侦察训练的场景设定一般应包括以下几方面内容：

（1）着火目标的设定，主要体现着火对象自然属性的设定，如高层建筑火灾、可燃液体储罐火灾、堆垛火灾等。

（2）火场情况的设定，主要体现为着火部位、着火面积、人员被困情况、消防设施情况、建筑物基本布局等。

三、训练实施程序

训练实施程序是指完成训练任务所依次开展的课目下达、理论提示、灾情设定、参战力量设定、训练展开、参训人员自评、组训人员讲评、训练结束、训练考核等步骤。以火情侦察训练为例，组织实施程序如下。

1. 课目下达

课目下达是在训练实施前，组训人员对受训人员讲解下达训练课目的总体情况和要求。课目下达一般包括训练课目名称、训练目的、训练内容、训练方法、训练时间、训练场地、训练要求及考核等内容。火情侦察训练的课目下达内容如下：

（1）训练课目名称：火情侦察战术训练。

（2）训练目的：通过本课目训练，使受训人员掌握火情侦察的方法、熟练掌握火情侦察的任务及火情侦察的组织实施，熟悉火情侦察训练的组训形式和组训方法，提高初战指挥员火情侦察的能力。

（3）训练内容：火情侦察的内容、方法、要求及注意事项。

（4）训练方法：理论提示、示范讲解、模拟训练、战术演练，组训人员指导，参训人员具体实施训练过程，其他人员配合。

（5）训练时间：根据训练实际情况而定。

（6）训练场地：消防综合训练楼。

（7）训练要求：突出训练重点、强化班组之间协同、严格训练程序和训练纪律、注重训练安全等。

2. 理论提示

理论提示是在训练展开之前，根据训练课目，有针对性地提出一些与本课目训练相关的理论问题，让受训人员思考并回答，以巩固理论知识，实现理论和实践相结合。理论提示必须结合训练课目，围绕训练重点内容，做到简明扼要、重点突出。比如，火情侦察训练的理论提示可从以下几个方面进行设置：

（1）针对火情侦察的方法，可提出如下问题：火情侦察的方法有哪些？不同火情侦察方法的使用条件和要求是什么？

（2）针对火情侦察的内容，可提出如下问题：火情侦察的主要内容包括哪些？如何进行火情侦察任务优先排序？

3. 灾情设定

灾情设定即场景设定，见本节训练问题“火情侦察场景设定”部分。

4. 参战力量设定

参战力量的设定，主要是设定参战人员类型和数量、参战车辆类型和数量以及所需器材装备。

5. 训练展开

在开展训练时，可根据受训人员人数进行分组训练，通常按一个战斗班开展班组训练，也可以开展3个战斗班（15～20人）的站级训练。无论是班组训练还是站级训练，都应该设置1名火场指挥员实施组织指挥，其他人员协同配合。如果进行班组训练，可针对某一单一侦察任务开展。例如，针对建筑火灾扑救的火情侦察，可着重针对组织内攻小组深入建筑内部侦察开展班组训练。如果开展站级训练，应采取多种侦察方法同时展开的模式，并要求火情侦察的任务要全面、细致；同时可开展侦察、救人等综合训练。

6. 参训人员自评

训练结束后参训人员对自身训练过程进行评价，总结自身好的做法，剖析自身的不足之处，为训练水平和实战能力的提升奠定思想基础。

7. 组训人员讲评

总结讲评是课目训练结束前，组训人员结合各个环节评定标准及训练效果对整个课目训练进行分析讲评。火情侦察训练的总结讲评一般包括以下内容：

（1）人员分工是否合理。

（2）安全防护是否到位。

（3）侦察方法是否正确、全面。

（4）侦察信息是否全面、准确。

（5）下一步训练努力的方向。

8. 训练结束

训练结束阶段，参训人员集合队伍，清点器材装备，收整并归还器材，及时恢复训练场地。

9. 训练考核

训练考核环节，由组训人员根据参训人员的表现，结合成绩评定标准，对参训人员在训练准备、训练过程和训练结束等方面进行定量评价。

四、训练要求

1. 突出指挥员作用

为了培养受训人员的指挥能力，整个训练过程都应该由受训人员担任指挥员，负责协调、组织、指挥，自主判断火情，进行人员分工，按照程序组织火情侦察。

2. 严格训练程序和纪律

受训人员应熟悉训练内容、训练程序、训练方法，在训练过程中听从指挥、服从训练纪律。

3. 注重训练安全

按照训练要求进行个人着装和安全防护，在训练过程中禁止嬉戏打闹，确保训练安全。

4. 爱护器材装备

按照训练要求摆放、使用、清点器材装备，严禁故意损坏、丢失。

五、成绩评定

成绩评定主要从训练准备、训练过程和训练结束 3 个方面进行评定。为了便于量化评定，按照总分 100 分，训练准备占 20 分，训练过程占 60 分，训练结束占 20 分标准进行控制，扣分细则详见各训练课目中的相关表格。

1. 训练准备

训练准备是训练进行前必须要做的各项工作，主要从器材准备是否齐全到位、训练着装是否符合规定、身份标志是否明显等方面进行评定。

2. 训练过程

训练过程是训练考核的重点，主要从训练内容是否完整齐全、训练方法选用是否得当、组织实施环节是否完整、人员分工是否明确、训练作风是否过硬和训练安全措施是否到位等方面进行评定。

3. 训练结束

训练结束是训练主要任务完成后必须要进行的工作，主要包括现场收整器材和现场恢复，根据现场器材收整和现场恢复是否规范、有无遗漏为标准进行评定。

第三节　灭火战术基础训练的组织实施

组织形式是指战术基础训练的人员组织方式，组织方法是指战术基础训练的组训形式与方法。

一、组织形式

灭火战术基础训练的组织形式包括单人战术训练、班组战术训练、消防救援站战术训练三种形式。

1. 单人战术训练

单人战术训练是指单个消防员进行的战术方法、战术措施和技能的训练，目的是培养和锻炼消防员在各种情况下完成灭火战斗任务的能力。主要内容有风险评估、警戒、侦察、射水、排烟、破拆、门控、自救、救人等单人战术训练，单人战术训练应在掌握消防员基本技能的基础上开展，通常融合在班组或站级训练中同时进行；跟单人技能训练不同的是，单人战术训练针对特定的灾害场景，具有显著的与火灾对抗性，而普通的技能训练仅仅训练单人技能，此处应该注意区分。

2. 班组战术训练

班组战术训练是指以建制战斗班或以任务编组开展的战术训练。战斗班训练就是以一台灭火消防车配置为单位开展侦察、救人、控制灭火等方面的训练活动。灭火战斗组是以战斗任务的不同进行划分，以 3 ~ 5 人为组开展相应的训练活动，如火情侦察组、火场排烟组、火场破拆组、火场供水组、堵漏组等，是灭火行动的最小作战单元。班组战术训练是基础的战术训练，可根据任务不同进行针对性训练，使受训人员了解任务要求，掌握完成任务的技战术方法。

3. 消防救援站战术训练

消防救援站战术训练是指由两个以上战斗组（或战斗班）共同完成的战术训练，可以是班组协同战术训练，也可以是站内部建制班协同战术训练。在灭火行动中，为顺利完成某项任务，或为完成某个战斗段或整个现场的作战任务，往往需要多个班组之间协同配合。各班组之间的协同配合至关重要。例如，火情侦察组往往需要灭火组的协同配合，在进行建筑火灾火情侦察时，灭火组应对侦察组实施冷却、保护，确保侦察任务顺利完成；内攻灭火组往往需要火场排烟组的协同配合，火场排烟为内攻侦察组降低烟气浓度和增大能见度提供条件良好的内攻路径。在日常训练中，应开展侦察组和灭火组之间的协同配合训练，加强排烟组与灭火组之间的协同配合训练。

二、组织方法

灭火战术基础训练组织方法包括分段作业、连贯作业和战术演练三种。

（一）分段作业

分段作业是战术基础训练的主要方法。组织进行战术基础训练分段作业，通常按照理论提示、宣布情况、反复练习、小结讲评的步骤实施。

1. 理论提示

理论提示就是组训人员围绕课题训练内容，依据条令、教材作战方案，有重点地提示有关业务理论，使受训人员进一步理解火灾特点，熟悉战术原则，了解站级战术训练的要求，以及掌握其他相关知识。理论提示时必须围绕重点，做到简明扼要、形象直观。理论提示方法可采取直述、提问、归纳等方法进行。

2. 宣布情况

指挥员在开始训练之前，应明确课题训练假设情况、任务分工，为展开训练提供作业条件。宣布情况一般应以统一设定的情况为依据。宣布情况的方法通常采取口述、电台通信、实物显示等方式进行。指挥员应根据作业进程和训练实际需要灵活采用、互相结合，为分段作业训练提供依据和条件，把战术练活。

3. 反复练习

反复练习就是在训练中对重点、难点情况或内容进行多次重复训练，是战术训练分段作业实施的重要步骤。在反复练习中，重点突出指挥、战斗展开、固定消防设施使用、抢救人员、排除险情、协同作战等内容，及时纠正训练中存在的问题。反复练习一般应逐级、逐段实施。其方法主要采取分练和合练两种。

指挥员在组织反复练习时，应根据作业实际及环境条件适时采取合练或分练的训练方法，解决站级战术协同或班组战术协同中存在的问题。同时，指挥员应注意根据训练的全局，采取变换情况、变换任务、变换场地等形式，综合运用各种训练方法，组织受训人员反复练习，力求使一种情况有多种战法，把战术练活，以达到分段作业训练的目的。在分段作业训练中，指挥员要善于发现和纠正问题，减少停止与集合次数。纠正问题的方法一般有三种：一是对一般性问题，主要通过口头指出加以纠正或调整；二是对于在协同过程中出现的较明显的问题，可原地停止训练，进行纠正；三是对于训练中的阶段性问题，可利用小结讲评时纠正。

4. 小结讲评

当训练完一个阶段或一个内容之后，应退出情况，集合消防救援站人员，结合训练任务对作业情况进行扼要小结，总结经验，表扬先进，指出问题，提出要求。

课题分段作业结束后，应结合各班组完成训练战斗任务的情况，认真总结经验，搞好作业讲评。其主要内容是重述课目、目的、内容，评价训练效果，表扬好的班组和个人，指出存在的问题和下一步训练时应特别注意的事项。

（二）连贯作业

连贯作业是在分段作业训练的基础上实施的连贯性班组战术训练。因此，组织训练比较简单，通常按照宣布提要，逐情况、逐内容指挥消防救援站人员的行动、作业讲评的步骤组织实施。

1. 宣布提要

站级指挥员应根据连贯作业的内容，按照作业实施的程序下达课题，包括课目、目的、内容、方法、要求等。

2. 逐情况、逐内容指挥消防救援站人员的行动

连贯作业实施通常依据作业课题性质，按战斗发展进程组织实施，即从受训人员进入预定位置，完成战斗准备开始至战斗结束为止。其内容和方法如下：

（1）派出情况显示员，明确作业顺序。在受训人员进入连贯作业场地之前，组训人员应先派出情况显示员，并检查其对显示内容、时机、方法和信（记）号的熟记程度。然后，令受训的各班组进入作业场地，规定战斗任务，明确作业顺序，提出作业要求等。

（2）发出作业开始信号，令受训班组进入预定位置，完成战斗（作业）准备。各班组应结合训练课题性质和组织战斗的程序、内容和要求，依据受领的战斗任务及作业条件，正确领会上级作战意图，分析判断情况，果断迅速定下战斗决心，突出组织好本班组的战斗协同。

（3）按战斗进程，逐点、逐次显示和口述情况。按战斗进程显示、口述情况是为连贯作业提供作业条件，目的是诱导其按战斗进程进行连贯作业，情况要能体现灭火作战具有复杂性、多变性的特点；同时，情况要按作战时间相衔接，使训练有连贯性。凡是显示的情况，应由受训人员自行观察、判断，以锻炼提高其观察火场、分析判断情况的能力。对作业中出现的问题，一般不宜停止作业，而应以情况诱导其自行纠正。站级指挥员还应控制好整个站的行动，按照先主要后次要、先急后缓的顺序实施指挥，使各班组扎扎实实练好各种情况的指挥、战法和动作，避免程序不清，简单马虎、走过场、不讲协同配合的现象，注重连贯作业的实施效果，使其更具有实战逼真性。

（4）发出作业结束信号。命令受训班组退出情况，清理检查器材，到达指定地点集合。

3. 作业讲评

连贯作业课题全部训练完毕，指挥员要围绕组织指挥和行动进行讲评。讲评要从理论与实践的结合上总结经验，达到打一“仗”进一步的目的。有逐级讲评和集中讲评两种方法，内容包括：重述连贯作业课目、目的、内容；评估训练效果；从组织指挥和战法上总结经验教训，表扬训练中好的班组和个人；指出训练中存在的问题和不足，明确下一步训练努力的方向。

（三）战术演练

战术演练是根据想定提供的情况，按战斗进程进行的综合性应用训练。它是战术训练的高级阶段，可以全面锻炼消防救援队伍协调一致的战斗动作，提高消防救援人员的战术水平和组织指挥能力。站级战术演练属检验性演练，是依据制订的预案，搞好各方面训练保障并在分段作业、连贯作业的基础上进行。目的在于全面锻炼消防救援队伍，巩固基础

训练成果，增强站级整体作战能力和检查考核消防救援队伍的训练水平。演练的形式一般应采取模拟实战训练，即执勤消防救援站按接警出动的要求，到达现场后按实战情况进行灭火、疏散人员、抢救物资的训练，使之具有实战性，但依据实际情况也可采取模拟操场训练。一般按照以下程序进行。

1. 演练准备

由于演练是在分段作业、连贯作业的基础上进行，故演练的准备工作主要是派出情况显示、警戒人员。根据演练课题的要求，确定情况显示、警戒人员的数量，力求做到一员多用。情况显示人员要在演练实施之前到达演练场地（单位）。警戒人员一般由分管单位的防火监督参谋和单位保卫人员或单位指派的职工群众担任。对情况显示、警戒人员要进行编组，并明确任务分工。然后到实地给每个人定位置、定信号、定时间，必要时还应组织培训，做到任务清、情况显示准、警戒严密，确保演练实施顺利进行。

2. 演练实施

演练实施是指消防救援站从接到演练开始命令（信号）进行登车出动，以至到达演练场地（单位）进行战斗展开等实施一系列演练程序的全过程。其内容和程序是：

（1）发布演练出动命令（信号）。通常有两种方法：一种是派出情况显示人员，到达演练场地（单位）后，向消防救援站进行报警。站通信室按照接警出动的程序和方式，拉响警铃调集站级力量，采用电子屏幕显示或广播的办法说明演练场地（单位）情况，然后受训人员着装登车，依据作业方案出动力量。另一种是集合消防救援队伍宣布命令。即站值班员集合人员后，由执勤站长宣布演练训练课题、演练场地（单位）情况，提出有关要求，依据作业预案安排力量出动。两种方法可自行选用。无论采取哪种方法，均应按照“落实训练场地”的要求，在发布演练出动命令（信号）之前，预先与演练场地（单位）取得联系，并做好其他有关工作。

（2）演练出动。演练出动是指执勤站接到出动命令（信号）后，执勤消防救援人员迅速着装登车（艇），乘消防车（艇）驶往演练场地的行动过程。

向演练场地（单位）出动有两种方式：一种是直接向演练场地出动。即按照出动命令（信号），由指挥员带领全队车辆（人员）驶往演练场地，按拟订的预案进行演练。另一种是到达指定地点集结。即发出出动命令（信号）之后，为了使各车统一行动，同时进行战斗展开，防止因交通拥挤车辆不能同时到达，站级指挥员即预先指定演练场地（单位）附近某处为集结点，待各车集结完毕，准备就绪之后，统一发令，按拟订的预案实施演练。

（3）战斗实施。战斗实施即到达演练场地（单位）时，依据演练方案或灭火预案的情况实施一系列灭火行动。战斗行动要做到准确、迅速、果断，依据灭火行动的要求，战斗展开的方式有准备展开、预先展开、全面展开三种。

在实施战斗过程中，要坚持“救人第一，科学施救”的指导思想，把主要的灭火力量部署在现场主要方面，注意疏散人员和保护贵重物资，根据现场的实际需要合理实施破拆，正确实施排烟措施，采取科学的供水方法，并要注意安全。

（4）检查情况。检查情况即按照设置的情况实施战斗展开之后，受训人员在各自的位置，由站级指挥员（或上级指挥员）对战斗展开的情况逐点、逐项、逐段进行检查。在演练过程中，站级指挥员一方面要实施正确的指挥，另一方面又要注意观察，及时掌握演练时各阶段的进展情况。进行战斗展开情况检查时，一定要认真细致，发现问题当即进行纠正。

（5）演练结束。演练结束即站级指挥员依据训练课题预案实施的演练情况，命令通信员发出演练结束信号。演练结束后应做好如下工作：清查演练场地；各班组清点人数，整理器材装备，对使用过的消防水源要恢复到备用状态；撤回警戒、情况显示人员；各班组将人员带到指定的地点集合，准备讲评。

（6）演练讲评。演练讲评是深化演练的重要环节，由组训人员组织实施。可按训练问题分段讲评和演练结束后综合讲评两种方法进行。讲评时，可先由各班长对本班的演练情况进行自评自查，表扬好人好事，指出问题，然后由站级指挥员依据演练情况进行综合讲评。讲评要围绕演练目的，主要阐明演练成绩、存在问题与解决问题的办法，对演练指挥员、各班组的优缺点作出总的评价，并提出今后课题演练应努力的方向。

讲评后，归队前应指派干部告知演练场地（单位）的领导，演练已经结束，并对演练场地（单位）给予积极配合，为演练提供方便条件，表示感谢。

3. 归队，恢复战备

各班接到归队命令后应迅速归队。归队前各班长要检查消防车上的器材放置是否牢固、器材厢门是否关闭等。归队通常应按照出动队形原路返回，并保持通信联系。

归队后，执勤人员要按照各自的任务分工，迅速补充、检查、清洗保养消防车（泵）和器材装备及灭火剂，调整人员，恢复调整正常的执勤备战状态；各班长要对本班恢复战备的情况进行认真检查，并向站级执勤队长报告，然后由执勤队长向上级业务部门或调度指挥中心报告。

习题

1. 灭火战术基础训练的类型有哪些？
2. 灭火战术基础训练的课目有哪些？
3. 灭火战术基础训练的特点是什么？
4. 灭火战术基础训练的训练实施程序有哪些？
5. 灭火战术基础训练的组织形式有哪些？
6. 灭火战术基础训练的组织方法有哪些？
7. 灭火战术基础训练的环节有哪些？

第七章 灭火战术综合训练

灭火战术综合训练是为了使各级受训人员运用作战原则，掌握作战方法所进行的训练，其目的在于提高受训人员的作战指挥能力、临机处置能力、火场估算能力、综合决策能力；提高受训人员在高温、有毒、缺氧、浓烟等复杂危险情况下的实战能力；提高消防救援队伍的协同作战能力和综合救援能力。

第一节 概 述

灭火战术综合训练是指多个消防救援站的协同作战训练，通常由总（支、大）队级领导机构组织。综合训练的重点是：协同战斗的基本原则、组织与指挥、灭火救援指挥部工作、现代化指挥手段、消防救援力量和多种社会灭火救援力量的协同响应、战斗和后勤保障等。灭火战术综合训练是战术训练的高级阶段，应科学拟定灭火战术综合训练课目和制作训练方案。

一、灭火战术综合训练的具体原则

为指导组训人员与受训人员更好地完成训练任务，达到预期的训练目的，灭火战术综合训练应遵循以下具体原则。

1. 坚持贴近实战

实践证明，灭火战术综合训练越贴近实战，越能提高受训人员的实际操作能力，强化受训人员的实战能力。贴近实战就是要按照灭火实际的要求，一切为了实战，一切围绕实战来组织和进行灭火战术综合训练，用实战的标准衡量和检验灭火战术训练，把“练为战”思想贯彻于训练之中。灭火战术综合训练贴近实战的原则主要体现在训练环境（场景设定）实战化、训练内容实战化、训练组织形式符合实战要求等，只有按照实际作战的方式、行动、过程来实施，才能使训练最大限度地贴近实战。

2. 体现新的灭火战术

现代火灾日益复杂和危险，在给灭火工作带来极大困难的同时，由于科学技术特别是高科技的发展，为新的灭火战术的形成提供了技术支撑，灭火对象与装备的变化必然导致新战术的形成。因此，灭火战术综合训练作为实践性训练活动，其课目或方案内容必须反映现代灭火作战的新观念和新思路，必须根据消防救援灭火作战过程中产生的新问题、新情况研究新的灭火战术，更好地发挥装备性能，不断提高灭火作战能力。

3. 充分发挥器材装备性能

器材装备既是进行作战的基本物质条件，也是影响消防救援队伍训练的重要因素，它对训练内容具有重要的制约作用，同时器材装备运用得好坏也是检验受训人员综合素质的重要手段。在灭火战术综合训练中应按照有什么样的器材，就要进行相应内容的训练，其最根本的目的是熟练掌握手中的装备，确保现实战斗力的生成，以便在实战中能加以灵活运用。因此，灭火战术综合训练必须着眼于现有的装备器材情况，充分发挥其性能，这样才能真正地检验受训人员的综合素质，锻炼提高受训人员的实际作战能力，为提高受训人员胜任消防救援队伍任职需要奠定坚实的基础。

4. 新理论、新技术、新装备相结合

新理论、新技术和新装备必须紧密结合，相互促进，创新发展。例如，随着装备技术的进步和新型材料的应用，消防车水泵功能越来越强，流量、扬程不断增大，消防水带等供水器材性能也大幅提高，所有这些因素的变化，对传统的火场供水理论提出了严峻挑战，原有的计算公式、常用数据和供水方式都必须随着消防车辆、器材装备及供水形式的发展而改变。因此，消防救援队伍、相关院校在训练过程中应与相关科研单位、生产厂家密切配合、联合攻关，建立完善新一代火场供水、排烟等理论，并将相应的理论成果应用于训练，应用于灭火实践。

二、灭火战术综合训练的特点

灭火战术综合训练是战术训练的高级阶段，组训人员主要是各级指挥员，受训人员既包括各级指挥员也包括战斗员，其特点主要有以下几方面。

1. 综合性强

机关和总队、支队指挥员是灭火的最高指挥机关和指挥员，其训练的主要内容为指挥与协同，其训练课题多、范围广，而指挥与协同能力又是人的综合素质的具体反映，其灭火战术综合训练的实施则是各种技术、战术应用的综合体现，因此它具有很强的综合性。

2. 涉及面广

灭火战术综合训练，从人员上包括救援队伍的各个部门，涉及灭火技术、后勤保障供给、对外宣传报道和防火技术的应用等课题，以及燃烧学、消防技术装备、消防供水、各种火灾扑救措施等专业知识，故涉及面很广。

3. 组织难度大

灭火战术综合训练往往由支队或总队机关人员协调组织，然而由于其担负的工作任务较多，加之机关人员的业务素质不一，人员流动性大，因此比较难以组织和实施。尤其在组织综合训练时，准备工作任务重，涉及的物资器材多，在实兵实装下组织进行时，既有专业力量，又有地方力量，还有企业人员，从而增加了难度。

三、灭火战术综合训练的依据

灭火战术综合训练要突出重点、注重实效，分类分级、按步施训。应按照大纲的规定要求，统筹安排、作出计划和组织实施方案，保障训练人员、时间、内容和效果落实。必须加强战法研究，要把战法研究贯彻到战术训练的全过程，与学术研究和训练实践紧密结合，要重点解决战术运用、组织指挥、部门之间协同配合等问题。具体的训练依据如下。

1. 依据《消防救援队伍应急救援业务训练与考核大纲》开展灭火战术综合训练

《消防救援队伍应急救援业务训练与考核大纲》（以下简称《大纲》）是依据消防救援队伍现有装备及任务而制订的，它规定了消防救援队伍主要的业务理论教育内容，重要的灭火战术训练和抢险救援训练项目，具有非常强的现实指导性和实用性。所以研究战术训练，首先要领会和掌握《大纲》的主要内容和核心内涵，按照《大纲》框架的教育训练内容，先重点、后一般地展开战法研究。可以是全国或各省、自治区、直辖市消防救援队伍组织的高层次的研究，这种研究模式主要是侧重于宏观的指挥协调；也可以是大队、消防救援站、班层次的研究，这种模式主要是侧重于具体的行动环节和技术动作的研究。不管是哪种模式和层次，都应按《大纲》安排的业务理论和灭火战术训练教程内容，结合当地的经济和消防救援队伍装备的发展变化，选择重点课目，开展专题研究，采用实地调研、课堂授课、专题讨论、现场操作和战评总结相结合的方法，深化灭火战法研究。

2. 依据辖区灾害事故的特点研究灭火战术综合训练

我国幅员辽阔，南方、北方、东部、西部的地理环境、经济发展、气候特点各不相同，有的地区高速公路网密集，还经常多雾或处于寒冷风雪地区；有的城市石油化工企业众多，有油气燃料储存基地或集散地；有的城市繁华商业区，大型商场、市场和人员聚集场所相当集中；有的地方沿江靠海或海事繁忙；有的地方是煤矿、铁矿城，有的地方是大型油气田；有的地方古建筑非常集中，保护任务十分繁重。所有这些特点，有时在某城市地区特别明显，有的地区还会有多种可能的隐患并存。为此，需要消防救援队伍的指挥员针对属地经常发生或有可能发生的灾害事故，未雨绸缪，积极地展开有针对性的灭火战术综合训练研究。

3. 依据不同时期的灾情重点难点研究灭火战术综合训练

由于经济和社会的建设发展呈现出阶段性特点，随之而来的就是在不同时期或年代，在某些区域甚至全国，会出现某些相对集中、危害严重、处置艰难的灾害事故。例如，1978—1988 年，液化气储罐泄漏爆炸的火灾事故频发；20 世纪 80 年代，西部地区发生多起井喷事故；1993—1995 年，河北唐山林西百货大楼、北京隆福大厦等大型商场、市场、人员密集场所火灾非常突出；跨越世纪以后，沿海地区“三合一”建筑火灾严重；还有新疆德汇等寒冷地区的恶性火灾，造成了非常严重的后果；2010—2021 年，石油化工火灾、高层建筑火灾频发，如 2010 年大连“7·16”火灾事故、2015 年漳州古雷“3·5”

火灾事故、2021 年沧州大港“5·31”原油储罐火灾事故等石油化工火灾，再如 2010 年上海“11·15”静安公寓大火、2021 年大连“8·27”凯旋国际大厦火灾等高层建筑火灾事故。为此，对于不同时期出现的某类火灾或灾害事故，消防救援指挥员应保持敏感，尤其是高层指挥员，对于新出现的、比较严重的火灾事故，要着重研究相关灾害的发生特点和危害，在重点采取相关预防措施的同时，应就不同时期出现的灾情重点、难点展开战术研究，掌握其规律和应对措施，为消防救援队伍成功处置各类灾害事故奠定基础。

4. 依据消防面临的新课题研究灭火战术综合训练

20 世纪 80 年代，高层建筑、地下工程、石油化工、飞机船舶已经被认为是火灾扑救的重点难题，但至今上述问题依然存在，难题依然没有解决，同时新的难题如大空间大跨度厂房仓库火灾和大型城市综合体火灾又迎面而来。究其原因，一是因为上述火灾非常复杂，仅仅一个船舶火灾就涵盖了所有消防新课题的火灾特点，如 2021 年 4 月 20 日山东威海港的客船“中华富强”号火灾爆炸事故，灭火战斗持续了八天八夜才顺利完成处置，该起火灾集大空间、危化品、地下建筑等多种类型火灾特点于一体，极难扑救和处置；二是上述对象任何一类发生火灾，都存在损失大、伤亡大、社会影响大等特点；三是上述对象的火灾扑救非常困难。因此，消防救援指挥人员要关注消防新课题，把其战术训练研究摆在重点位置，并结合国内外灭火战例，定期开展消防新课题的战术训练研究，有效应对新课题所带来的挑战。

四、灭火战术综合训练构成要素

根据灭火战术综合训练的原则与依据，结合其训练目的，其主要构成要素包括训练目的、训练课目、时间和地点、训练的组织机构和参训人员、训练场景设定、训练行动任务等。

1. 灭火战术综合训练的目的

灭火战术综合训练首先应明确训练目的，主要表现在：通过训练可以验证和改善灭火行动的可行性与实效性，检验灭火行动的各部分或整体是否能有效地付诸实施，验证行动的实战效果；通过训练增加消防救援机构与政府、企业等应急机构之间的协调与合作，检验各种相关灭火作战系统，如消防作战指挥中心、医疗急救、供水供电等部门间的有效配合；通过训练可检验灭火人员的业务素质和能力，促进公众、媒体对灭火救援行动的理解，提高灭火作战效能。

2. 灭火战术综合训练的课目、时间和地点

受训人员应根据灭火战术训练教学内容的整体安排，确定训练课目，可从建筑类灭火战术训练、化工类灭火战术训练等训练课目中选定具体的训练内容，同时根据灭火战术训练的教学实践场地确定实施地点和灭火对象，根据课目安排确定训练日期，保证受训人员根据训练对象及时了解基本情况，如训练对象的性质、重点部位及其建筑结构情况、主要

的消防设施情况等。

3. 灭火战术综合训练的组织机构和参训人员

灭火战术综合训练的组织机构是开展训练活动的领导机构，通常以训练指挥部的形式体现，包括训练的总指挥员、副总指挥员、控制人员、考核人员等，其中考核人员主要负责观察训练进展情况并予以记录。灭火战术训练的参训人员按照训练过程中扮演的角色和承担的任务，可分为训练人员、模拟人员和观摩人员三类。训练人员指在训练过程中可能对训练情景或模拟事件作出响应行动的人员；模拟人员指在训练过程中扮演、替代正常情况或紧急情况下应与应急组织相互作用的机构或部门的人员，或模拟事故发生情况的人员；观摩人员指来自相关单位或相邻区域的观摩人员，尤其是来自相关部门负责应急管理或响应工作的人员，他们可以从观摩应急训练过程中吸取经验和教训。

4. 灭火战术综合训练的场景设定

灭火战术综合训练的场景设定是指对假想火灾事故按其发生过程进行叙述性说明，也就是针对假想火灾事故的发展过程，设计出一系列的情景事件。训练情景中必须说明何时、何地、发生何种事故、被影响区域等火灾事故情景，并用情景说明加以描述。事件情景的作用在于为训练人员的训练活动提供初始条件，并说明初始事件的有关情况。情景事件主要通过消息传递方式，如有线或无线通信、书面或口头传达等，通知受训人员。

5. 灭火战术综合训练的行动任务

灭火战术综合训练的行动任务主要应依据训练的目的、训练的场景设定情况确定，通常情况下应包括：

（1）报警与救援力量调度。报警是灭火战术训练的开始，由模拟人员完成，训练指挥部根据报警人员提供的火灾规模、类型、险情等调度首批出动力量，调度时应坚持“属地为主、增援为辅”的原则，集中优势力量、装备于灾害事故现场，同时根据险情种类调集防化救援车、洗消车、大功率水罐消防车、器材保障车、照明车等赶赴现场实施灭火。

（2）现场组织指挥。火灾情况的处置必须坚持“救人第一，科学施救”的指导思想，实行统一指挥、分级负责、区域为主、单位自救与灭火相结合的办法进行。并根据到场力量等级等情况适时建立现场灭火救援指挥机构，明确各级指挥机构的职责与任务分工，确保灭火行动顺利实施。同时根据灭火作战任务的需要，适时建立警戒组、侦察组、疏散救人组、灭火组、通信组、医疗救护组、后勤保障组等，以有效完成灭火作战任务。

（3）警戒与侦察。警戒是为了防止火灾进一步扩大和保障灭火救援工作顺利进行而采取的措施，其目的在于减少对人身安全的威胁和混乱给灭火工作带来的影响。现场警戒应及时进行，警戒区的划分大小应根据实际情况而定，以确保灭火任务顺利完成。火情侦察是指消防救援队伍到达事故现场后，采取全面了解火场情况的方法，这是灭火作战行动的重要保障。

（4）疏散救人。火灾现场救人，是指受训人员使用各种技术和器材，采取各种有效办法营救受火势围困或其他险情威胁人员的战斗行动。火灾现场必须充分利用各种办法和途径，迅速抢救被困人员，通过询问知情人、主动喊话、搜寻等方法寻找被困人员，利用安全通道、疏散楼梯、消防电梯等疏散途径，及时将被困人员救出，确保救人任务顺利完成。

（5）灭火行动。按照实施方案，迅速展开灭火救人行动。组织火场不间断供水。按照实施方案，充分利用现场水源，合理组织保障控火灭火水枪的不间断供水。

（6）通信保障。现场通信是处置各种灾害事故的重要组成部分。迅速、准确地做好事故现场通信工作，是顺利进行灭火战斗行动的重要保障。通信保障由通信参谋人员或调度员担任组长，在火场总指挥员的领导下，主动、积极地组织好事故现场与调度室之间、指挥部与事故现场之间的通信联络，确保现场通信畅通。

五、灭火战术综合训练的类型

灭火战术综合训练属跨区域协同作战，其对象多为重特大灾害事故救援，组织指挥难度大，指挥员和机关必须全面考虑，周密组织。按参加灭火的力量情况，灭火战术综合训练的类型主要有 4 种。

1. 消防救援支队之间的战术训练

两个或两个以上支队跨区域联合训练时，辖区消防救援支队指挥员应在上级领导到场前成立灭火指挥部，负责现场的指挥工作，并根据灾情和灭火工作需要，将现场划分成若干个任务区或战斗段，根据需要调集增援支队，并负责向灭火战术参训人员下达命令，部署战斗任务，检查执行情况。增援支队指挥员要服从命令，听从指挥，及时向辖区支队指挥员报告灾情及处置情况，协助指挥整个灭火行动。各任务区或战斗段由各支队指挥员具体指挥，使参战力量以支队为单位跨区域联合训练时，本省（市）所属支队由本总队调集，友邻省、市所属支队由部消防局调集，各单位应在规定时间内，按要求组织灭火车辆、人员和所需器材到达集结地点报到，等候战斗命令。

2. 消防救援支队与专职消防队的战术训练

消防救援支队与专职消防队的协同作战，由消防救援支队实施统一指挥。现场指挥员要根据各专职消防队实战能力，分配相应任务，并检查其执行情况。尤其在处置专职消防队单位的灾害事故时，应将专职消防队作为突击队使用。现场指挥员要主动向专职消防队了解各种信息，听取意见和建议。消防救援支队平时要加强对专职消防队的业务指导，经常组织开展有专职消防队参加的联合灭火战术训练，为搞好现场协同作战创造条件。

3. 消防救援支队同社会相关力量的战术训练

消防救援支队同社会相关力量进行战术训练时，应成立以消防救援支队为中心的现场指挥部，参加灭火的社会力量由省、市政府协调解决。消防救援支队应明确各部门的职责和分工协作关系，保证灾害事故现场所需人力、物力和技术保障落到实处。城市供水部门负责现场公共管网的供水，以保证现场必要的水量和水压；供电部门负责现场电气线路或设备的电源，协助消防救援队伍安全施救；燃气部门负责关断现场燃气管道供气，协助消防救援队伍对管道破裂泄漏实施堵漏，防止发生爆炸或中毒事故；医疗部门负责伤员的现场急救、护理和转送医院救治；公安、交通运输部门负责调集运输工具、现场警戒、交通疏导管制等任务，以保护现场、维护现场治安秩序，协同抢救人命和物资。

4. 多消防救援站之间协同战术训练

两个或两个以上消防救援站联合训练时，当辖区消防救援支队全勤指挥部未到场时，增援消防救援站指挥员要服从辖区消防救援站指挥员指挥，及时向辖区消防救援站指挥员报告灾情及处置情况，协助指挥整个灭火行动。当辖区消防救援支队全勤指挥部到场时，适时成立灭火指挥部，负责现场的指挥工作，并根据灾情和灭火工作需要，将现场划分成若干个任务区或战斗段，根据需要调集增援消防救援站，并负责向其下达命令，部署战斗任务，检查执行情况。各任务区或战斗段由各消防救援站具体指挥，使参战力量以支队为单位组成一个有机整体。

第二节　灭火战术综合训练的环节

按照训练对象区分，灭火战术综合训练主要有高层建筑火灾扑救、地下建筑火灾扑救、石油库火灾扑救、石油化工装置火灾扑救、商场火灾扑救等，为避免交叉和重复，本节主要以建筑火灾扑救战术综合训练为例进行介绍。

一、训练目的

建筑火灾扑救是消防救援队伍主要的作战任务之一。按照建筑结构和灾害特点分，典型的建筑火灾有一般建筑火灾、高层建筑火灾、地下建筑火灾、古建筑火灾、大空间大跨度建筑火灾以及人员密集场所火灾。在进行建筑火灾扑救战术综合训练时，可通过设置不同火情，在训练建筑火灾扑救全过程的同时，还应该重点突出不同火灾现场的重点作战任务，以达到更好的火灾扑救效果。通过本课目训练，使受训人员学会根据建筑结构、火势情况、人员情况、作战力量等情况进行研判，制订建筑火灾扑救方案。熟悉建筑火灾灭火战术综合训练的构成要素，熟练掌握建筑火灾扑救的整体流程，熟练掌握建筑火灾扑救战术综合训练的重点内容和要点，全面提升消防救援人员的战术水平。

二、训练问题

（一）训练内容和任务

1. 建筑火灾扑救的处置程序

（1）接警出动：主要体现力量的调度和集结。

（2）火情侦察：根据对象不同，明确侦察重点、方法和要求。

（3）战斗展开：根据火情侦察结论，恰当选择战斗展开形式。

（4）战斗进行：主要根据对象和任务需要，做好火场救人、火场排烟、火场供水、火场通信和灭火等环节。

（5）战斗结束：主要进行火场清理和现场移交。

2. 不同建筑类型战术综合训练

（1）一般建筑火灾：重点明确一般建筑火灾特点和扑救措施。

（2）高层建筑火灾：重点明确高层建筑火灾特点、固定消防设施使用和高层建筑火灾扑救的难点。

（3）地下建筑火灾：重点明确地下建筑火灾特点、扑救难点和扑救措施。

（4）古建筑火灾：重点明确古建筑特点和火灾特点、扑救难点和扑救措施。

（5）大空间大跨度建筑火灾：重点明确大跨度大空间建筑特点和火灾扑救措施。

（6）人员密集场所火灾：重点明确人员密集场所火灾特点和扑救难点以及扑救措施。

（二）建筑火灾扑救战术综合训练的场景设定

1. 火点或部位的确定

根据火灾对象不同，按照从严和从难要求，设定火点或起火部位。

2. 火势发展态势描述

根据火点设定，结合不同建筑火灾特点对火势发展情况进行预判，对火灾可能造成的后果和可能波及的范围进行详细描述，为火灾扑救行动以及指挥决策做准备。

三、训练方法与程序

1. 课目下达

建筑火灾扑救战术综合训练的课目下达内容如下：

（1）训练课目名称：建筑火灾扑救消防救援站战术综合训练。

（2）训练目的：通过本课目训练，使受训人员掌握建筑火灾扑救的战术程序，掌握不同类型建筑火灾特点及重点处置任务，掌握建筑火灾扑救战术综合训练方案制订与组织实施。

（3）训练内容：建筑火灾扑救流程、建筑火灾特点与重点任务、建筑火灾扑救战术训练。

（4）训练方法：理论提示、示范讲解、模拟训练。

（5）训练时间：根据训练实际情况而定。

（6）训练地点：消防综合训练楼、烟热训练楼。

（7）训练要求：突出训练重点，强化班组之间协同，严格训练程序，训练时注重训练安全等。

2. 理论提示

建筑火灾扑救战术综合训练的理论提示一般可以从以下几个方面进行设置：

（1）建筑火灾扑救行动程序。通常可以围绕接警出动、火情侦察、战斗展开、战斗进行和战斗结束几个环节，提出相关问题要求受训人员作出应答，以加深对所学理论的理解和记忆。如建筑火灾扑救主要环节包括哪些及各环节重点是什么等。

（2）建筑火灾特点及重点处置任务。通常提出以下问题：此类建筑火灾特点有哪些、火灾扑救有何难点等，如一般建筑火灾特点及危险性是什么、重点任务包括哪些等。

（3）建筑火灾扑救战术综合训练方案制订。通常提出以下问题：训练方案主要构成要素以及相关主要文书包括哪些等，如高层建筑火灾战术综合训练方案包含哪些要素、重点编制哪些作业文书等。

3. 场景设定

建筑火灾扑救战术综合训练的场景设定一般应包括以下几个方面内容：

（1）着火目标的设置：主要体现在着火建筑结构的设置。

（2）火场情况的设置：主要体现在着火部位、着火面积、人员情况以及危险场景的设置。

（3）参战力量的设置：主要体现在参战人员数量、参战车辆数量和参战车辆种类等的设置。

（4）周边环境的设置：水源情况、展开空间、临近建筑情况等。

4. 训练展开

在训练前，开展3个战斗班（15～20人）的消防救援站战术综合训练，应该设置1名火场指挥员实施组织指挥，其他人员协同配合；开展多消防救援站训练时，明确指挥关系和各小组任务分工等。在训练时，应保证处置过程的完整性，并应突出重点任务处置的战术方法。

5. 总结讲评

建筑火灾扑救战术综合训练的总结讲评一般包括以下内容：

（1）力量调度是否合理：主要从力量集结和战斗行动中力量部署以及调整情况进行总结。主要围绕力量集结是否及时和到位，火场出现突变情况时力量部署调整是否及时和到位等。

（2）处置流程是否完整：按照火灾扑救程序进行总结评述。主要指程序是否存在不完整或存在缺陷等，如未按移交程序移交和火场清理不彻底等。

（3）战术协同应用是否合理：从战斗行动中各个环节战术运用进行总结评述，如救人环节战术行动编组不完善、火场供水方法选择不当等。

（4）组织指挥是否顺畅：主要从指挥员决策准确性和指挥关系以及各战斗班之间协同等方面进行总结评述，如指挥员在决策中出现明显偏差或出现不应出现的越级指挥、战斗班之间协同情况等。

（5）下一步训练努力的方向：针对训练中主要存在的不足，提出下一步训练的重点和方向。

四、训练要求

1. 突出指挥员作用

为了培养受训人员的指挥能力，整个训练过程都应该由指挥员负责协调、组织、指挥，自主判断火情，进行人员分工，按照程序组织建筑火灾扑救战术综合训练。指挥员要特别关注消防救援站训练中各班组的协同配合情况，以及各战斗任务小组执行指挥员命令的情况。

2. 严格训练程序和纪律

受训人员应熟悉训练内容、训练程序。明确训练任务的重点和难点，严格按照操作规程进行训练。在训练过程中，服从指挥员命令，听从指挥，严格遵守训练纪律。

3. 注重训练安全

按照训练要求进行个人安全防护，在训练开始前，对所有受训人员，尤其承担重点和难点任务的消防员的防护装具进行再检查，确保无误，方可投入训练。在训练过程中禁止嬉笑打闹，同时根据现场实际设置安全哨，重点阵地有一定数量水枪保护措施，各战斗班组之间协同配合要到位，确保训练安全。

4. 爱护器材装备

按照训练要求摆放、使用、清点器材装备，严禁故意损坏、丢失。各战斗班组要对器材使用及损耗情况及时向指挥员汇报，并做好记录，确保后续训练顺利开展。

五、成绩评定

成绩评定主要从训练准备、训练过程和训练结束 3 个方面进行评定。为了便于量化评定，按照总分 100 分，训练准备占 20 分，训练过程占 60 分，训练结束占 20 分标准进行控制，扣分细则详见各训练课目中的相关表格。

1. 训练准备

训练准备是训练进行前必须要做的各项工作，主要从器材准备是否齐全到位、训练着装是否符合规定、身份标识是否明显等方面进行评定。

2. 训练过程

训练过程是训练考核的重点，主要从训练内容是否完整齐全、训练方法选用是否得当、战术和指挥协同应用是否到位、组织实施环节是否完整、人员分工是否明确、训练作风是否过硬和训练安全措施是否到位等方面进行评定。

3. 训练结束

训练结束是训练主要任务完成后必须要进行的工作，主要包括现场收整器材和现场恢复，根据现场器材收整和现场恢复是否规范、有无遗漏为标准进行评定。

第三节　灭火战术综合训练的组织实施

灭火战术综合训练的组织实施，通常由组织训练的最高指挥员负责开会，组织学习训练大纲和年度训练计划，学习上级有关指示，明确训练的指导思想、目的、内容和方法；确定训练阶段、时间，明确训练机构的构成、力量编成、任务区分、经费和消防器材保障以及训练的各项准备工作等。

一、灭火战术综合训练的准备

为做好灭火战术综合训练，应做好以下准备。

1. 理论学习

理论学习是协同灭火训练的重要步骤，也是指挥机关进行组织指挥训练和多种力量协同作战训练的基础，目的是提高指挥人员的战术思想水平，打牢理论根基，以便更好地指导实际训练。理论学习通常应结合年度战术训练课题，以自学、集中辅导和学术研究相结合的方式或结合战术作业进行。理论学习前应全面了解指挥人员的理论基础，依据训练大纲研究学习内容，制订学习计划。对新理论、新知识、辖区有关情况及参考材料等应打印成册，并分发到每个指挥人员手中，以便学习和掌握。理论学习应与年度战术训练紧密结合，由于指挥员和机关人员的职责和专业分工不同，任职年限有长有短，理论基础有深有浅，学习内容和衡量尺度很难统一。因此，在学习内容上要根据各类人员的不同需求，围绕战术训练课题有针对性地重点学习灭火战术的原则、方法、指挥、协同保障等知识。同时，又要根据形势的发展变化，选学或有重点地学习一些近期火灾事故中出现的新问题、新知识、新理论，不断拓宽知识领域，汲取新知识。在学习方法上，应针对各自工作的特点，若多数人员经过相应的院校培训，接受比较系统的理论教育，有一定的理论基础且自学能力强等情况，以自学为主、集中学习为辅。通常在个人预习理论的基础上，选择重点、难点问题，采取以研究讨论为主的方式进行，必要时也可组织集中辅导。在学习时机上，既可在训练之前，有针对性地进行相关原则、知识的预习（复习）或新理论的研究；也可在训练中，针对有新意的理论观点和战法，进一步进行总结和研究，使之更加完善。总之，理论学习应贯穿于训练的全过程，使理论与实战紧密结合起来，干中学、学中干、边干边学，不断地以理论指导思维、规范行动，提高指挥员、机关熟练掌握理论和灵活运用理论的能力。各级领导和主管部门要加强对理论学习的组织检查、指导和考核，把理论学习与经常性的学术研究紧密结合起来，以提高指挥员的学术思想水平和理论素养。

2. 对象情况研究

在对象研究过程中，应注重辖区重大危险源辨识，主要是指有可能发生造成重大人员伤亡、重大财产损失的火灾、爆炸、毒害等灾害事故的场所或设施；要熟悉重大危险源的名称、地理位置、数量、危险评估等级、生产或经营性质、工艺流程、原料及产品储存和物流方式；各类消防设施的建设配置、管理及运行情况；单位火灾事故应急处置预案的制订，发生火灾时应急处置的程序、措施和注意事项等。应注重掌握辖区常见火灾事故的规律和特点，要经常调查研究本辖区主要火灾事故的规律和特点，有助于探索、掌握科学的处置对策，一旦发生火灾事故，能有效提高消防救援队伍快速反应、科学处置的能力，减小火灾事故的危害。

针对不同的火灾对象，在训练中应在认识各种火灾规律的基础上，总结现代灭火战斗的性质和特点，结合消防技术装备、灭火设施等情况，将参加救援的各种力量有效组织与密切协同，提高消防救援队伍的整体灭火能力。

3. 自身情况研究

自身情况的研究，主要指各职能部门作用的协同发挥与整体协同灭火能力的提高两个方面。在自身情况研究的过程中，应注意以下两个方面：第一，通过机关训练了解各部门职能作用。支队机关要着眼于灭大火、打恶仗，积极开展机关战术训练和联合作战的综合训练，开展战术战法的想定作业训练，开展典型战例分析和灭火战法研究，开展火场通信指挥和组网训练，突出各类火灾扑救的组织指挥训练。相关部门应围绕灭火战斗的现场鼓动、事迹宣传、勤务保障、装备和器材维修、现场救护、物资调配方面的实战需要，依据岗位职责，分别确定实施及保障预案，并开展相关课目的岗位练兵活动，切实推进消防救援队伍整体作战能力的不断提高。第二，通过各级指挥员训练提高灭火组织指挥能力。各级指挥员既是岗位练兵的带头人，也是灭火作战的一线指挥官。对于规模大、损失大、伤亡惨重、扑救难度大的火灾，指挥员能否快速反应，及时调动力量，准确判断把握火情，适时作出正确的决策，科学地“排兵布阵”是决定战斗成效的最直接、最关键的因素。因此，要掌握现代火灾扑救的制胜权，必须打造一支高素质、高水平的灭火指挥员队伍。训练中，重点是抓好支队级及以上的指挥员训练，规定指挥员学习和训练内容，开展好灭火战例研讨，对指挥员适时组织不同规模的灭火训练，提高各级指挥员的组织指挥能力和水平。

自身情况研究的主要内容包括：辖区灭火作战力量构成及分布情况，包括辖区以及相邻区域内各种形式消防救援队伍的人员数量、消防装备的种类数量和性能、车载灭火剂种类和数量等情况；能够为灭火战斗提供人员、技术、装备支持的社会应急联动力量，主要包括应急、公安、交通、供电、供水、供气、救护、环保、环卫、运输、气象、通信等单位以及当地驻军和武警；辖区内灭火、破拆、救生、照明、排烟、防护、警戒及其他种类器材的数量、分布情况等；战勤保障装备物资的储备情况，辖区内能提供给灭火持续作战的装备物资储备情况，特殊场合使用的特殊装备，如破拆清障车、远程供水系统等，以及灭火剂（包括化学中和药剂）的储存数量情况，能够提供一定数量人员饮食，一定数量的燃料及相关后勤保障所需的物资情况。

4. 制订训练预案

训练预案的制订通常在训练总指挥部组成后组织力量进行编写。训练预案是组织训练的基本依据，它明确规定了训练各阶段的具体训练步骤，训练指挥员、机关（部分消防员）的行动方案，训练总指挥部的工作程序、内容、方法等。预案的基本内容包括：训练的题目、目的、实施时间（起止时间）、训练问题、训练情况、训练总指挥部的工作和调查方案、训练指挥员和机关的工作等。实施计划的格式，可采用表格式、文字记述式和要图注记式等。协同作战投入力量多，情况复杂，在制订中应做到：第一，调查研究、统一制订。支队级战术训练的参战力量多，通常包括消防救援站、政府或企业专职消防队、志愿消防队等，因此灭火作战方案的制订应在调查研究的基础上进行，协同作战预案要由各市支队同重点单位协商，在实地勘察、绘图摄影、拟订措施的基础上，召集参战队伍到训练现场研究作战方案统一制订，每一阶段的战斗部署都要一目了然，层次分明。第二，面向实战、科学计算。在制订协同灭火作战预案时，要根据重点单位（部位）的建筑结构、生产性质、储存方式、火灾负荷等情况，按照灭火战术、火场供水理论的计算方法，在调查研究、科学论证的基础上，计算第一出动和增援力量到场时的燃烧面积和周长，确定用水或泡沫灭火的车辆，并根据周围水源条件确定所需要供水车辆等。

二、灭火战术综合训练的实施

以支队灭火战术综合训练为例，支队灭火战术综合训练是根据假设的火场情况进行的模拟和实兵实装的训练，是训练指挥员实施灭火战斗指挥的一种方法，其目的在于提高指挥机关的指挥能力和机关各部门的协同配合能力。综合训练通常以实兵实装训练为主，通过训练，训练指挥员组织指挥消防救援队伍在复杂情况下，提高战术思想水平和组织指挥能力；训练各种参战力量协调一致的战斗行动，增强协同作战能力；训练战斗人员快速反应，根据火场情况灵活运用各种战斗技能，使受训人员得到一次近似灭火实战的锻炼。

（一）训练准备

为使灭火战术训练顺利进行并达到预期目的，训练之前，组织训练的支队指挥员和领导机关应进行周密的组织和充分的准备。训练的组织准备工作通常有：拟制准备工作计划，建立导调机构，成立训练指挥部，选择训练场地，培训工作人员，指导训练人员进行训练准备，检查落实各项准备工作，做好安全工作等。此外，受训人员也应根据训练指示或计划，进行必要的准备工作。

1. 拟制准备工作计划

为确保准备工作有条不紊地进行，提高准备工作效率，训练总指挥部应将准备工作的事项、参加人员、开始和完成的时间等拟制成准备工作计划。经审批后，即展开各项准备工作。

2. 建立导调机构

训练导调机构要本着精干、轻便、有效的原则来建立，通常由训练指挥组、政工组、保障组和协调组组成。训练导调机构人员的多少，应根据训练情况而定。训练导调机构是训练的组织机构，训练中既当训练的上级，又充当其下级，利用通信手段或面对面地为受训人员提供火场情况，诱导其训练。训练导调机构的主要工作是：组织勘察训练现场；拟制训练文书；检查参训消防救援队伍与各类人员的准备情况；传达训练总指挥员的命令，指示并督促、检查参训人员执行；及时搜集、综合训练情况，为指导训练准备资料；确定指挥所、观察所的位置，绘制训练情况报告图，准备训练总结和讲评材料等。

3. 成立训练指挥部

支队灭火战术训练是由各种力量参加的大规模战术训练，应相应成立训练指挥部，其总指挥员、副总指挥员由消防救援支队主要负责人担任，配合行动的水电、救护、公安交通等部门的负责人及训练单位的保卫处（科）长应是指挥部成员。训练指挥部实施分工负责，下设：

（1）作战指挥组。组长由战训科（处）长担任。按照总指挥员的意图组织指挥前后方战斗行动，及时给指挥部报告各战斗片、段、阵地展开和协同情况，并根据变化情况调整行动部署。

（2）通信组。由相关专业人员担任，负责训练通信组网，确保联络畅通。

（3）后勤组。由负责后勤人员担任，负责训练装备的准备工作和现场器材、物资保障。

（4）宣传组。由政治处主任担任，负责现场政治鼓动，使训练人员以战斗的姿态、高昂的士气和饱满的情绪投入训练，了解训练中优秀事迹，表扬好人好事，联络并安排电台、电视台、报社等新闻单位开展工作。

（5）水电保障组。由参加训练的水、电部门负责人担任，负责保证及时增加水压，组织水管抢修，能够及时切断电源等。

（6）救护组。由参加训练的医疗救护部门负责人担任，按照总指挥员命令组织人员实施救护。

（7）警戒组。由公安交通部门负责人担任，负责维持训练场地交通秩序，保证训练顺利进行。

战术训练中的重要事宜，由指挥部成员集思广益，研究决定。但训练的开始与结束，训练中各项战斗措施的命令下达及力量的调动，均由总指挥员统一下达。

4. 选择训练场地

选择训练场地时要满足训练课题对场所的需要，要能反映训练所涉及范围内的情况，要便于创设各训练问题的战术情况，要便于组织训练的各种保障。正确选择战术训练场地，对于确保训练最大限度地贴近实战，促进受训人员的积极思维，提高训练质量具有十分重要的作用。

5. 培训工作人员

为组织好训练，训练指挥部应对导调机构人员进行有计划、有步骤的严格培训，以保证训练顺利实施。

（1）培训协调组人员。应组织协调组人员认真学习训练想定，训练实施计划和情况显示及有关战术理论、条令、教材，研究火场有关情况等，明确各自职责和相互关系。在此基础上，组织协调组人员在图上和现地，按照先分段后连贯的方法进行训练，使其熟悉调理时机、内容和方法，熟记各种信（记）号、情况显示的程序和方法及有关规定等；视情可组织研究训练中可能出现的情况和处置对策等，以提高协调组人员的水平。当训练准备时间较短，协调组人员素质较强时，也可不专门组织训练，由训练总指挥员介绍训练想定情况的总体构思和对训练的要求，使其熟悉想定、训练实施计划和协调组人员的基本方案，明确各自职责，掌握调理的基本标准。

（2）培训情况显示人员。应根据情况显示人员的编组、任务和分工，组织学习研究有关现场情况资料、训练实施计划和情况显示规定，使他们熟悉火灾扑救特点，了解训练的全过程及情况显示的时机、内容和方法，各种信（记）号和安全规定，以及排除故障的简易方法。在此基础上，应在现地给情况显示人员定位置、定任务、定动作、定方法、定时间、定信（记）号，反复训练使他们熟练掌握显示要求，及时准确清楚地显示情况。

（3）培训保障人员。为保障训练顺利实施，应组织通信、医疗、生活等保障人员学习训练实施计划的有关内容和通信联络、医疗救护、后勤供给的有关规定。在现地明确其行动方法，并提出具体要求，也可在训练指挥部通信联络开通后，结合战术情况进行训练。在对各类人员分训的基础上，训练总指挥员还应按训练实施计划组织训练指挥部全体人员进行合练，全面检验训练准备工作的落实情况，使其达到密切配合、准备无误、协调一致。

6. 指导训练人员进行训练准备

在训练指挥部进行训练准备的同时，训练总指挥员、导调人员应协助指挥员对训练人员进行训练动员教育，指导训练人员学习战术理论和有关资料，熟记训练规则，做好场地、器材、物资保障，组织训练人员进行分练、合练等。同时，还应指导训练力量进行安全纪律教育等。实施模拟训练还应准备地图、沙盘、挂图、磁性图标；采用计算机模拟训练时，则应采集各种数据，制作计算机模块，确定人与系统的交互方式，进行调试运行。

7. 检查落实各项准备工作

要根据准备工作进展情况，适时检查落实，发现问题及时纠正，保证保质保量按时完成训练准备工作任务。

8. 做好安全工作

训练中的安全工作，是确保训练顺利进行，加强消防救援队伍全面建设的重要方面，是衡量训练是否成功的重要标志之一。支队战术训练动用的人员、车辆多，消防救援队伍集结调动频繁，训练中应注意防止发生车辆事故、人员伤亡事故等。因此，要高度重视安全工作，坚持预防为主的方针，针对训练的特点制订和落实各项措施，避免事故发生。

（二）训练实施

训练开始前，训练指挥部应适时发出训练准备信号。训练指挥部成员和受训人员迅速就位，做好一切准备工作，协调组人员全面检查和向训练总指挥员报告各项工作的准备情况。训练总指挥员宣布训练的题目、目的、训练问题、时间、地点、方法和要求等，并向受训人员介绍想定基本情况。

1. 发布训练出动命令（信号）

训练开始时，训练总指挥员宣布训练开始，并发出训练开始信号。而后，训练总指挥员、协调组人员按照训练实施计划，以多种方式和手段向受训人员下达训练条件（如上级指示、通报、情况报告等），引导受训人员进行训练。

2. 训练实施

训练过程中，训练总指挥员应保持与各组受训人员不间断地联系，了解训练进展情况，并根据训练实施计划精心指导训练全过程。训练副总指挥员应根据分工主动了解训练中的情况，及时向总指挥员报告有关情况或提出建议，积极协助总指挥员进行工作。训练中，训练总指挥员应亲自观察训练情况，不间断地与协调组人员保持联系，听取各工作人员的报告，及时收集、综合训练情况，认真加以研究，结合预定方案及时给受训人员下达补充情况，给协调组人员、情况显示分队（人员）下达调理和情况显示的指示。对于一些重要情况或关键性问题，应召集有关人员研究后再行下达。在给受训人员下达情况时，应给下级训练指挥员规定报告决心，战斗文书呈送的时间。当下级训练指挥员的决心处置不符合实际情况或不能达到训练目的时，应以补充情况引导其进一步了解任务、判断情况，修订或重新定下决心、作出处置，协调组人员则应及时了解训练的发展情况，正确反映和评价训练中的问题，并根据训练总指挥员意图，实施灵活导调，保证训练顺利进行。

3. 检查情况

受训人员在训练过程中，应依据训练总指挥部提供的条件严格按照组织指挥战斗的程序、内容和方法，在规定的时间内完成各自的工作。训练指挥员应做到情况判断和定下决心及时准确，处置情况周密得当，指挥机关应围绕总指挥员定下决心和贯彻落实决心这两个基本环节，按各自业务范围、内容和要求进行工作；受训人员应灵活、逼真地训练各种战斗动作。

4. 训练结束

训练结束时，训练总指挥部发出训练结束信号，训练总指挥员宣布训练结束，受训人员应立即停止训练活动并清理训练现场，收整检查训练器材。

（三）训练讲评

训练结束后，训练总指挥员应组织总结讲评。为搞好总结讲评，训练总指挥部应注意收集训练全过程的各种情况和资料，并将总结讲评的内容、范围、时间、方法和步骤等适时通知训练指挥机关，以便尽早准备。在训练指挥机关、受训人员，以及其他有关人员总结的基础上，训练总指挥员应对训练情况进行全面总结讲评。总结讲评的内容主要包括：训练的题目、目的及任务，训练的主要收获和经验，训练中出现的问题及其原因，对有关战术理论和学术问题的看法，对训练组织和保障等方面的评价及改进意见等。在总结讲评的基础上，训练总指挥部应将训练情况拟写专题报告呈送上级，并系统整理训练文书和资料，存档备查。

三、灭火战术综合训练的总结

训练总结是对训练全过程的各项工作进行全面系统的总检查、总鉴定活动。通过全面分析研究，使零星、表面的感性认识上升到系统、本质的理性认识。以便全面系统地掌握训练情况，正确指导今后的工作；发现训练中的先进事迹和人物，树立典型，带动全体，并指出训练中的各种不良倾向，起到赏罚分明的作用。因此，总结是对训练活动的本质概括，是对训练效果的再提高。训练总结一般采取自下而上逐次总结的方法实施，有时也可由训练总指挥员或上级直接进行总结。训练总结通常按照总结动员、下属总结、汇报情况和本级总结等步骤进行。训练总结的内容通常根据训练课题、训练问题、目的、方法和训练对象等具体情况确定，一般应包括训练概况、训练评价、经验教训、学术探讨及今后打算等。总结时要提高思想认识，实事求是地回顾和概括，总结中要突出重点、发扬民主。

习题

1. 什么是灭火战术综合训练？
2. 灭火战术综合训练的具体原则有哪些？
3. 灭火战术综合训练的特点是什么？
4. 开展灭火战术综合训练研究的依据有哪些？
5. 灭火战术综合训练的构成要素有哪些？
6. 灭火战术综合训练的类型有哪些？
7. 灭火战术综合训练是如何开展和实施的？
8. 请结合所在消防救援支队实际情况，制作一个该消防救援支队的高层建筑灭火战术综合训练方案。

下篇

灭火战术训练课目

课目一　灭火战例研究训练

一、海南海口“3·7”世贸雅苑商住楼电缆井火灾扑救战例研究

海口市龙华区世贸雅苑为综合性商住楼，该楼一至四层为商用（主要经营美容、银行、医疗以及培训机构等），五层及以上为住宅，每层八户。2017 年 3 月 7 日 5 时 15 分许，世贸雅苑 E 栋商住楼电缆井发生火灾。

（一）基本情况

【提示 1】

在进行基本情况编写时，要注意以下几个方面内容：单位名称、地址、地理位置、建筑条件、消防设施情况、应急预案制定情况、气象情况、火灾原因、伤亡情况。

【示例 1】

1. 起火建筑情况

世贸雅苑位于海南省海口市龙华区世贸东路二号，于 1994 年建成并投入使用，为钢筋混凝土框架结构，高 94.3 m，共 25 层，建筑面积 3.34 万 m^2。着火建筑 E 栋东面为世贸雅苑 D 座，南面为金贸西路，西面为世贸雅苑 F 座，北面为世贸雅苑小区。现场方位情况如图 2－1－1 所示。

2. 消防设施及水源情况

该楼按照 1982 年版《高层民用建筑设计防火规范》(GBZ 45—1982) 设计，设有自动喷水灭火系统、火灾自动报警系统、室内消火栓系统、机械防排烟系统、应急照明及疏散指示标志等消防设施、设备，其中一至四层商业部分设施设备均完好有效，五层住宅部分的机械加压送风系统不能正常工作；共有疏散楼梯 2 部，电梯 3 部，其中 1 部为消防电梯；小区设有地下消防水池，其储水量为 400 m^3，楼顶高位水箱容量为 50 m^3，均处于蓄满状态，周边 500 m 范围内有市政消火栓 5 个。

3. 气象情况

3 月 7 日 6 时—11 时，多云，东南风 2～3 级，气温 21～25 ℃，湿度 73%。

4. 火灾原因及人员伤亡情况

起火原因为 E 幢电缆井五至六层弱电井内的电气故障起火引燃周围电线电缆、套管和其他杂物，由于各楼层的电缆井没有有效分隔，火焰一路向上蔓延，烧穿木制的检修门，引燃公共走廊的吊顶。火灾共造成 3 名物业人员死亡，8 名群众受轻伤。

【提示 2】

根据编写需要，结合单位基本情况，制作现场平（立）面图，为受训人员提供灾情部位、周边水源、毗邻建筑等信息参考；必要时，可提供立面图、局部剖面图，以便了解整体概况。

【示例2】

起火建筑现场方位立面图如图2－1－1所示。

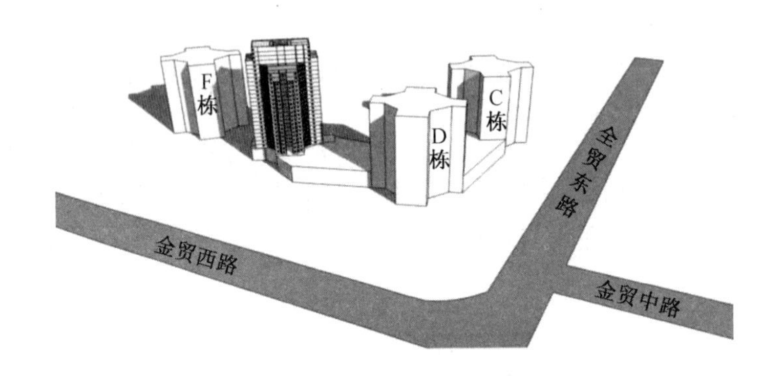

图2－1－1　起火建筑现场方位立面图

（二）战斗经过

【提示1】

战斗经过包括从接警到战斗结束的全部活动。战斗经过陈述内容一般按时间顺序或空间顺序进行，出于不同灭火作战行动侧重不同，也可按照灾情发展变化阶段、不同措施和战术方法实施阶段及时间进度、划分战斗片区和划分战斗时间段、属地指挥和上级指挥时期等方式叙述。叙述内容主要包括：警情受理时间，力量调派情况，第一出动到场时间，增援力量到场时间，指挥部到场时间，灾情发展变化，运用技战术措施，战斗阶段部署，人员营救情况，灾情处置情况，火场供水情况，火场排烟情况，固定设施使用情况，装备器材运用情况，战勤保障情况，政治遂行保障情况，通信保障情况，社会联动情况，涉消舆情应对，信息报告和处置完毕时间等。

【示例1】

2017年3月7日5时47分，海口消防支队119指挥中心接到群众报警后，调派辖区消防中队（1个灭火编队和1个举高编队）4辆消防车、24名指战员前往处置，调集4个灭火编队、3个举高编队、3个供水编队、2个抢险编队、1个保障编队（7个消防中队和1个保障大队）共25辆消防车、140名指战员赶赴现场增援；支队全勤指挥部遂行出动。同时启动高层建筑火灾扑救应急预案，将灾情向市委市政府、省消防总队、市公安局等部门进行报告，请求调集交通、水电、医疗、安监、住建等联动部门到场协助处置。

1. 首战力量到场

5时51分，辖区消防中队（4车、24人）到达现场。现场围观人员较多，秩序较混乱，建筑楼下停放有大量车辆。

经侦察和询问物业人员得知现场为 E 座五层起火，楼内有多名群众被困，楼内烟雾浓、温度高、火焰大。中队指挥员命令：一是灭火小组在着火层利用室内消火栓出水灭火；二是侦察小组进入楼内进行火情侦察；三是成立 2 个搜救小组，进入五层迅速搜救被困人员；四是供水小组占据市政消火栓向水泵接合器加压供水；五是警戒小组负责现场警戒，同时通知物业对大楼进行断电，并组织移除楼下停放车辆。

5 时 55 分，侦察小组发现常闭防火门处于开启状态，浓烟已蔓延至整栋大楼，走廊内温度较高，火势有向九层蔓延的趋势。指挥员立即命令：一是成立 1 个灭火小组在九层利用室内消火栓出枪堵截火势；二是向指挥中心报告现场情况，并告知现场已不具备大规模疏散的条件；三是组织人员利用喊话器向楼内被困人员进行指导和安抚，提醒被困人员不要盲目逃生和跳楼，封堵门缝，固守待援。

2. 首批增援力量到场

5 时 58 分，首批增援力量到达现场（1 个消防中队）。到场后，根据辖区中队指挥员要求，命令：一是灭火小组在十二层利用室内消火栓出一支水枪堵截火势；二是成立 2 个搜救小组重点搜救走廊内有无被困人员，同时提醒房内住户不要打开房门逃生，等待救援；三是协助辖区消防中队做好现场警戒和清理楼下停放车辆。增援力量到场后力量部署如图 2－1－2 所示。

行动展开时，内攻搜救人员利用随身携带的搜救标识对每个搜救的房间进行标记，避免重复搜救。

6 时 3 分，支队指挥中心对报警人进行电话紧急救护指导，并了解到报警人现处于八层 806 房间且房间内有大量浓烟涌入，有 3 人被困屋内。指挥中心一边安抚报警人情绪，引导报警人科学应对，避免因跳楼等盲目逃生行为造成人员伤亡，一边与辖区消防中队指挥员联系告知现场情况。

6 时 5 分，辖区消防中队组织一个搜救小组携带空呼他救面罩和防毒面具进入八层 806 房间进行搜救。

6 时 17 分，搜救小组成功将八层 3 名被困人员疏散至一层安全区域。

截至 6 时 20 分，到场力量成功疏散搜救四、五、六层住户共计 24 人。其中六层走廊内搜救出 3 名昏迷和 4 名受伤人员，移交 120 急救，后经确认 3 名昏迷人员死亡，均为参与扑救初起火灾的物业管理人员。

3. 支队全勤指挥部到场

6 时 25 分，支队、大队全勤指挥部及增援力量相继到达现场，现场成立火场指挥部。指挥部根据现场情况，制定以下部署：一是辖区消防中队继续负责四至九层灭火搜救；二是首批增援力量继续负责十至十五层灭火搜救；三是其余增援力量成立 8 个攻坚小组，分别对十五层以上开展灭火、搜救；四是迅速清理停放车辆，利用登高平台车进行外部营救。

6 时 29 分，社会联动力量相继到达火灾现场。到场后，社会联动力量协调社区街道办向参战消防救援人员提供饮食，并为各参战中队提供物资保障。

6 时 33 分，楼下妨碍灭火救援行动的车辆利用移车器清理完毕，指挥部命令在大楼西侧和南侧分别架设 53 m、32 m 登高平台消防车，开辟外部救生通道，对七至十层人员进行疏散。同时，大队指挥员组织物业人员分 4 组通过电话和物业微信群联系业主了解情况，提醒楼内被困人员相互告知封堵门缝、等待救援，防止盲目逃生和跳楼。支队全勤指挥部到场后力量部署如图 2－1－3、图 2－1－4 所示。

截至 7 时 1 分，到场力量沿疏散楼梯向楼顶共疏散 20 人，沿疏散楼梯向楼下疏散 16 人（其中 5 人经 120 确认为受轻伤），两辆登高平台消防车从外部窗口疏散 15 人。期间，消防电梯损坏，内攻人员采取徒步登楼展开救援行动，人员搜救、灭火进攻、器材运送等行动消耗救援人员体能，作战行动困难；社会联动力量未及时设置疏散人员安置点，辖区派出所未及时对楼内人员身份进行核实，直到支队全勤指挥部通过指导龙华区政府协调街道办后，组织建立了疏散安置点。

4. 总队指挥部到场

7 时 8 分，总队全勤指挥部到达现场，并接管指挥权，指挥部根据现场情况作出作战部署：一是指挥员要靠前指挥，全力组织力量搜救被困人员，全力攻坚；二是利用登高平台消防车向上输送器材，在十层设立第一中转站，通过楼内接力运送，在十七层设立第二中转站；三是对疏散人员进行清点，做好电话回访和跟踪，详细掌握楼内被困人员数量、具体位置以及现场情况；四是组织所有力量进行拉网式搜索、分区包干，将着火楼层划分为 5 个区域（每个区域 5 层），每个区域成立 4 个攻坚小组逐层逐户开展搜救和排查，确保不漏死角；五是采用自然排烟方式对火场进行排烟；六是保障大队做好现场装备器材的供应和保障工作。总队全勤指挥部到场后灭火救援力量部署如图 2－1－5 所示。

7 时 15 分，十八层有一名群众因无法忍受房内烟气，翻出窗外蹲坐在空调外机上面，情况危急。指挥部派出一个攻坚小组携带战斗服和空气呼吸器进入房间将人员救出。

8 时 2 分，火势初步得到控制。

8 时 40 分，经过拉网式搜救，各作战区域搜救小组将楼内剩余的 32 名被困人员成功疏散到安全区域。

9 时 3 分，所有楼层明火全部扑灭，指挥部命令各组内攻人员继续降温、排烟和搜救。

10 时 50 分，现场共营救和疏散被困人员 111 人。

11 时 32 分，确认现场已无被困人员。

火灾扑灭后，指挥部命令辖区消防中队保留水带干线，对火灾现场实施监护，其余增援力量清点器材安全撤回。

在火灾扑救期间，省内多家媒体跟踪报道；部消防局指挥中心通过现场单兵 4G 图传远程视频组织指挥灭火救援。

【提示 2】

根据战斗经过，绘制力量部署图，方便受训人员理解。力量部署图一般包括绘制立体、立剖、侧视、透视分层、平面图，也可以用实物照片代替。对参照力量多、救援时间长、战术变化多样、阵地部署变化大或有其他特殊情况的现场，一图难以囊括全部内容时，应根据现场实际，绘制不同阶段的灭火救援战斗图。

【示例 2】

不同阶段的灭火救援战斗力量部署如图 2－1－2～图 2－1－5 所示。

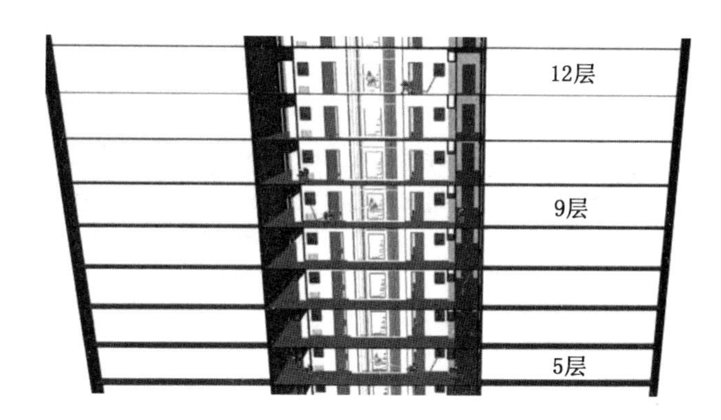

图 2－1－2　增援力量到场后力量部署示意图

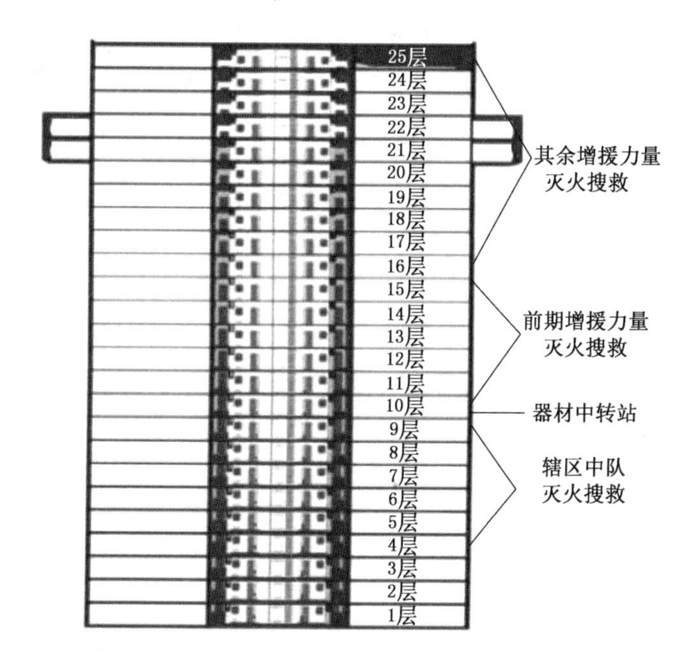

图 2－1－3　支队全勤指挥部到场后灭火救援力量部署示意图

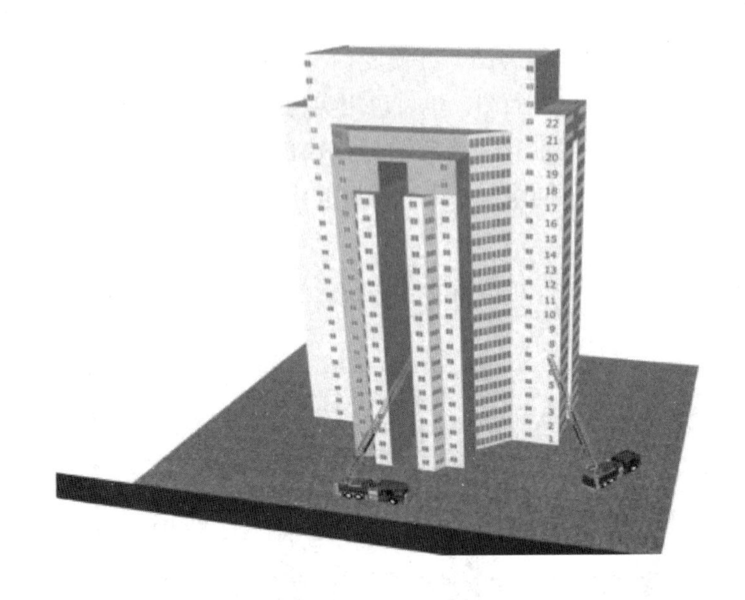

图 2-1-4　支队全勤指挥部到场后外围力量部署示意图

图 2-1-5　总队全勤指挥部到场后灭火救援力量部署示意图

（三）战例分析

【提示】

对灭火救援过程中好的做法及存在的问题进行具体评价，在分析过程中应坚持客观公正，避免一味地批判或褒扬。分析内容主要包括：接警出动、调派增援、火情侦察、组织指挥、技战术运用、供水保障、社会联动和其他情况等。

【示例】

1. 指挥调度

1）接警出动

5 时 47 分，海口消防支队 119 指挥中心接到群众报警；5 时 51 分，辖区中队到达现场，用时 4 min；5 时 58 分，首批增援中队到达现场，用时 11 min；6 时 25 分，支队全勤指挥部到场，用时 38 min；7 时 8 分，总队全勤指挥部到场，用时 81 min。

2）力量调集

此次火灾扑救，海南省消防总队以“灭火”“举高”“供水”“抢险”“保障”等战斗编组为单位，共调集 8 个消防中队、1 个战勤保障大队，29 辆消防车、164 名消防救援人员赶赴现场处置。

3）火场指挥

辖区中队及首批增援中队到场后实施属地指挥;支队全勤指挥部到场后,成立火场指挥部,实施现场指挥;总队全勤指挥部到场后,接管指挥权;期间,支队指挥中心对报警人进行电话紧急救护指导,部消防局指挥中心通过现场单兵 4G 图传远程视频实施远程指挥。

2. 火情侦察

辖区中队到场后，及时成立侦察组，采用询问物业人员、内部侦察的方式进行侦察。

3. 火场警戒

辖区中队到场后，现场围观人员较多，建筑楼下停放有大量车辆，中队成立警戒组实施警戒，并组织移除楼下车辆；首批增援力量到场后，协助辖区中队做好现场警戒和清理楼下停放车辆；从 5 时 51 分辖区中队到场开始组织清理停放车辆，到 6 时 33 分楼下妨碍灭火救援行动的车辆清理完毕，共用时 42 min。

4. 人员救助

在此起火灾扑救过程中，采用了以下几种方法：一是组建立体式搜救体系，将沿楼梯上下疏散、建筑内外部疏散、搜救小组与登高平台接力疏散和突击小组精准搜救四种方法有机结合；二是组织物业人员及被困人员家属利用喊话、电话、网络等形式指导安抚群众做好自救，等待救援；三是对疏散人员进行清点，做好电话回访和跟踪，掌握楼内被困人员数量、具体位置以及现场情况；四是内攻搜救人员利用随身携带的搜救标识对每个搜救房间进行标记，避免重复搜救。

5. 战术运用

火灾扑救全程，各级指挥员均采取“内攻近战”的战术措施，能够利用室内消火栓出水灭火。

1）属地指挥

一是辖区中队到场后，突出“快速堵截、及时疏散”战术措施，命令利用室内消火栓出枪控制火势，防止火势扩大蔓延；二是在评估现场不具备大规模疏散条件后，没有组织大规模疏散，并利用喊话器向楼内被困人员进行安抚、提醒；三是对着火点附近楼层的四、五、六层及八层部分住户进行疏散，共疏散 24 人（3 人昏迷，后经确认死亡）。

2）支队指挥

到场后，将着火楼层划分为 3 个作业区域，逐层消灭火势，搜寻被困人员，在 36 min 内共疏散 51 人。

3）总队指挥

到场后，将着火楼层划分为 5 个作业区域，每个区域成立 4 个攻坚小组逐层住户开展搜救和排查。火灾扑灭后，命令辖区中队保留水带干线，对火灾现场实施监护。

6. 火场供水

小区设有地下消防水池，其储水量为 400 m^3，楼顶高位水箱容量为 50 m^3，均处于蓄满状态；辖区中队到场后，供水组能占据市政消火栓向水泵接合器加压供水。

7. 火场排烟

总队全勤指挥部命令采用自然排烟方式对火场进行排烟。

8. 社会联动

一是火灾处置初期社会联动力量到场后，未及时设置疏散人员安置点，辖区派出所未及时对楼内人员身份进行核实，直到支队全勤指挥部通过指导龙华区政府协调街道办后组织建立了疏散安置点；二是社会联动力量协调社区街道办向参战消防救援人员提供饮食，并为各参战中队提供物资保障。

9. 其他情况

1）报警时间

火灾自 5 时 15 分许起，至指挥中心接到报警，时间间隔 0.5 h。

2）战斗时长

此次灭火行动持续 5 h。

3）消防设施

一是室内消火栓发挥作用；二是五层住宅部分的机械加压送风系统不能正常工作；三是常闭防火门处于开启状态，致使高温有毒烟气充满走廊和楼梯间；四是消防电梯损坏。

4）器材中转站

总队全勤指挥部到场后，下令利用登高平台消防车向上输送器材，在十层设立第一中转站，通过楼内接力运送，在十七层设立第二中转站。

5）舆情引导

火灾发生正值两会安保期间，受到各级领导的高度重视以及社会各界的广泛关注，省内多家媒体跟踪报道。

6）人员伤亡

3 名遇难人员发现时位于着火层上层六层走廊，均为参与扑救初起火灾的物业管理人员。

（四）战例作业

【提示】

组训人员根据战例实际，拟定若干思考题；受训人员根据个人阅读、分析和思考，根据战例作业要求，拟写发言提纲，并在小组内相互讨论达成共识。

【示例】

（1）结合战例，分析初战指挥员为什么没有组织大规模疏散？

（2）结合战例，分析不同阶段战斗片区划分的考虑是什么？
（3）结合战例，分析设立器材中转站的作用是什么？
（4）结合战例，分析高层建筑火灾时，如何发挥固定消防设施的作用？
（5）结合战例，分析加强哪方面的针对性工作，能够有效避免人员伤亡？
（6）结合战例，分析如何提高高层建筑火灾居民疏散逃生的能力？
（7）结合战例，分析辖区中队指挥员到场后如何对火灾进行初步分析和预判？

（五）总结讲评

【提示】

组训人员在受训人员发言的基础上，对所研究的战例进行归纳总结，理论和实践相结合，促使受训人员提高战术思想和组织指挥能力。

二、战例研究练习素材

战例一：云南迪庆州“1·11”独克宗古城火灾扑救

独克宗古城是中国保存最好、最大的藏民居群，位于云南省迪庆州香格里拉市西南部，海拔3280 m，区域面积1.5 km^2，下辖北门、仓房、金龙3个社区，居民1682户，有传统民居515幢、改造民居368幢、非传统民居105幢、新建民居80～83幢，古城内主要道路4条，巷道23条，主要道路最宽处5 m，最窄处3.3 m。古城内文物古建筑有16幢（间），仅占古城建筑总数的1.5%。现有建筑大部分是2003年后新建、改建。古城内建筑85%以上为木结构或土木结构藏式民房。2014年1月11日1时许，独克宗古城如意客栈发生火灾。

一、基本情况

（一）古城建筑情况

古城建筑以藏式木楼为主，多采用松、柏、杉等木材建造，多数房屋除两侧及后墙外，房屋正面以及梁、柱、楼板、楼梯、屋顶等均为木质材料，部分房屋属全木质结构建筑，挑檐多悬挂天帐、飘带等织物。此外，建筑密集，连片布置，户户相连，构成大体量建筑群落，通道狭小弯曲，纵深较长。

（二）燃烧区域情况

此次火灾起火位置为独克宗古城如意客栈，该客栈局部三层（建筑面积441 m^2），其东面、北面与居民住宅毗连（屋顶基本为木材，与其他住宅相连），南面、西面为街道。火场为不规则形状，东西最大距离284 m，南北最大距离242 m，火灾烧损房屋面积为59980.66 m^2（其中，房屋烧毁面积58121.66 m^2，灭火救援过程中拆除房屋面积1859 m^2）。现场情况如图2－1－6所示。

（三）水源情况

香格里拉实有市政消火栓383个，管网形式为环状，主管管径为200 mm。

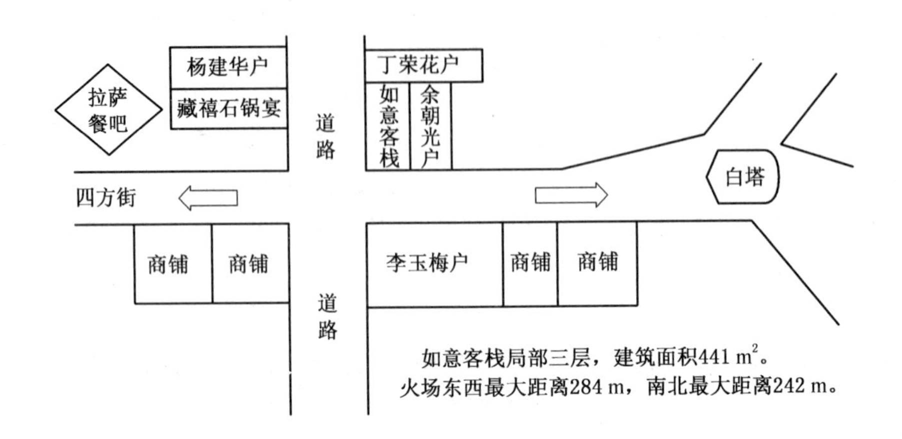

图2-1-6　火灾现场平面示意图

独克宗古城消防设施及水源情况如下：

(1) 独立消防供水系统：采用高位水池供水，管网形式为枝状，主管管径200 mm，支管管径160 mm，高位水池容积1200 m^3，建有地上室外消火栓100个，间距60 m，消火栓出口压力0.2～0.8 MPa。

(2) 市政消防给水系统：古城建有地下市政消火栓20个，管网形式为环状，主管管径200 mm，消火栓出口压力0.1～0.25 MPa。

(3) 其余可用水源：月光广场景观水池可用水量20 m^3，龙潭河天然水源距离火场1.5 km。

(四) 消防力量建设情况

1. 消防救援队伍

(1) 香格里拉消防中队：17人，5辆消防车（水罐消防车3辆、举高喷射消防车1辆、抢险救援车1辆，总载水31 t），距离古城3 km。

(2) 特勤消防中队：45人，6辆消防车（水罐消防车2辆、水罐泡沫消防车1辆、举高喷射消防车1辆、登高平台消防车1辆、抢险救援车1辆，总载水40 t），距离古城2.5 km。

2. 专职消防力量

(1) 机场专职消防队：队员12人，6辆消防车（水罐消防车1辆、水罐泡沫消防车2辆、干粉车1辆、照明车2辆，总载水20 t）。

(2) 独克宗古城志愿消防队：队员6人，配有2台手抬机动泵、水带、水枪、消火栓扳手。

(五) 气象状况

火灾当天气温－7～6 ℃，风向为西南风，4级，最大风速为7.6 m/s，湿度25%。

二、扑救经过

1 月 11 日 1 时 24 分，迪庆州消防支队接到报警，立即调派特勤中队、香格里拉中队 8 车 48 人赶赴现场扑救。

1. 初战控火

1 时 37 分，特勤消防中队、香格里拉消防中队到达现场，发现如意客栈正处于猛烈燃烧阶段，火焰从门窗、屋檐、屋顶向外翻卷，并引燃邻街仅 3 m 的西面房屋和南面毗邻房屋，燃烧面积约 700 m^2。

在确认无人员被困后，特勤消防中队一号、二号水罐消防车分别出 2 支水枪控制南面、西面火势，分别由三号水罐消防车和四号举高喷射消防车为其供水，并组织力量疏散人员。香格里拉消防中队一号、二号水罐消防车在北面和东面分别出 2 支水枪阻止火势蔓延，分别由三号水罐消防车和四号举高喷射消防车为其供水。15 min 后，着火建筑火势得到有效控制。初战力量部署如图 2－1－7 所示。

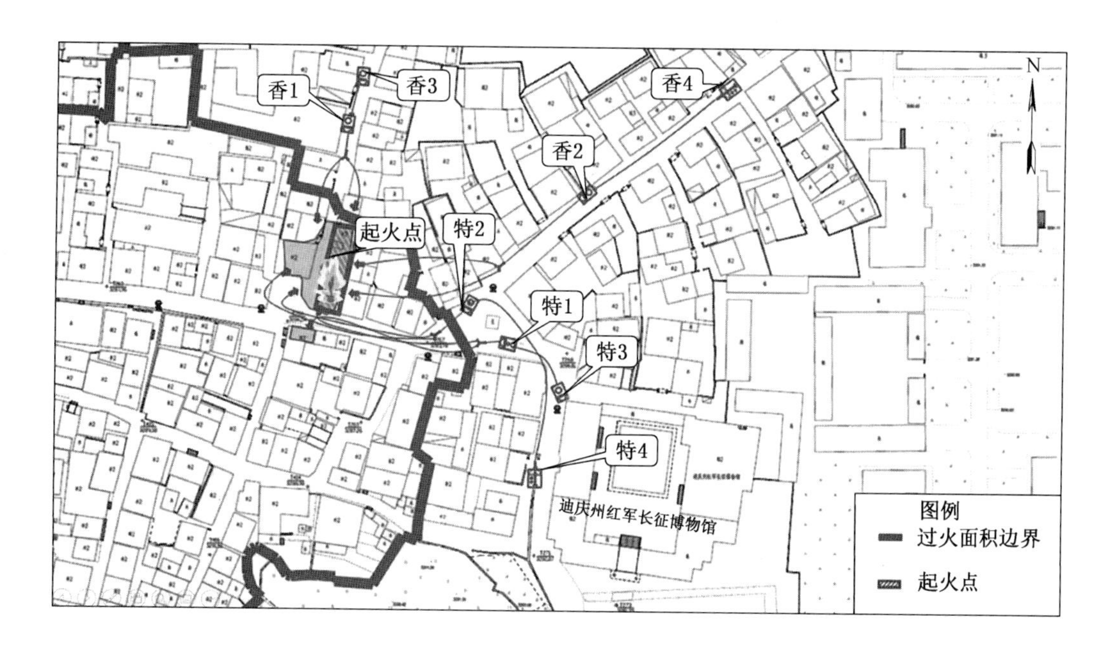

图 2－1－7　初战力量部署示意图

在灭火过程中，供水员打开消火栓时，发现附近 5 个消火栓均无水，指挥员立即调整车辆到距离现场 1.5 km 的龙潭河进行远距离供水。同时，要求古城管委会立即向室外消火栓管网供水，并向支队报告情况。期间，火场供水一度中断。

2. 火势蔓延

火场供水中断期间，古城经营户中的液化气罐连续发生爆炸，已被压制的火势迅速向东、西、南 3 个方向扩大蔓延。

支队灭火救援作战指挥部到达现场后，根据现场情况，下达作战指令：一是将火场划分为东、西、南、北4个片区，分别由区指挥长负责指挥各片区火灾扑救；二是由1名支队指挥员负责组织火场供水，确保供水不间断；三是调派机场专职消防队、开发区消防中队（距离现场约4 h车程）、维西消防中队（距离现场约5 h车程）赶赴现场增援；四是向政府报告现场情况，请求政府调集驻地消防救援队伍、公安及大型机械设备等参与处置。

2时30分，古城消火栓系统恢复供水；火势已向东、南两面大面积扩大蔓延，严重威胁红军长征博物馆、大佛寺等重要建筑。支队指挥部随即调集力量堵截火势，香格里拉消防中队四号举高喷射消防车铺设双干线，出3支水枪控制向长征博物馆方向蔓延的火势，出2支水枪对大佛寺方向蔓延的火势进行堵截，利用手抬机动泵从月光广场观景水池取水，并占据市政地下消火栓和古城消火栓供水。

2时50分，总队接到迪庆支队报告后，调派就近的丽江、大理支队13辆消防车93人前往增援。总队指挥员带领总队灭火救援指挥部11人，并调集昆明支队33人、15台手抬泵、4600 m水带乘坐最早一班飞机赶赴火灾现场。

3时50分，东面火势基本得到控制。支队指挥部调整力量部署，从火场东面抽调力量对西面进行增援，特勤消防中队四号举高喷射消防车出6支水枪堵截火势，一号水罐消防车和机场专职消防队二号水罐消防车占据长征大道市政消火栓向其供水。

5时许，香格里拉政府调派的挖掘机等大型机械设备陆续到场，并在政府领导的指挥下从北面、西面进行破拆，开辟防火隔离带，共拆除建筑1859 m^2。

6时2分，开发区消防中队3车10人、维西消防中队2车7人相继到场后，负责堵截南面和西南面的火势。

6时50分，特勤消防中队二号水罐消防车、香格里拉消防中队二号水罐消防车根据支队指挥部命令调整至北面设置水枪阵地出3支水枪协助堵截火势。支队作战力量部署如图2-1-8所示。

火灾扑救期间，支队指挥部位置不固定，对讲机配备数量不足，出现火场通信联络不畅、命令下达不及时现象；个别指战员心理紧张，存在畏战心理；现场作战车辆水泵、手抬机动泵、分水器、水带接口等灭火器材装备发生冻结现象，水枪阵地转移不便；未建立新闻发言人制度，未制定完备的应对预案，出现涉消舆情，后续工作被动。

3. 分割围歼

7时50分，丽江、大理等增援支队相继到场。丽江支队由古城停车场进入四方街出3支水枪堵截火势向北蔓延，25 t重型水罐消防车向迪庆支队供水；大理支队进入粮食局仓库区域出水堵截火势向西蔓延。

9时45分，总队灭火救援指挥部到达现场，四方街火势正向西北面快速蔓延，西面火势严重威胁到食用油仓库、粮食仓库和居民建筑安全。指挥部随即下达作战指令：一是集中力量堵截火势蔓延，坚决防止火势进一步扩大；二是组织搜救小组，全面搜索被困人

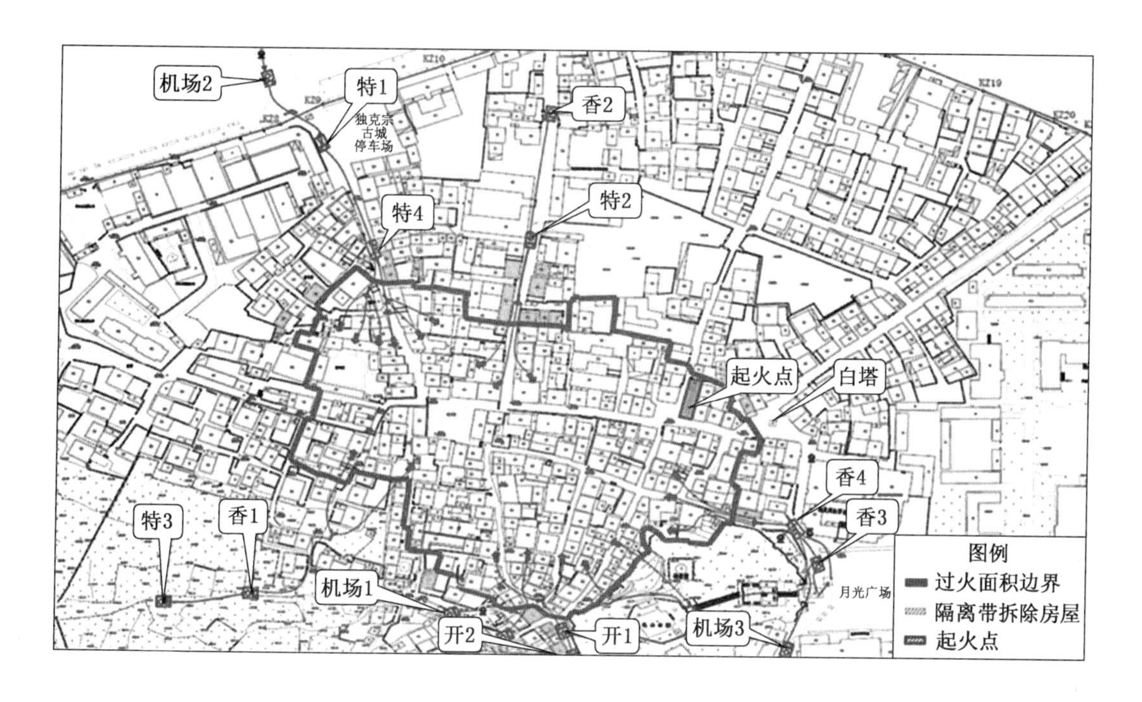

图2-1-8　支队作战力量部署示意图

员；三是组织好火场供水，确保供水不间断；四是确保参战人员安全。

随后，指挥部调整力量部署，将火场划分为西、南、北3个作战片区，明确控火、堵截为作战重点，实施分片灭火。迪庆支队负责扑灭南片区明火；丽江支队出6支水枪负责扑灭北片区明火，阻止火势向西蔓延；大理支队出8支水枪负责扑灭西片区明火，其中第一战斗小组从正面压制火势，第二战斗小组从侧面堵截火势；昆明支队利用手抬机动泵从龙潭河吸水向丽江、大理支队供水；各支队参战力量组成15个搜救小组开展被困人员搜索排查；掩护挖掘机破拆着火房屋。

10时50分，明火被基本扑灭，各参战力量接指挥部命令，全力清理残火。总队到场后火场供水、作战力量部署如图2-1-9所示。

4. 现场监护

13时40分，总队指挥部命令参战力量分成4个片区，逐片逐点开展余火清理，对现场可能存在复燃之处进行全面清理收残。并再次组织搜救小组分片逐户开展“地毯式”搜寻，查看有无被困人员，经过4次反复搜索排查，确认无被困人员。

20时，总队指挥部命令参战力量分成3个片区连夜清理余火，留守监护，在挖掘机配合下共清理阴燃火点12个。

12日12时，经指挥部确认现场已无复燃可能，安排辖区消防中队2辆消防车留守现场，直至12日18时现场监护完毕。

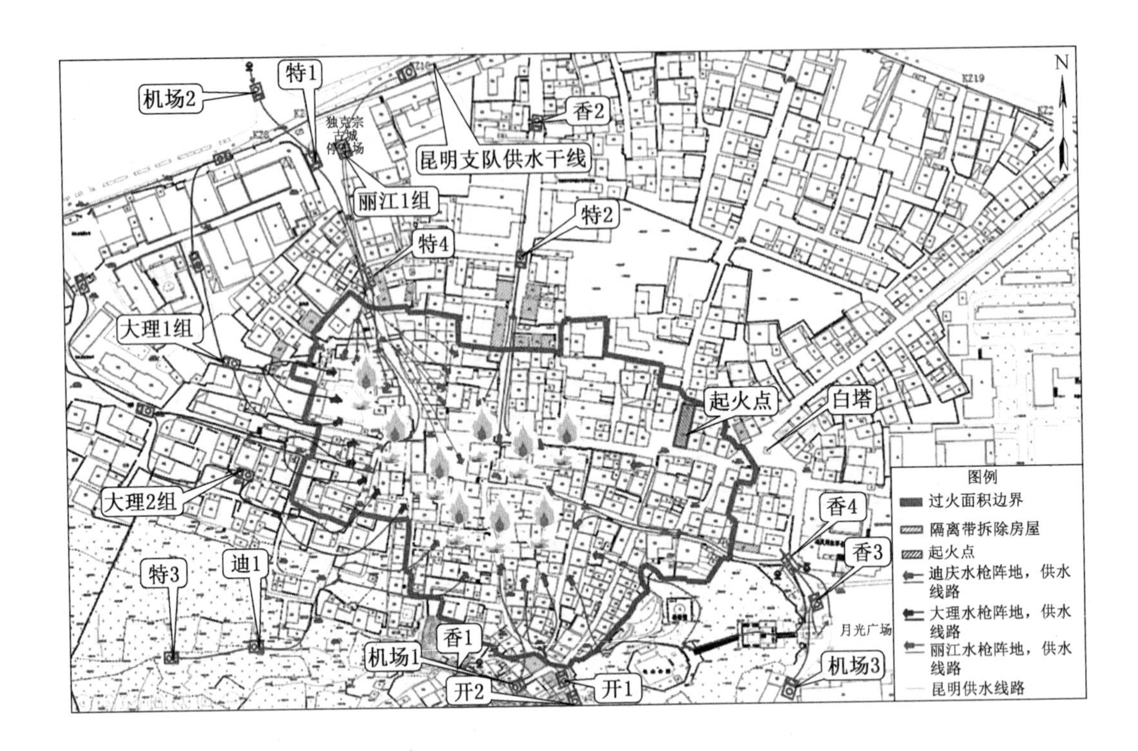

图 2-1-9　总队到场后火场供水示意图

战例二：北京“2·4”东四站附属用房设备区机房UPS电池组火灾扑救战例

东四站位于北京市朝阳区东四路口，是北京地铁5号线和北京地铁6号线的一座换乘车站，为典型的地下建筑：其中5号线车站为地下二层车站，底板最深处距地面27 m；6号线车站为地下三层车站，底板最深处距地面34 m，为北京地铁最深的车站。2017年2月4日1时27分许，东四站6号线地下一层设备机房（为地铁站附属用房）发生火灾。

一、基本情况

1. 建筑基本情况

起火房间为西南口外挂地下一层生活区设备层088号机房（为地铁站附属用房），该楼层不能通往地铁站台，088号机房用于存放UPS电源，有电源组28组，使用面积20 m^2。从地面到达起火点约100 m。起火层排风口共4个（北通道东西侧和南通道东西侧），送风口有1个，位于西侧，该层排烟通风设施为独立设置，与站台通风设施不互通。

2. 消防设施情况

东四地铁6号线外挂地下一层生活区设备层，着火层有墙壁消火栓5座，干粉灭火器15具。起火房间无气体灭火系统。

3. 气象状况

2月4日，夜间2时气温为 −4 ℃，微风1～2级，多云天气，能见度良好。

二、扑救经过

1时27分东四地铁站中控室发现7处烟感报警，地铁微型消防救援站人员立即开启FAS设备（火灾自动报警系统）自动模式，开启IBP盘排烟（IBP盘称为综合后备盘，放置在地铁车站综合控制室内，IBP盘由IBP面板、PLC、人机界面终端、监控工作台构成。通过IBP盘对车站进行应急管理，其控制级别高于各系统操作站），并拨打电话报警。

1时33分，北京总队119指挥中心接到报警后，调派总队、东城支队、轨道交通支队全勤指挥部赶赴现场指挥火灾扑救；东城支队王府井中队、金宝街中队、龙潭湖中队、朝阳支队亚运村中队，共计4个中队、12车90名消防救援人员赶赴现场扑救火灾。同时，向区政府应急指挥中心、区公安分局勤务指挥处报告火情，启动应急预案；调集公安、交通、市政、医疗等多个部门和属地共同实施人员疏散、火灾扑救、秩序维护等工作，调派交管力量到场对周边道路进行管制。

1. 火情侦察

行驶途中，王府井消防中队指挥员拨打报警人电话询问具体情况，报警人电话无法接通。消防中队在途中初步部署战斗任务。

1时44分，王府井消防中队到达东四地铁站西南口，经初步侦察了解：站内有人员求救，站内工作人员11人（夜间地铁保洁人员）被反锁在一层大厅内（地面层）。

王府井中队指挥员下达命令：破拆门锁，解救被困人员。同时成立灭火侦察组（攻坚组）、搜救组、排烟组、供水保障组、外围警戒组，并设置安全员在出入口对进入内部人员数量、个人防护装备和呼吸器压力表进行登记和检查，保证人员安全。

1时45分，金宝街消防中队到场，王府井消防中队后方指挥员命令金宝街消防中队成立一个攻坚组协同王府井两个攻坚组深入火场进行侦察灭火；在确认现场断电的情况下，迅速在大厅北侧设立器材集结点。受领任务后，金宝街消防中队在大厅北侧设立器材集结点，集结照明组和破拆工具组，组织更换空气呼吸器气瓶，协助照明和铺设导向绳。

攻坚组在展开侦察时，发现建筑内部高温有毒烟雾积聚，不易排出，烟雾地段长；行动中，800 MHz频段电台组网通信断网无信号，攻坚组成员未佩戴头骨发声器，与地面指挥员及小组成员联系不畅通。

1时54分，支队全勤指挥部到场，迅速成立指挥部，在了解现场情况后，发现FAS设备虽然有开启动作，但未正常排烟。支队指挥长带领参战人员及地铁微型消防救援站人员组成侦察组，进入中控室进行强启操作，强制开启内部排烟设备，并寻找着火点，根据各战斗小组汇报情况及时调整侦察方向。

2. 灭火降温

1 时 55 分，王府井及金宝街消防中队经内部侦察，确定现场没有人员被困，同时使用热成像仪逐一排查地下房间，确认起火位置。

2 时 1 分，侦察组发现起火部位，王府井消防中队及金宝街消防中队迅速使用灭火器对电池组进行灭火，随后，迅速利用内部墙壁消火栓出两支水枪进行降温，对周边堆积的过火物品进行降温。着火位置建筑剖面、灭火战斗部署如图 2－1－10、图 2－1－11 所示。

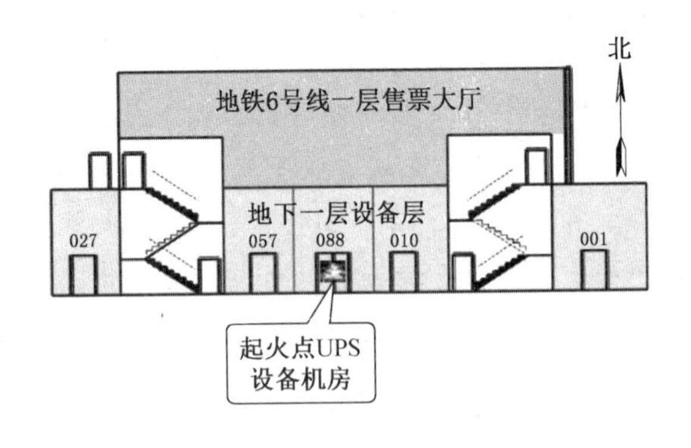

图 2－1－10　着火位置建筑剖面图

3. 排烟降毒

2 时 8 分，中控室启动机械排烟，此时火灾已被两个消防中队攻坚组扑灭，支队指挥长命令：参战中队调整力量，留一个攻坚组继续对现场进行冷却排烟，剩下两个攻坚组上楼更换呼吸器，并轮换进入现场继续排查其他房间，查看有无人员被困及过火现象。

2 时 12 分，经过全面排查，除 088 机房外，其他房间均无过火现象，现场组织排烟。

2 时 22 分，总队指挥员到达现场，经深入现场查看，已有的两台排烟机排烟效果不明显，命令：一是调集亚运村消防中队排烟车到场排烟；二是参战人员迅速与内部工作人员进行交接，地铁微型消防救援站队员核实内部排烟设备是否启动，如未启动，需迅速打开内部排烟设备进行排烟；三是参战人员要确保安全。

2 时 45 分，朝阳支队亚运村排烟车到场，进行现场排烟。同时地铁工程部维保人员到场，顺利打开排烟设备进行排烟。两者同步进行排烟，排烟效果明显。

3 时，现场烟雾已基本驱散。

3 时 15 分，总队指挥中心下达命令，现场留守主管消防中队和排烟车，其余力量返回。

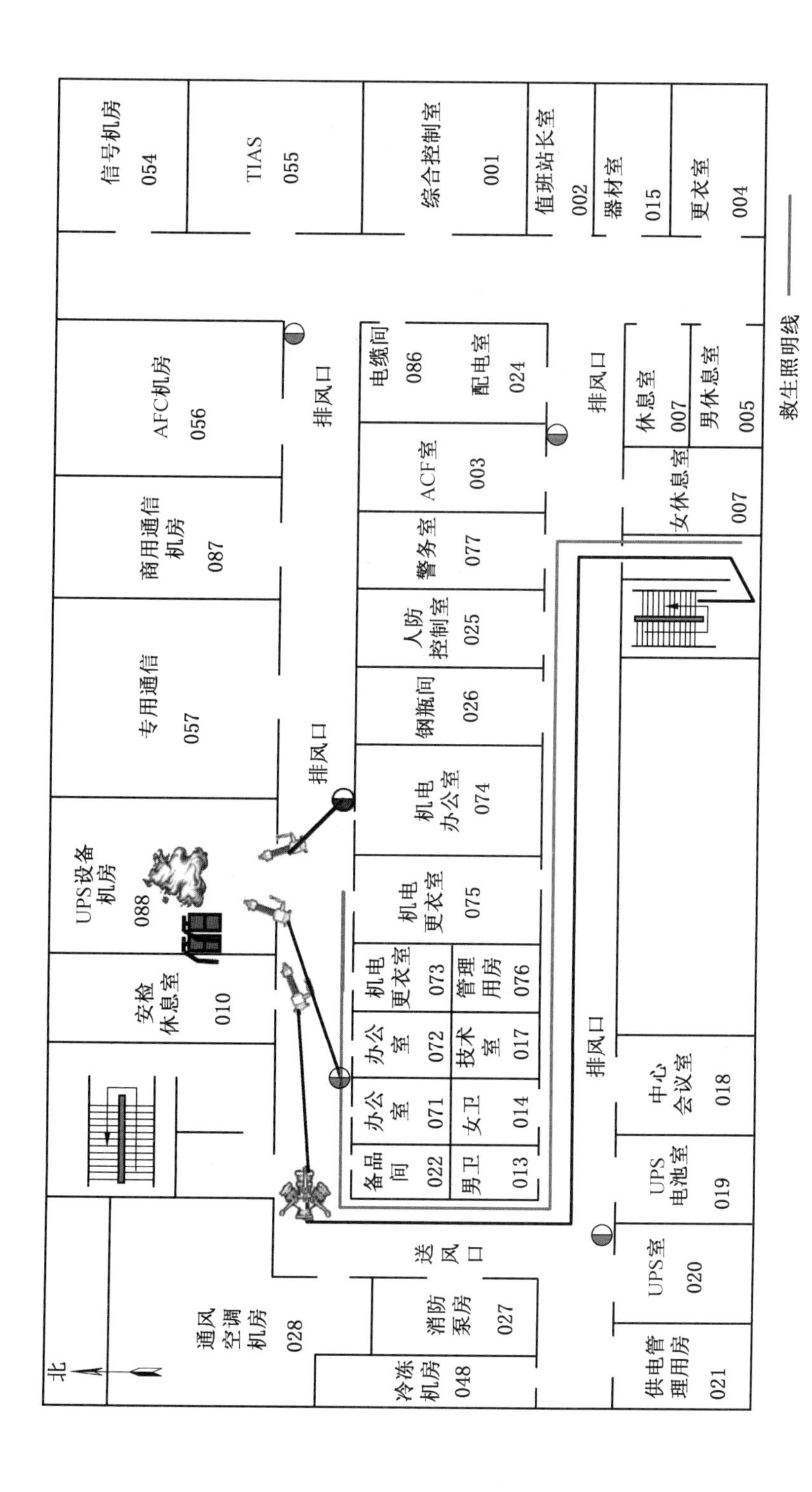

图2-1-11　灭火战斗部署示意图

课目二　灭火想定作业训练

一、课目介绍

利用4学时的时间组织受训人员开展灭火想定作业训练，根据要求提前做好想定作业材料的编写。

灭火想定作业是在理论知识学习和案例研究分析的基础上，通过想定灭火救援现场的各种情况，描述灭火救援作战的全部过程，把受训人员引入设想的场景，使其运用所学的灭火救援基础理论，对各种火场情况进行分析研究、综合判断、比较概括和抽象理解，模拟实战场景的思维形式，从而产生灭火救援决心和确定灭火救援作战方案。

1. 理论提示

（1）进行灭火想定作业的训练，参训消防救援人员讨论模拟火灾发生的时间、地点、蔓延趋势及其他灾情和情景，考虑运用的指挥手段和方法，训练的灭火战术内容等。思考灭火想定作业需要了解的内容有哪些？

建筑的使用性质、建筑结构、重点部位等基本场景内容，起火点的部位、燃烧物质、火势大小及其蔓延方向等火势发展情景。

（2）在进行模拟作业的时候需要以何种形式进行组织和实施，需要注意哪些方面的内容，灭火想定作业的方法有哪些？

想定作业的方法可分为集团作业和编组作业。

2. 下达想定作业课目和内容

受训人员在训练过程中严肃认真，协同配合，积极参与讨论，将战术理论知识应用到实际训练过程中，理论联系实际，提升综合训练水平。本次想定作业训练主要使用集团作业的方法，各受训人员共同担任同一指挥位置，进行思考和作业。

二、想定作业材料

江东省滨海市新港码头危险化学品仓库，是区域性国际危险化学品货物集装箱业务的大型中转、集散中心，是当地政府指定的危险货物监装场站，主要经营危险化学品集装箱装箱货物申报、中转、运输、运抵、配送、仓储等业务。某年3月30日21时50分，该仓库发生火灾。

（一）基本想定

1. 事故单位基本情况

新港码头危险化学品仓库主要运营的危险货物有：第 2 类中的压缩气体和液化气体，第 3 类中的易燃液体，第 4 类中的易燃固体、易于自燃的物质和遇湿易燃物品，第 5 类中的氧化剂和有机过氧化物，第 6 类中的毒害品，第 8 类和第 9 类中的腐蚀品和杂类。

2. 建筑情况

（1）占地面积 50600 m^2，东西长 230 m，南北宽 220 m。

（2）建筑面积 14237 m^2，由综合楼、危险化学品库房 1、危险化学品库房 2、中转仓库、消防泵房组成。

（3）堆场面积 31700 m^2，码放 22 个集装箱堆垛，10257 个集装箱，最高的堆垛 8 层，高 20 m；最矮的堆垛 3 层，高 7.5 m。

（4）当日集装箱装的货物有氢氧化钠、硝酸钾、硝酸铵、硝化棉、氰化钠、金属镁和硫化钠等 203 种。

3. 毗邻情况

南侧 85 m 是滨海市外贸公司露天仓库，当日存放 18091 辆进口小客车，268 辆出口中型货车。

西侧 180 m 是多栋 3 层高的居民小区。

北侧 100 m 是一桶油公司成品油储备库，库区有 4 个 10000 m^3 的成品油内浮顶储罐，罐区防火堤长 105 m、宽 105 m、高 2 m，储罐高 16.58 m、直径 30 m，罐间距 15 m，罐距防火堤 15 m，均为未满周转罐，罐区北侧还有 16 个储罐。

东侧是海港停泊船只的深水码头。

4. 消防设施情况

新港码头危险化学品仓库，消防管网直径为 300 mm，有地面消火栓 35 个，管网流量为 220 L/s。一桶油公司成品油罐区，消防管网直径为 300 mm，有地面消火栓 60 个，管网流量为 300 L/s。

5. 天气情况

事发当日天气小雨，温度 1 ~ 3 ℃，东北风 3 ~ 4 级。

（二）补充想定

（1）3 月 30 日 21 时 50 分，滨海市新港码头危险化学品仓库发生火灾；21 时 57 分，滨海市消防救援支队 119 指挥中心接警后，调派辖区消防救援一站赶赴现场。

作为辖区消防救援站指挥员，在接到指挥中心的调度命令后，该考虑哪些问题？

（2）22 时 4 分，救援一站到场，指挥员侦察发现危险化学品仓库南侧一垛集装箱火势猛烈，且通道被集装箱堵塞，消防车无法靠近灭火。指挥员向危险化学品仓库现场工作人员询问具体起火物质，但现场工作人员均不知情。随后组织现场吊车清理被集装箱占用的消防通道，以便消防车靠近灭火，但未果。在这种情况下，为阻止火势蔓延，消防员利用水枪、车载炮冷却保护毗邻集装箱堆垛。后因现场火势猛烈、辐射热太强，指挥员命令所有消防车和人员立即撤出燃烧区，在外围利用车载炮射水控制火势蔓延。根据现场情况，指挥员又向支队请求增援，支队指挥中心立即调派消防救援二、三站赶赴现场。滨海市消防救援支队 119 指挥中心根据报警量激增的情况，又增派 5 个消防救援站前往增援，支队全勤指挥部遂行出动，并报告总队指挥中心。

如果你是第一到场消防救援站指挥员，面对火灾现场该如何判断和处理想定中的情况，如何安排部署灭火救援力量？

（3）22 时 18 分，滨海市消防救援支队救援站陆续到场，指挥员立即开展火情侦察，并组织在新港码头危险化学品仓库东、西、北侧建立供水线路，利用车载炮对集装箱进行泡沫覆盖保护。同时，组织疏散新港码头危险化学品仓库和相邻单位在场工作人员以及附近群众。

增援消防救援站陆续到场，作为现场指挥员该如何安排布置增援救援力量，确定增援力量的灭火救援方向？

（4）22 时 34 分，滨海市消防救援支队全勤指挥部到场，指挥现场灭火工作。正扑救火灾过程中，22 时 44 分 6 秒发生第一次爆炸，22 时 44 分 37 秒发生第二次更剧烈的爆炸，在周围形成 9 处大火点及数十个小火点，两次爆炸分别形成两个炸坑，较大的炸坑直径约 100 m，较小的炸坑直径约 20 m。以大爆坑为爆炸中心，约 150 m 范围内的建筑被摧毁，东侧的新港码头综合楼和南侧办公楼只剩下钢筋混凝土框架；堆场内大量集装箱被掀翻、解体、炸飞，形成由南至北 3 座巨大堆垛；参与救援的警车、位于爆炸中心南侧储存的数千辆商品汽车和现场灭火的几十辆消防车被炸毁，引燃了北侧 100 m 的一桶油公司 2 个 10000 m^3 的成品油储罐。22 时 50 分，省消防救援总队 119 指挥中心接到现场爆炸的报告后，立即将情况告知总队当日值班首长。

现场发生剧烈爆炸，作为支队全勤指挥部针对现场混乱指挥缺失的情况，该如何调整力量部署，如何展开灭火和救援行动？

（5）3 月 31 日 0 时 55 分，省消防救援总队全勤指挥部和总队其他领导陆续到达现场，成立灭火救援指挥部，负责现场指挥工作。

是否进入爆炸区救人，指挥部有三种意见：有人主张救人组全进！有人主张不能进！有人主张先少进几个救人小组！面对恐怖惊悚的现场，燃烧的物质性质不清楚，是否还会发生爆炸不能确定，危险化学品仓库的人员伤亡和财产损失不可估量，2 个 10000 m^3 的成品油储罐火灾不及时扑救可能造成多个储罐燃烧。

如果你是总队总指挥员：根据现场情况，针对指挥部的不同意见，你应如何处理，判断危险化学品仓库和成品油储罐两个火场哪一个更急？兵力应该如何投放？

（6）3 月 31 日 4 时 10 分，现场需要的各方面专家陆续到场；5 时 50 分，跨区域增援总队的 2 个无人机编队、5 个化工编队、2 个核生化侦检分队陆续到达现场，从本市和邻近城市调集了清水泡沫、氟蛋白泡沫、抗溶泡沫、中倍泡沫、高倍泡沫等各类泡沫原液 1500 t 到达现场。

如果你是总队总指挥员：针对作战力量多，现场混乱，如何解决现场通信问题？面对增援力量作战能力不同，又无相互协作的经历，怎样部署和使用这些力量？详细说明你的理由。

（7）4 月 4 日 16 时 40 分，现场明火基本扑灭，人员搜救工作告一段落。初步统计，火灾造成 171 人遇难（其中参与救援处置的消防救援人员 31 人、人民警察 15 人，事故企业、周边企业员工和居民 125 人）、8 人失踪（消防救援人员 1 人，周边企业员工 7 人），1312 人受伤（其中消防救援人员 119 人，周边企业员工及居民 1193 人），701 幢建筑物、12675 辆商品汽车、8326 个集装箱、2 个 10000 m^3 成品油储罐受损。

如果你是总队总指挥员：该如何部署火场后期作战力量，并对善后工作作出安排，明确褒奖和抚恤事项？详细说明你的理由。

三、灭火想定作业组织实施

1. 布置作业

本次训练针对危险化学品火灾扑救的处置决策和灭火战术的应用展开训练和讨论，目的是通过想定作业训练，提高受训人员的分析判断、运筹决策、组织协调、临机处置等灭火救援指挥能力。

受训人员首先开始阅读想定作业材料的内容，按照基本想定的情况介绍和补充想定的内容要求，展开灭火想定作业。本次的想定作业形式是集团讨论，受训人员首先阅读材料思考问题，结合基本想定情况，着重从指挥角色思考所应采用的灭火救援战术方法；然后在教师的带领下进行讨论、集中观点，达到训练的最终目的。

2. 独立完成作业模拟

每名受训人员按照想定作业材料的内容介绍，自行思考，作出答案，明确需要应用的战术方法，根据想定作业所提供的作业条件和组训人员布置的作业要求，独立完成灭火救援指挥方案的制定。在个人作业时必须严格要求受训人员独立完成制定灭火救援指挥方案，注重强化创新意识，培养受训人员的独立指挥能力。本次想定作业共设置了 7 个问题，请受训人员独立思考完成作答。

3. 集体讨论

接下来组织受训人员进行集体讨论，此次灭火想定作业共有 7 个问题，我们依次进行，请各受训人员积极将独立完成作业的内容和大家分享，如果有答案不一致或者冲突的，集体讨论找到最优的处置方案。集体讨论模板如下：

（1）作为辖区消防救援站指挥员，在接到指挥中心的调度命令后，该考虑哪些问题？

受训人员 1：“我认为辖区消防救援站指挥员在接到报警时首先应该根据调度命令进行任务下达，命令中队执勤人员车辆出动，并根据基本想定内容中的灾情，我们可以了解是危险化学品火灾事故，因此要了解随车出动的化学防护服数量，根据情况调用库房内的防护服等装备，还要了解中队和周边防化消防车的调动情况及时汇报做好调派。”

受训人员 2：“我认为除了上一位同学讲的装备和车辆的调派问题，还应该注意人员问题，中队值班人员尤其是骨干力量是否能够随车出动，因为危险化学品火灾处置的难度较大，因此可以要求备勤力量中的骨干也随车出动加强第一出动力量。”

受训人员3：“我还有其他几点想说明一下，在接到警情的同时还应该注意×××，提出的意见供大家参考。”

组训人员：“同学们提的方案都有一定的可行性，我们将他们说的方案进行梳理，在接警出动时应该从‘人’‘装备’‘车辆’三个方面综合考虑，然后根据基本想定的火灾类型，思考具体的内容包括：×××。”

（2）如果你是第一到场消防救援站指挥员，面对火灾现场该如何判断和处理想定中的情况，如何安排部署灭火救援力量？

受训人员1：“作为第一到场消防救援力量，首先要做的是进行警戒和侦察，危险化学品火灾在不清楚着火物质和有毒物质扩散区域时不要贸然救援，进行警戒的范围应该符合危险化学品处置的相关要求，在明确燃烧物质、了解毒性和扩散范围后再进行处置。”

受训人员2：“我认为第一到场除了刚才同学提到的两点外还应该及时派出救援力量，搜寻被困人员，并占据水源，为灭火救援做好供水准备。”

受训人员3：“我认为除了刚才两名同学讲的以外，还应该注意×××，提出一些意见供大家参考。”

组训人员：“同学们提的处置方案都非常好，我们进行一个总结和梳理，第一救援力量到场处置时，不应盲目灭火，应该先‘侦察’‘警戒’，然后根据侦察情况进行展开，具体的实施包括：×××。”

（3）增援消防救援站陆续到场，作为现场指挥员该如何安排布置增援救援力量，确定增援力量的灭火救援方向？

受训人员1：“我认为在增援力量到场之前将救援现场划分区域，并安排布置不同的救援力量在固定区域展开救援，并及时做好车辆的调度工作，防止救援现场车辆混乱情况。”

受训人员2：“我认为危险化学品火灾的处置，在高危区域不需要太多的救援人员，防止发生爆炸等危险情况，应该精简高危区域救援人员，增援中队应该做好群众的疏散和供水保证工作。”

组训人员：“在回答问题之前一定要了解基本想定和补充想定的内容，那么我们进行一个总结，增援力量陆续到场，现场救援力量不断增多，我们应该合理分配救援力量，而且在危险化学品火灾救援中应该注意高危区域的救援人员不宜过多，因此应该进行力量部署：×××。”

（4）现场发生剧烈爆炸，作为支队全勤指挥部针对现场混乱指挥缺失的情况，该如何调整力量部署，如何展开灭火和救援行动？

受训人员1：“救援现场发生爆炸，爆炸过后作为全勤指挥部一定要第一时间清点人数，明确是否有救援人员失联，危险区域的救援人员应及时撤离，防止再次爆炸造成更加严重的损失。”

受训人员2：“我认为危险化学品火灾的处置，如果发生爆炸，确定有救援人员失联时，应该第一时间组织进行营救，首先明确最有可能被困的位置，组织精干力量展开救援。”

组训人员：“同学们，危险化学品火灾救援现场发生爆炸，是指挥员最不愿见到的一幕，但是作为灭火想定作业，一定要去讨论一旦发生我们应该如何处置，刚才两名同学表达了自己的意见，说得很好，在发生爆炸时作为指挥员，应该考虑：×××。”

（5）如果你是总队总指挥员：根据现场情况，针对指挥部的不同意见，你应如何处理，判断危险化学品仓库和成品油储罐两个火场哪一个更急？兵力应该如何投放？

受训人员1：“我认为如果有救援人员被困，一定要第一时间展营救，因为快速营救被困人员此时救援的成功率是最高的，另外救援现场发生剧烈爆炸，危及了周边成品油储罐，应该优先保护更有价值的成品油储罐。”

受训人员2：“我认为针对指挥部不同的意见首先要统一思想，发生爆炸之后是危险化学品物质相对稳定的时期，可以立即展开救援，最大程度营救被困人员，另外一部分救援力量对成品油储罐进行冷却，避免再次发生爆炸，造成更多的伤亡。”

组训人员：“同学们，危险化学品火灾救援现场发生爆炸，是指挥员最不愿见到的一幕，但是作为灭火想定作业，一定要去讨论一旦发生我们应该如何处置，刚才两名同学表达了自己的意见，说得很好，在发生爆炸时作为总指挥员，应该考虑：×××。”

（6）如果你是总队总指挥员：针对作战力量多，现场混乱，如何解决现场通信问题？面对增援力量作战能力不同，又无相互协作的经历，怎样部署和使用这些力量？详细说明你的理由。

受训人员1：“我认为在大型灾害事故救援现场，参战力量多是一种普遍现象，为了防止现场通信混乱，首先作为现场总指挥员要统一通信的频率和信道，这是需要第一明确的。”

受训人员2：“我认为还应该根据队伍的作战力量进行任务分配，将一些较为复杂危险的任务交给战斗力更强的队伍，这要求指挥员在前期对各个队伍有一定的了解，另外特勤队作为处置特种灾害救援的中坚力量，可以在这个时候发挥更大的作用。”

组训人员：“同学们说得都不错，尤其是在大型灾害事故现场，作为现场总指挥员应该考虑：×××。”

（7）如果你是总队总指挥员：该如何部署火场后期作战力量，并对善后工作作出安排，明确褒奖和抚恤事项？详细说明你的理由。

受训人员1：“我认为在灭火救援后期，需要对火场进行监护，防止火灾复燃，可以让灭火任务较轻的救援队伍担任，其他队伍可以按次序返回，及时调整执勤实力；并做好善后褒奖抚恤事宜，对救援现场表现英勇的消防救援人员，及时收集材料作为立功受奖的依据。”

组训人员："同学们讲得很好，在灭火救援后期需要进行现场监护时，要选择合适的救援队伍，作为现场总指挥员应该考虑全面，并进行力量调整：×××。"

四、总结讲评

1. 受训人员自评

受训人员自评，通过反思训练环节中好的地方和不足之处，可以锻炼受训人员各个角色的总结经验发现问题的能力，受训人员讲评模板如下：

受训人员1："今天我们训练的课目是×××，我完成了其中第×个题目，在听取其他同学的回答后，我发现我的回答存在的不足是×××，下次再遇到同样的问题时应该×××，讲评完毕！"

受训人员2："今天我们训练的课目是×××，我完成了其中第×个题目，在听取其他同学和老师的引导后，我认为还应该添加×××的内容，下次再遇到同样的问题时应该×××，讲评完毕！"

2. 组训人员讲评

针对此次危险化学品灭火想定作业的组织实施，同学们的个人思考非常充分，在集中讨论时也能够积极参与发表意见，表现非常出色，课程最后我进行一下讲评，讲评模板如下：

组训人员："今天我们分组进行了危险化学品火灾想定作业训练，主要锻炼了大家了解灭火想定模拟材料的能力和进行作业模拟的实施，大家扮演不同的角色进行了想定作业，了解了想定作业的全部过程，锻炼提高了组织想定作业训练的能力。但是训练过程还存在几点不足：第一，×××；第二，×××。希望各位同学在今后的学习和训练中不断提高实战能力，讲评完毕！"

课目三 建筑火灾扑救计算机模拟训练

本课目以高层商场火灾扑救为例，介绍建筑火灾扑救计算机模拟训练的应用。

一、确定训练内容

1. 明确组训人员及分工

明确3名组训人员，分别为组训组长、导调控制负责人和监控负责人。

2. 确定训练方案

组训人员确定本课目训练内容为建筑火灾扑救计算机模拟灭火战术训练，训练内容为多层商场火灾扑救，确定训练模式为辖区消防救援站指挥员属地指挥训练。

3. 确定受训人员编组

受训人员每组25人，每个人都进入预设的灾情场景，按要求完成火情侦察、搜救疏散、堵截火势、加压供水及其他配套灭火救援任务，将战斗部署及战术方法标示并保存，留待总结讲评。

二、训练准备工作

（一）软硬件准备

根据训练方案，使用导调控制系统搭建灾害场景和设置灾情态势。训练开始前，对计算机模拟灭火战术训练系统进行组网，检查计算机组运行状况。

1. 搭建灾害场景

灾害场景为5层钢混结构物流仓储中心，四周皆为草地，东侧为一河道，西、北、南三侧为道路，其主要出入口在北侧，次要出入口在西侧。平面布局如图2－3－1所示，详情可在场景中自行查看。

2. 灾情态势设置

起火点在四层西南侧，辖区消防救援站到场（1辆城市主战消防车，1辆重型水罐消防车，1辆轻型水罐消防车，22人）后，建筑四层西南侧窗口有火焰蹿出（图2－3－2），经询问知情人得知，有1名孕妇带着小孩被困在四层西南侧火场（图2－3－3），5层西南侧还有部分群众尚未撤离（图2－3－4）。经与指挥中心联系，增援消防救援站（1辆城市主战消防车，2辆重型水罐消防车，20人）将在10 min后到达火场。

（二）进行调试预演

启动系统，对模拟系统的现场环境、指挥自动化和通信保障等程序进行整体运行调

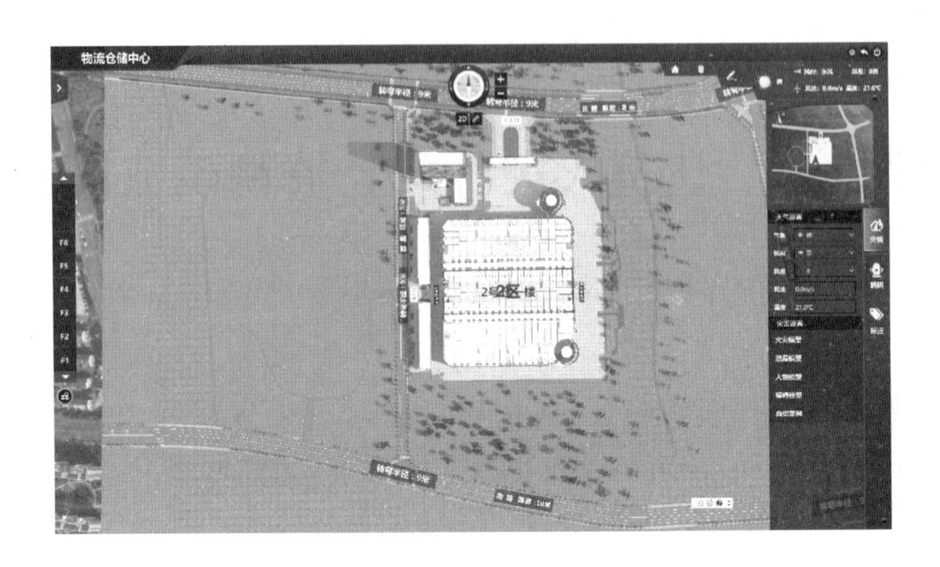

图 2-3-1　平面布局示意图

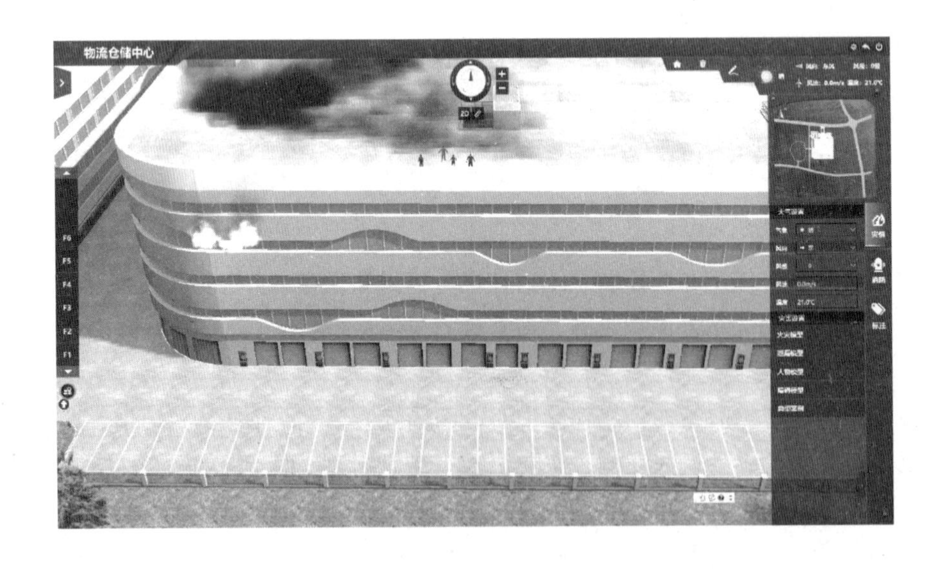

图 2-3-2　四层西南角外侧灾情示意图

试，并开展预演。

（三）明确训练规则

向受训人员介绍有关系统知识和规则。请受训人员熟悉灾害场景和灾情态势预览、熟悉操作方法。要求严格遵守训练秩序、认真完成训练任务，按要求标示训练过程。

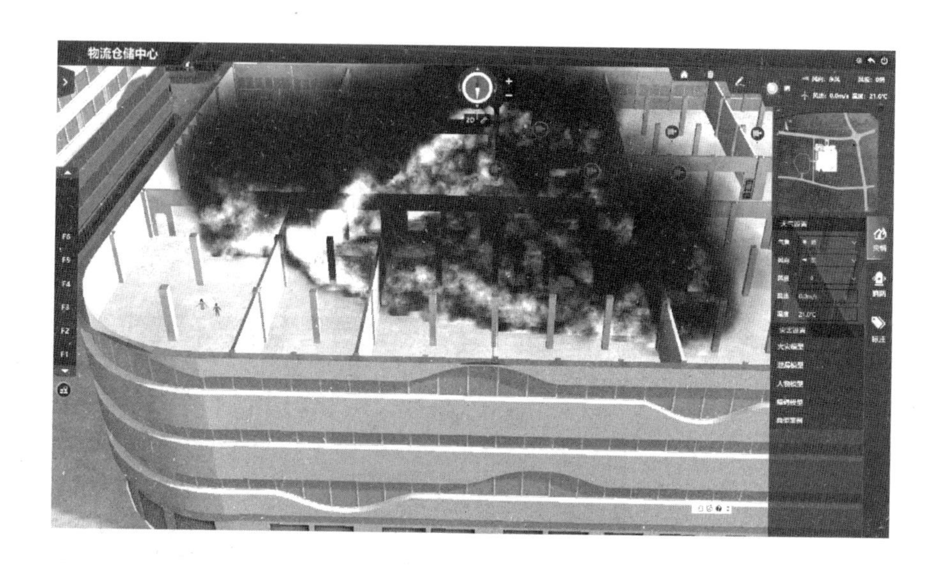

图2-3-3　四层西南侧灾情示意图

图2-3-4　五层西南侧灾情示意图

三、下达开始指令

受训人员进入计算机模拟灭火战术训练位置后，启用系统，受训人员进入灾害场景内，导调控制组通过系统的指挥功能和通信功能向受训人员下达指令，要求受训人员以辖区消防救援站指挥员身份完成搜救、疏散、控火及其他指挥行动，同时宣布训练开始。

四、作战行动推演

1. 到场停车

行车途中通过模拟训练中心通信系统，与作战指挥中心和报警人、单位负责人联系，了解灾情；到场后，设置警戒（图 2 – 3 – 5），标示车辆停车位置，标示增援车辆集结区（图 2 – 3 – 6）。

图 2 – 3 – 5　设置警戒示意图

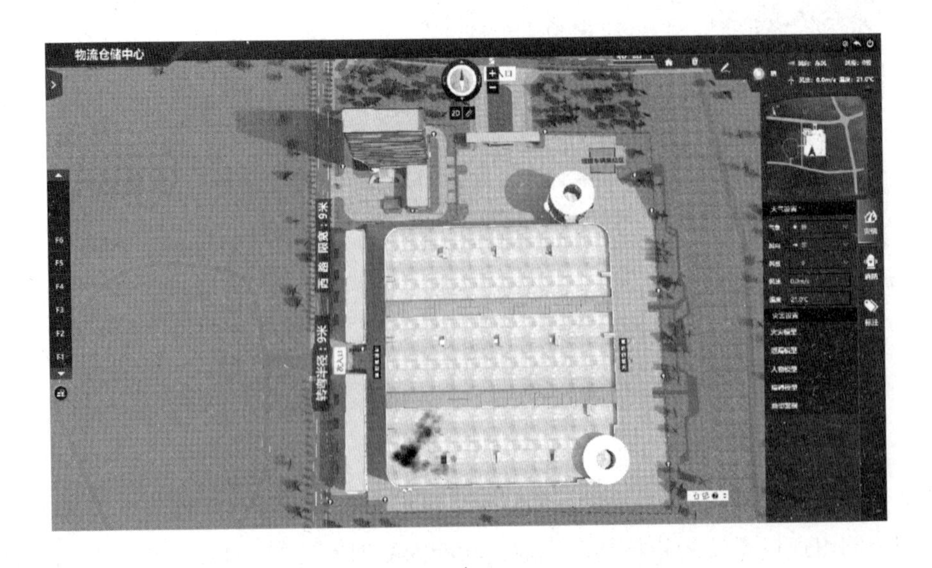

图 2 – 3 – 6　标示增援车辆集结区示意图

2. 内部侦察

派出侦察组，从建筑西侧偏南的疏散楼梯进入并进行侦察，重点侦察四层、五层西南侧区域人员被困情况和火势发展蔓延情况。内部侦察部署如图 2－3－7 所示。

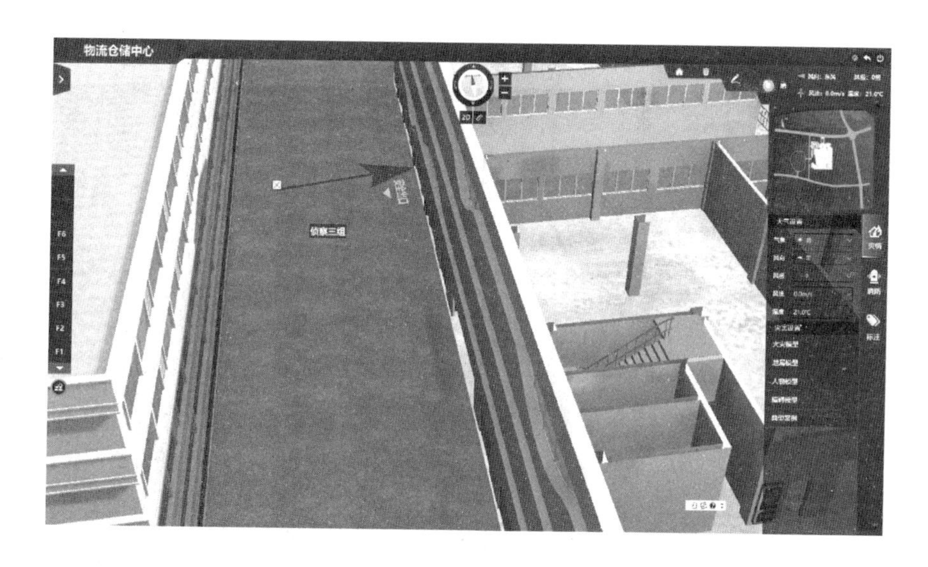

图 2－3－7　内部侦察部署示意图

3. 搜救和疏散

派出搜救一组，从建筑西侧偏南的疏散楼梯进入四层，搜救四层西南侧区域被困人员；派出搜救二组，从建筑南侧偏西的疏散楼梯进入五层，搜救疏散五层西南侧区域被困人员。搜救疏散部署如图 2－3－8 所示。

图 2－3－8　搜救疏散部署示意图

4. 设置掩护阵地

在四层西侧偏南的疏散楼梯口，利用墙壁消火栓出一支水枪，掩护进入四层的搜救一组；在五层南侧偏西的疏散楼梯口，利用墙壁消火栓出一支水枪，掩护进入五层的搜救二组。掩护阵地部署如图 2－3－9 所示。

图 2－3－9　掩护阵地部署示意图

5. 堵截火势

启动相应防火卷帘，开启相应位置喷淋设施；重型水罐消防车停靠建筑西南侧，出一支水炮，阻止火势通过四层窗口向五层蔓延（图 2－3－10）；主战消防车停靠西

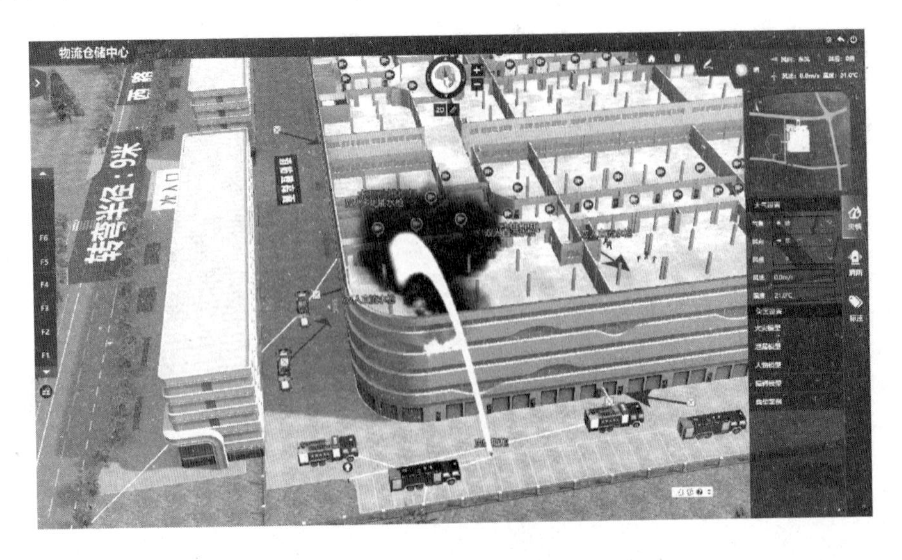

图 2－3－10　水炮堵截火势部署示意图

侧偏南的疏散楼梯出口，在四层疏散楼梯口出一支水枪，配合一台移动排烟机，阻止火势通过疏散楼梯向五层蔓延；轻型水罐消防车停靠南侧偏西的疏散楼梯，在四层疏散楼梯口出一支水枪，配合一台移动排烟机，阻止火势通过疏散楼梯向五层蔓延（图2－3－11）。

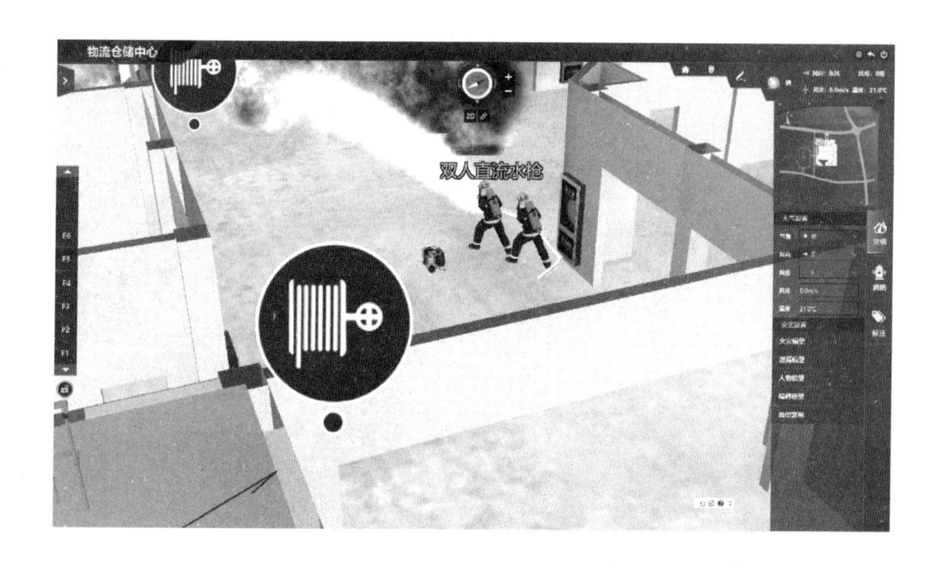

图2－3－11　五层堵截火势部署示意图

6. 供水保障

辖区消防救援站城市主战消防车、重型水罐消防车和轻型水罐消防车连接附近地上消火栓吸水。

五、计划导调

1. 力量调整

人员搜救完毕、增援消防救援站到场后，原四层掩护水枪，在搜救疏散任务完成后改为堵截阵地，阻止火势通过连廊向物流仓储中心2区蔓延；原五层掩护水枪，在搜救疏散任务完成后进入四层改为堵截阵地，阻止火势通过连廊向物流仓储中心2区蔓延。力量调整如图2－3－12所示。

2. 管网加压

增援消防救援站一辆重型水罐消防车连接北门主入口处水泵接合器，向室内管网加压注水。管网加压如图2－3－13所示。

3. 接力供水

增援消防救援站一辆重型水罐消防车停靠东侧河流取水口，吸水取水向辖区消防救援站主战消防车接力供水。接力供水如图2－3－14所示。

图 2－3－12　力量调整示意图

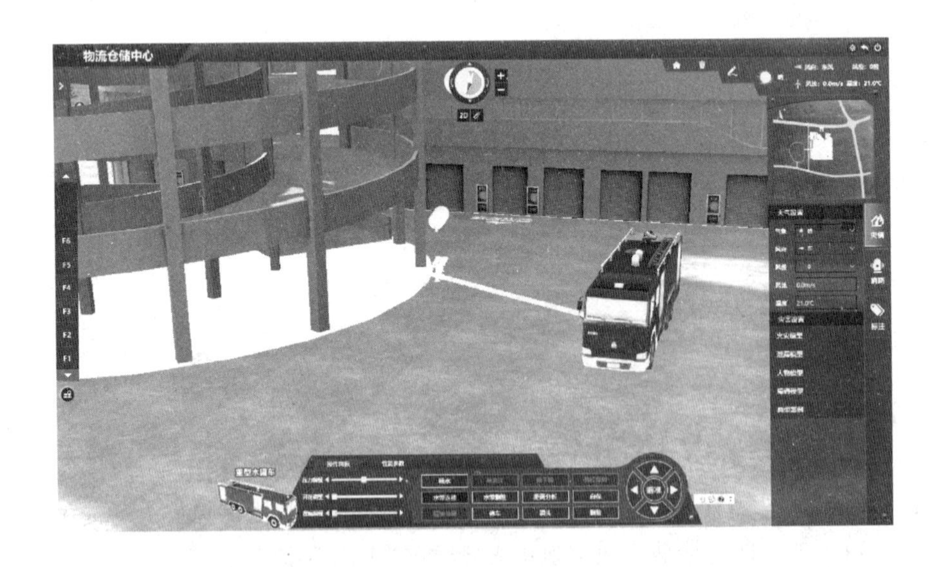

图 2－3－13　管网加压示意图

4. 全面搜救

增援消防救援站派出 3 个搜救组分别进入建筑北、中、南 3 个区，按照从上到下的顺序开展地毯式搜救。全面搜救如图 2－3－15 所示。

5. 全面进攻

人员全部救出、现场火势已得到控制之后，发起全面进攻。

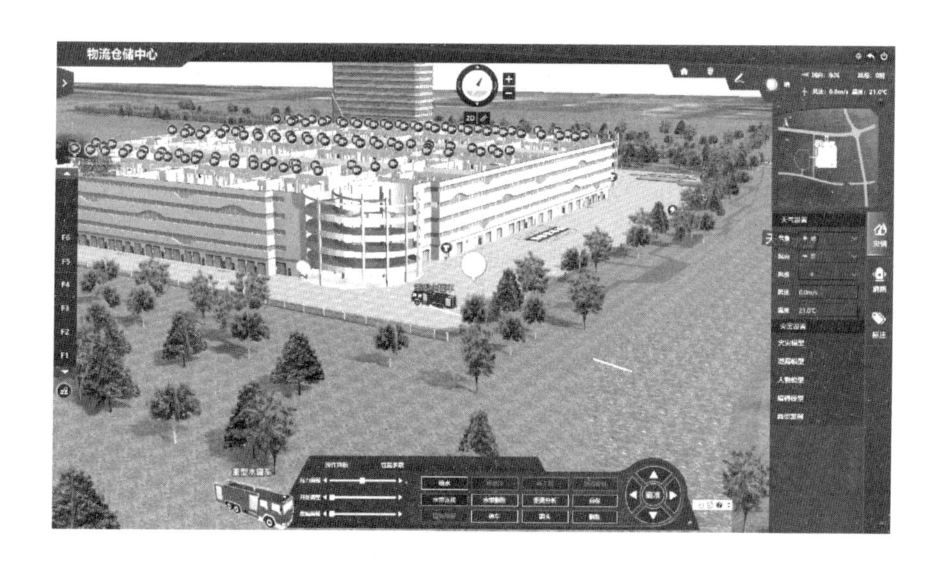

图 2－3－14　接力供水示意图

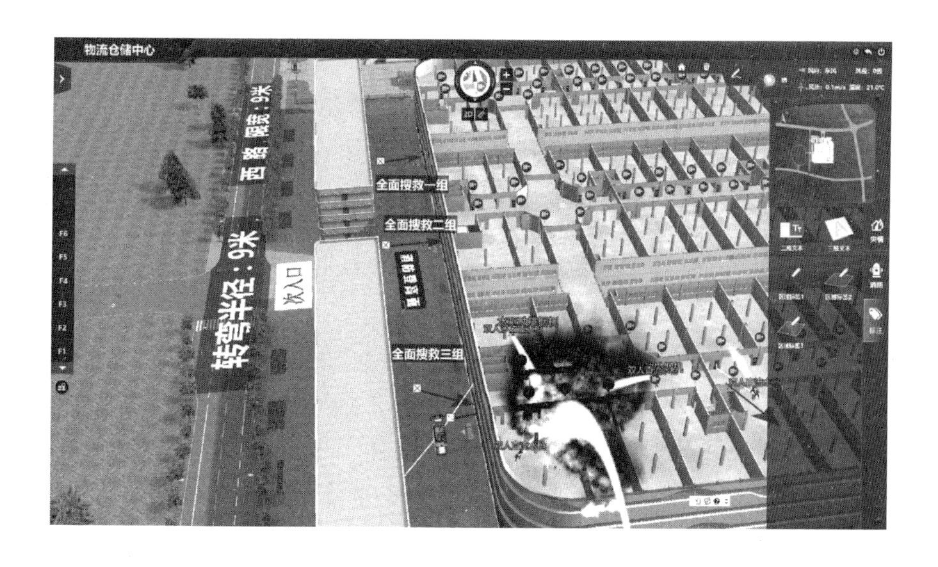

图 2－3－15　全面搜救示意图

六、宣布训练结束

经过导调控制组的多次导调和受训人员的持续处置，人员全部疏散救出，火势扑灭。组训人员宣布指挥角色端模拟训练结束。

七、讲评

监控系统保存训练过程，组训组长进行总结讲评。使用可视化动态复盘功能，对训练过程进行智能解析，并按照灾情设定、作战部署等环节的操作细节，结合 3D 动态可视化训练记录对战斗环节、任务执行逐项讲评。

课目四　石油化工火灾扑救计算机模拟训练

本课目以石油化工火灾扑救为例，介绍石油化工火灾扑救计算机模拟训练的应用。

一、确定训练内容

1. 明确组训人员及分工

明确3名组训人员，分别为组训组长、导调控制负责人和监控负责人。

2. 确定训练方案

组训人员确定本课目训练内容为石油化工火灾扑救计算机模拟灭火战术训练，训练课目为单个外浮顶储罐密封圈火灾及油品泄漏的池火扑救，确定训练模式为辖区消防救援站指挥员属地指挥训练。

3. 确定受训人员编组

受训人员每组25人，每个人都进入预设的灾情场景，按要求完成初始管控、火情侦察、冷却控制、堵截火势及其他配套灭火救援任务，将战斗部署及战术方法标示并保存，留待总结讲评。

二、训练准备工作

（一）软硬件准备

根据训练方案，使用导调控制系统搭建灾害场景和设置灾情态势。

1. 搭建灾害场景

灾害场景为原油仓储区，仓储区东、南、西、北四周分别是经七路、纬二路、经八路、纬一路，外侧为开阔平地。办公区在储罐区南侧。6个外浮顶储罐均储存原油，容积10000 m^3，储罐直径80 m，高21.8 m。风力为东风2级，温度21 ℃。仓储区平面布局如图2－4－1所示，详情可在场景中自行查看。

2. 灾情态势设置

五号储罐因雷击引发密封圈火灾，辖区消防救援站（2辆泡沫消防车，2辆水罐消防车）到场后，发现五号储罐进出油管线破裂油料泄漏，在储罐东南侧形成池火。企业专职消防救援站（1辆泡沫消防车，2辆重型水罐消防车）前期处置失利，已失去登罐灭火的最佳时机。灾情态势设置如图2－4－2所示。

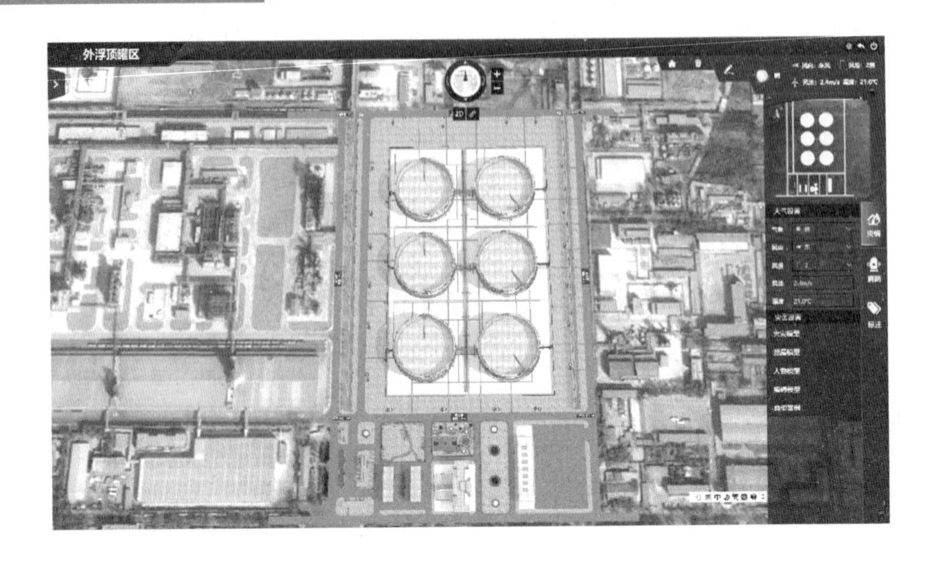

图2-4-1 仓储区平面布局示意图

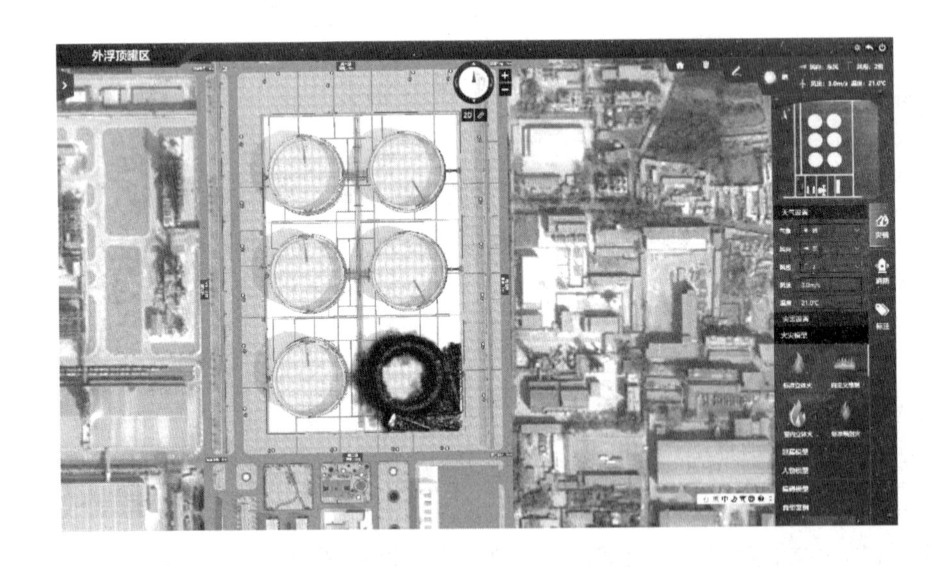

图2-4-2 灾情态势设置示意图

3. 硬件准备

首先是计算机组网。训练开始前，对计算机模拟灭火战术训练系统进行组网，检查组网内计算机运行状况。

（二）进行调试预演

启动系统，对模拟系统的现场环境、指挥自动化和通信保障等程序进行整体运行调试，并开展预演。

（三）明确训练规则

向受训人员介绍有关系统知识和规则。请受训人员熟悉灾害场景和灾情态势预览、熟悉操作方法。要求严格遵守训练秩序、认真完成训练任务，按要求标示训练过程。

三、下达开始指令

受训人员进入计算机模拟灭火战术训练位置后，启用系统，受训人员进入灾害场景内，导调控制组通过系统的指挥功能和通信功能，向受训人员下达指令，要求受训人员以辖区消防救援站指挥员身份完成初始管控、火情侦察、冷却控制、堵截火势及其他配套灭火救援任务，同时宣布训练开始。

四、作战行动推演

1. *初始管控*

行车途中通过模拟训练中心通信系统，与作战指挥中心和单位负责人联系，了解灾情，并要求关闭罐区内雨排，开启固定泡沫炮、冷却着火罐罐壁，开启邻近罐固定喷淋系统、冷却邻近罐罐壁，视情开启邻近罐泡沫产生器，防止邻近罐起火；到场后，在仓储区四周路口设置交通管制警戒，在仓储区入口标示增援车辆集结区，标示车辆停车位置，划定储罐区为处置区并设置警戒。到场初始管控如图 2－4－3 所示。

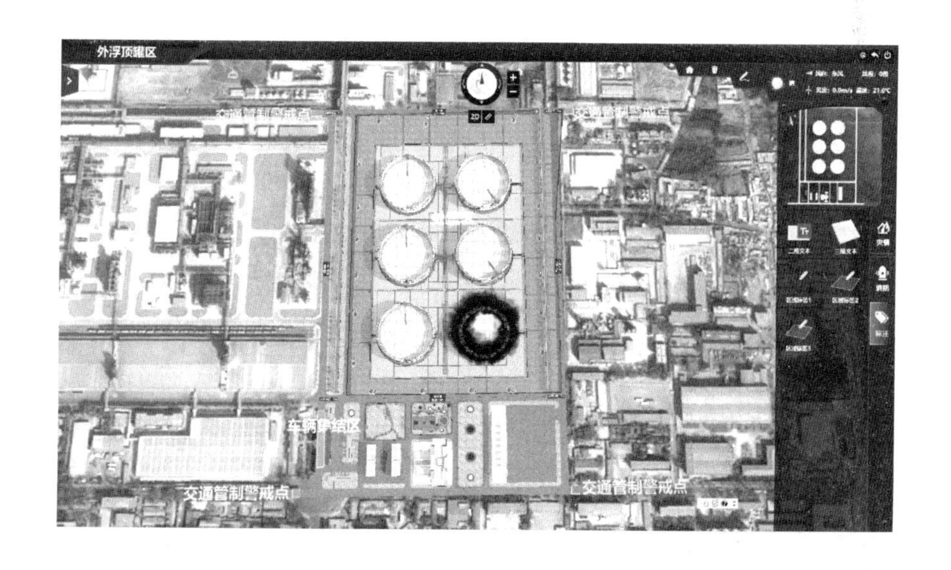

图 2－4－3　到场初始管控示意图

2. *火情侦察*

指挥员带领通信员、企业专职队指挥员和一班长作为侦察一组，观察五号储罐火势，并观察储罐区布局。副站长带领二班长组成侦察二组，进入 DCS（分散控制系统）控制室，观察罐区储存物质、储罐液位、温度及管线情况。供水班作为侦察三组，对周边水源进行侦察。火情侦察如图2－4－4所示。

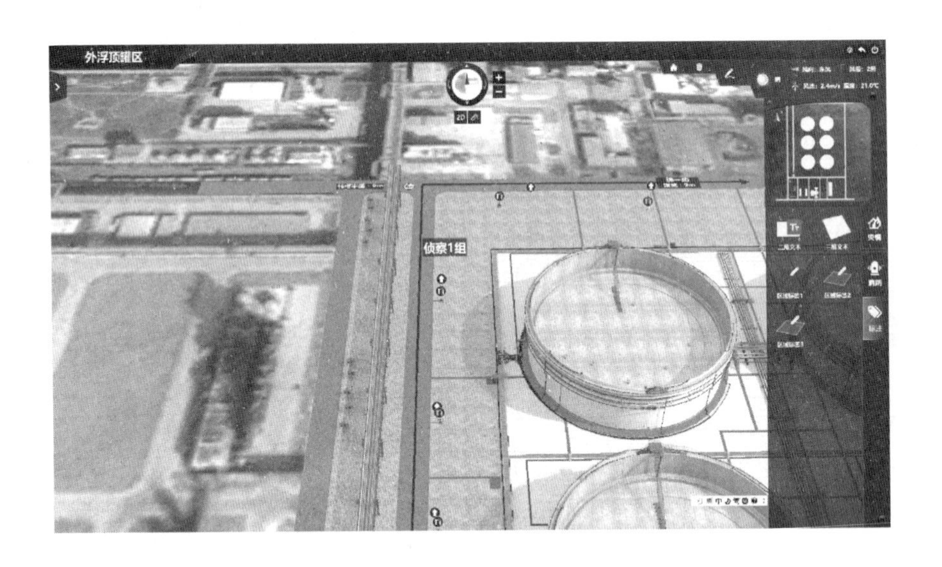

图2－4－4　火情侦察示意图

3. 冷却控制

开启固定水炮，冷却邻近罐迎火面；命令企业专职队2辆水罐消防车，在邻近罐和着火罐之间分别设置2个屏障水枪，冷却保护邻近罐和与着火罐相连的管线，如图2－4－5所示；开启固定泡沫炮，冷却着火罐罐壁，如图2－4－6所示。

图2－4－5　邻近罐冷却控制部署示意图

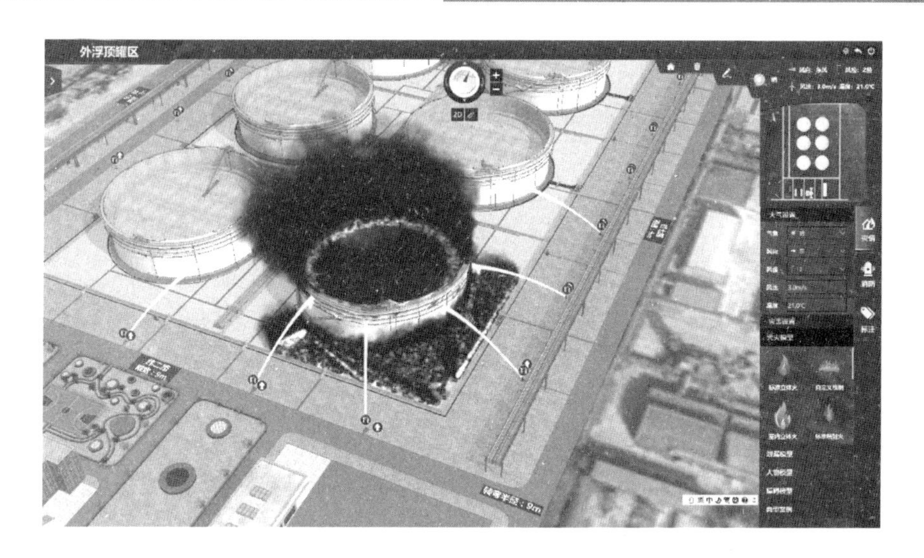

图2－4－6　着火罐冷却控制部署示意图

4. 堵截火势

利用2辆泡沫消防车，分别出一支PG24型泡沫钩管和PQ16型泡沫枪，堵截流淌火向西北侧蔓延。堵截火势部署如图2－4－7所示。

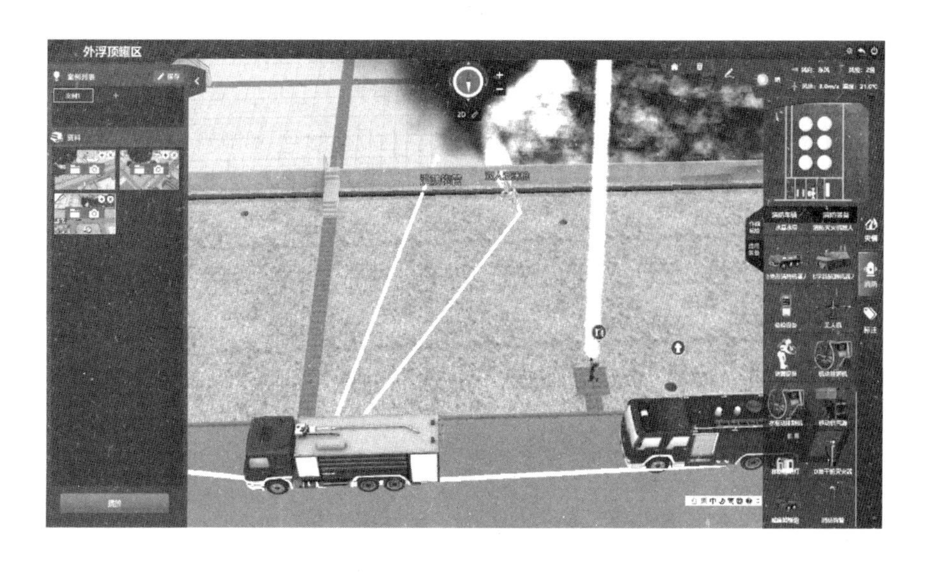

图2－4－7　堵截火势部署示意图

5. 供水保障

辖区消防救援站2辆泡沫消防车连接附近地上消火栓吸水，同时2辆重型水罐消防车连接附近地上消火栓吸水，分别为泡沫消防车接力供水；企业专职消防救援站2辆水罐消防车就近停靠地上消火栓吸水。供水保障部署如图2－4－8所示。

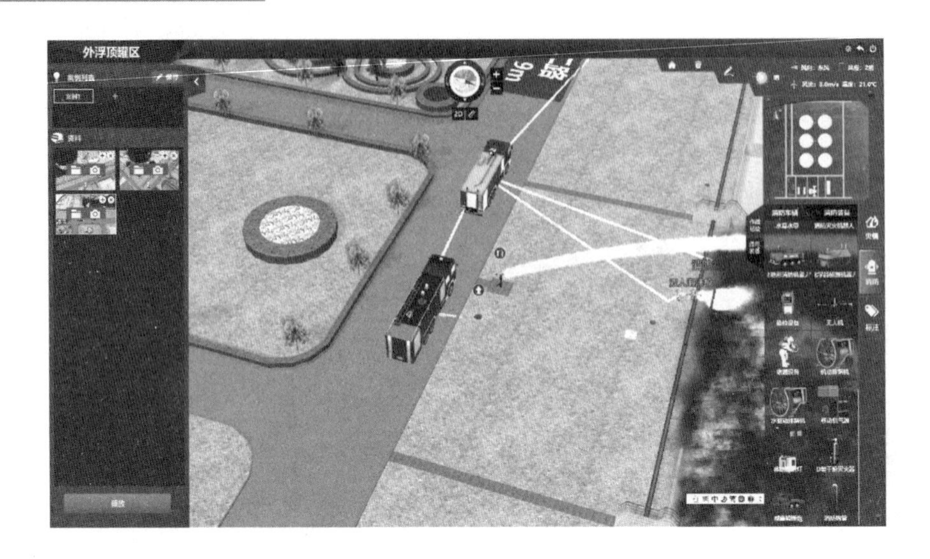

图2-4-8 供水保障部署示意图

五、计划导调

1. 力量调整

池火扑灭、增援消防救援站（1 套远程供水系统，1 辆 72 m 举高喷射消防车，2 量泡沫消防车及泡沫原液）到场后，保持原固定泡沫消防炮冷却着火罐罐壁、固定水炮冷却邻近罐罐壁不变，增加 2 门移动泡沫炮冷却着火罐罐壁；PQ16 型泡沫枪撤出，原 2 支 PG24 型泡沫钩管调整到着火罐罐壁，并增加 6 支 PG24 型泡沫钩管，全力扑灭密封圈火势。力量调整如图 2-4-9 所示。

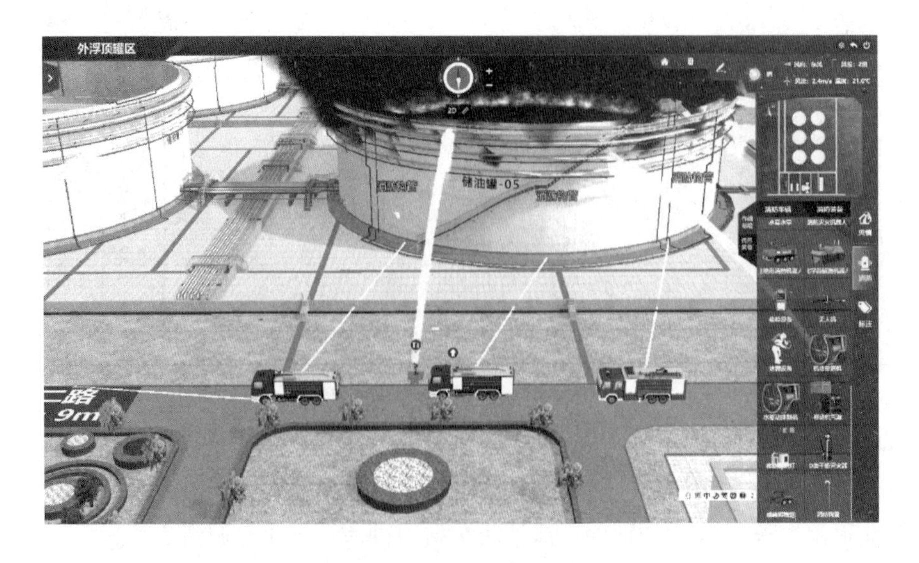

图2-4-9 力量调整示意图

2. 管网加注泡沫

通过仓储区水泵房向固定消防系统管网加注泡沫原液，如图 2－4－10 所示；同时通过泡沫消防车半固定消防设施接口向泡沫产生器输送泡沫混合液（图 2－4－11），保持固定泡沫炮和泡沫产生器正常运行。

图 2－4－10 利用半固定消防设施加注泡沫示意图

图 2－4－11 管网加注泡沫示意图

3. 远程供水

利用远程供水系统，连接仓储区消防水池，向现场泡沫消防车供水，保持供水不间断。

六、宣布训练结束

经过导调控制组的多次导调和受训人员的持续处置，火势扑灭，油温下降无复燃可能。组训人员宣布指挥角色端模拟训练结束。

七、讲评

监控系统保存训练过程，组训组长进行总结讲评。使用可视化动态复盘功能，对训练过程进行智能解析，并按照灾情设定、作战部署等环节的操作细节，结合 3D 动态可视化训练记录对战斗环节、任务执行逐项讲评。

课目五　建筑火灾火情侦察训练

一、课目下达

受训人员整队立正后，组训人员下达建筑火灾火情侦察训练的课目和相关内容，主要内容如下：

（1）课目：建筑火灾火情侦察战术训练。

（2）目的：通过训练，使受训人员掌握火情侦察的内容、方法、要求和注意事项，提高指挥员火场指挥能力和班组间的协同配合能力，满足第一任职需要。

（3）内容：建筑火灾火情侦察的内容、方法、要求及注意事项。

（4）方法：由组训人员指导，受训人员组织实施，其他人员配合。

（5）场地：消防综合训练场。

（6）时间：约2学时。

（7）要求：受训人员在训练过程中要严肃认真，协同配合，将战术理论知识应用到实际训练过程中，理论联系实际，提升综合训练水平。

二、理论提示

火情侦察是指消防救援人员到达火场后，运用各种方法与手段了解和掌握火场情况的行动过程。它是灭火战斗行动的重要保障，是及时了解和掌握火灾现场的各种情况、收集火灾现场相关信息，为灭火战斗行动的部署和调整提供情报的重要手段。训练前参训消防救援人员需要明确以下两个问题：

（1）通过消防控制室进行火情侦察是建筑火灾火情侦察的一种重要方式，通过控制室进行火情侦察的主要内容有？

起火点的部位、燃烧的物质、火势大小及其蔓延方向。

（2）建筑火灾火情侦察的方式有哪些？

外部侦察、内部侦察、询问知情人、消防控制室侦察、仪器设备侦察。

三、灾情设定

灾情设定包括基本灾情和突发灾情，基本灾情提前告知受训人员，突发灾情不提前告知受训人员，由导调人员结合现场情况随机设置。

1. 基本灾情

某日15时30分，消防综合训练场一栋3层建筑（坍塌训练场最北侧楼房）由于电气线路发生故障引发火灾，过火面积约80 m^2，起火房间和走道内部烟雾浓度较大，无人员被困，建筑内部设有消防控制室，固定消防设施完好，建筑东、西两侧各有一个疏散楼梯。消防控制室（想定）设置在建筑一层、用警戒线划定区域，设置课桌一张，上面绘制火灾报警系统显示页面、喷淋水泵操作模拟按钮以及防排烟系统风机控制装置。

距离建筑入口50 m远处标出起点线，设置人员集合区域和消防车停放区域。

呈现方式：在模拟坍塌建筑三层某房间设置课桌、椅子、板凳、沙发等室内建筑装修材料，点燃白色烟饼，使房间内充满烟气。必要时，在金属桶内设置木材火源。

2. 突发灾情

训练过程中，导调人员结合实际情况，随机设置以下突发情况：

（1）侦察过程中，火灾烟气较大，通过楼梯间向其他楼层蔓延。

呈现方式：在楼梯间内设置发烟罐或点燃白色烟饼，持续点燃，保证楼梯间内充满烟气。

（2）起火房间内可能存在易燃易爆气体的泄漏。

呈现方式：在房间内角落位置摆放危险指示牌（三角形），上面标示“爆炸”字样和相应图示。

（3）建筑顶部搭垂一根断掉的高压电线，电线端头触及楼梯间内入口处。

呈现方式：选取一根废弃电线，在模拟坍塌建筑楼顶设置固定，另一端垂直放下，从一层外窗插入楼梯间内，触及楼梯间一层入口处地面。

（4）侦察过程中，遇到狭小空间难以正常通行。

呈现方式：在侦察路线上，用木板和桌椅设置一段约0.5 m宽、0.5 m高的狭小通道，受训人员须脱下身上的空气呼吸器（保持面罩穿戴），采取怀抱空呼匍匐前进，通过狭小通道后再背上空气呼吸器。

（5）进入火灾所在楼层后，防盗门难以打开。

呈现方式：在模拟起火房间，房门入口前设置小型防盗门破拆模拟装置，受训人员只有完成破拆此防盗门模拟装置之后，才能打开房门进入房间内部侦察。

四、参训力量设定

车辆：水罐消防车（载水量6 t）1辆，A类泡沫消防车1辆，抢险救援消防车1辆。

人员：2个班组，共12人，其中设置中队指挥员1人，侦察一组（6人，由侦察一班组成）和侦察二组（5人，由侦察二班组成）共同完成4项侦察训练任务。

装备器材：热成像仪2台，漏电探测仪1台，复合式有毒气体探测仪1台，20 m支线水带5盘，水枪2把，止水器2个，65内扣转65雌卡接口1个，三分水器1个，救生照明线1个，发烟罐5个。

五、训练展开

1. 外部观察

一班开展外部侦察：

重点侦察烟气流动方向、火势蔓延情况、毗邻建筑的受威胁程度、消防设施完好情况等，借助无人机、机器人确定火灾位置、燃烧位置及燃烧范围等。

一班班长（一号员）向指挥员汇报外部侦察结果，指挥词如下：

一班一号员："001、001，收到请回答，我是侦察一组。"

中队指挥员："001 收到，请讲。"

一班一号员："经侦察发现，该建筑三层东南侧一房间内有大量烟雾从房间冒出，另外无人机采集到的信息显示，该房间内有明火，火势不大，但烟气很浓，能见度很低，机器人进入侦察发现明火大致位于房间内部西北角。"

中队指挥员："继续侦察，随时汇报情况。"

一班一号员："收到。"

2. 无人机侦察

操作程序：

外部观察后，一班一至三号员使用无人机侦察。

3 名受训人员着全套灭火战斗服，配齐个人防护装备，在起点线一侧 3 m 处站成一列横队。

听到"器材检查"口令，受训人员开始检查器材，佩戴个人防护装备。

听到"操作准备"口令，受训人员列队做好操作准备。

听到"开始"口令，受训人员按照任务分工，全面展开。

到场后三号员对现场地形及气象进行勘察评估，在着火建筑物周边警戒并选定空旷地带，设立起飞区域，优先考虑在指挥部周围设立。一号员组装和调试无人机，做好起飞准备。二号员连接地面站和单兵图传设备，并调试接通。三号员根据任务需要，举旗示意起飞。一号员起飞无人机，二号员根据现场情况和地面站数据规划航线，引导无人机拍摄全景态势。一号员根据二号员指令飞行至制高点进行拍摄。全景态势拍摄完毕，二号员规划航线将无人机引导至着火层等高水平面，拍摄着火层特写画面。特写画面拍摄完成后，一号员根据指令操作无人机对着火区域所有窗口逐个进行拍摄，寻找被困人员。二号员通过地面站监控图传画面，发现被困人员并确认被困人员所在位置后立即向指挥部报告人员被困情况。待任务结束后二号员引导一号员操作无人机降落。三号员全程监控单兵图传状态，保证无人机拍摄图像连续不间断地传输给指挥部。

3. 询问知情人侦察

二班开展询问知情人侦察：

二班一号员带领二、三、四、五号员到达建筑楼下，见到报警群众，向群众询问起火地点、起火物质，有没有人员被困。

指挥词如下：

群众："你好，消防队，这边着火了。"

二班一号员："请问你是报警人吗？"

群众："我是。"

二班一号员："请问是几层起火？"

群众："三层的办公室起火。"

二班一号员："是什么起火知道吗？"

群众："好像是桌椅和电脑。"

二班一号员："有没有人员被困啊？"

群众："没有，都已经撤离出来了。"

4. 利用消防控制室进行侦察

二班利用消防控制室进行侦察：

二班一号员带领二、三号员前往消防控制室，四、五号员作预先展开，询问相关信息。

询问报警地点、燃烧物质、目前火势情况，通过火灾报警系统查看起火楼层，查看有无消火栓系统、自动喷淋系统、防排烟系统，查看建筑平面图。

询问消防控制室值班员，指挥词如下：

二班一号员："你好，请问你是消防控制室值班员吗？"

控制室值班员："我是这里的消防控制室值班员。"

二班一号员："我们接到报警，你们这里着火了，具体是哪个位置起火？"

控制室值班员："三层的一个房间。"

二班一号员："房间内燃烧物质是什么呢？"

控制室值班员："主要是一些办公桌椅和电脑。"

二班一号员："现在火势如何？有没有自动喷淋系统？"

控制室值班员："只有消火栓系统。"

二班一号员："请你把建筑平面图给拿出来看一下。"

控制室值班员："好的，给您，这是平面图。"

二班一号员："请你把建筑消火栓泵打开，看一下三层消火栓压力是否正常。"

控制室值班员："压力正常。"

二班人员在询问完消防控制室值班员、完成启动固定消防设施后，通过对讲机向中队指挥员汇报，指挥词如下：

二班一号员向指挥员汇报情况，指挥词如下：

二班一号员："001、001，收到请回答，我是二班一号员。"

中队指挥员："001 收到，请讲。"

二班一号员："经过消防控制室侦察发现，起火位置在建筑三层，燃烧物质主要是桌椅和电脑，楼梯间烟雾较大，能见度低，消火栓泵已经打开，消火栓压力正常，通过平面图发现建筑只有一部楼梯。"

中队指挥员："001 收到。"

5. 深入建筑内部侦察

一班深入建筑内部侦察：

一班一、二、三号员（一号员为班长，二、三号员为战斗员）组成侦察小组进入建筑内部侦察，穿戴完整个人防护装备（包括空气呼吸器、灭火防护服、手套、靴子、头盔、呼救器等）。一班一号员手持消防用热成像仪、佩戴对讲机，二号员携带有毒气体检测仪，三号员携带漏电探测仪。

在进入建筑内部前，由安全员（一班四、五号员）登记人员姓名、进入时间、空呼气瓶压力，并翔实记录在手写板上。进入建筑内部侦察人员设置导向绳或救生照明线，明确联络信号，必要时用水枪（五、六号员负责）进行掩护（掩护组）。

进入着火楼层时，在着火楼层下一层或在着火楼层检查并佩戴空气呼吸器，进入烟雾较大、能见度较低或有爆炸危险存在的着火楼层时，侦察人员应沿承重墙低姿探步前进，注意观察周围梁、柱、墙体等承重结构的完好情况，进入着火房间时，应在侧面缓慢开启房门，并向房门及房间顶棚射水。

侦察人员通过手持式消防用热成像仪侦察，确定被困人员或火源的位置；利用可燃气体或有毒气体检测仪检测可燃气体的浓度；对可能有漏电的火灾现场，内部侦察人员应穿电绝缘服，利用漏电检测仪等对室内可能存在漏电风险的区域进行侦察，确保侦察人员的人身安全。

【操作提示：内部侦察过程中，导调人员结合实际情况，随机设置易燃易爆气体的泄漏、防盗门难以打开、高压电线、狭小空间障碍等情况。】

内部侦察结束后，侦察一组班长向指挥员汇报侦察结果。指挥词如下：

一班一号员："001、001，收到请回答，我是侦察组。"

中队指挥员："001 收到，请讲。"

一班一号员："侦察组已到达着火房间，经侦察发现，火点位于三层东南侧二号房间西北角，燃烧物为沙发，火势由西北向东南方向蔓延，并有向窗外立面和上部楼层蔓延的趋势（或有向其他房间蔓延的趋势），屋内浓烟较大，无人员被困，汇报完毕，请指示。"

中队指挥员："侦察完毕，迅速撤离至安全地带。"

一班一号员："收到。"

侦察完毕，侦察一组通过楼梯间向室外撤离。

六、受训人员自评

训练结束后，受训人员对自身训练过程进行讲评，以火情侦察为例，组织自评。

七、组训人员讲评

组训人员讲评是建筑火灾火情侦察训练的最后一个环节，用于对整个训练过程进行评析和总结，组训人员讲评示例如下：

组训人员："今天我们对建筑火灾火情侦察的内容、方法、要求及注意事项进行了实战训练，本次训练也是对灭火战术理论知识掌握程度的一次检验，同志们在训练过程中表现的严肃认真，基本达到了训练目标和要求。此外，还有两个方面需要进一步改进。一方面，通过消防控制室进行侦察时，消防救援人员不仅要掌握需要侦察的内容，还要掌握消防设施的启动方法，如能够启动和停止喷淋系统水泵、消火栓水泵以及防排烟系统；另一方面，进入建筑内部侦察时，消防救援人员应提前预留应急处置方案，如侦察员沿楼梯、沿梁、沿墙体等具有垮塌危险性的建筑进行侦察时，要明确撤离路径和撤离方法，知道什么时候撤、向哪里撤、如何撤离。希望各位同志在今后的学习和训练中不断提高火情侦察的技战术能力，讲评完毕！"

八、训练结束

组训人员讲评结束后，组织受训人员清点人员和装备，收整并归还器材，对训练场地进行恢复。

九、训练考核

训练成绩主要从训练准备、训练过程和训练结束 3 个方面进行评定，为便于量化评定，按照总分 100 分，训练准备占 20 分，训练过程占 60 分，训练结束占 20 分标准进行控制，扣分细则和考核标准见表 2－5－1。

表 2－5－1　建筑火灾火情侦察训练成绩评定标准

项目	分值	分项内容及标准				扣　分
		序号	分项	分数	考核标准	
训练准备	20	1	器材准备	10	训练所需器材准备齐全，器材完好	器材准备数量不足扣 1 分，器材有故障扣 1 分/件
		2	训练着装	10	受训人员着装符合要求，身份标志明显	受训人员着装不符合要求，每人次扣 1 分
训练过程	60	3	侦察方法	15	侦察方法全面、灵活	侦察方法有遗漏或不准确扣 5 分/次
		4	侦察内容	15	侦察内容全面准确	侦察任务有遗漏或不准确扣 2 分/次
		5	侦察组织实施	15	人员分工合理，任务明确，职责清晰	人员分工混乱扣 5 分，职责不明扣 5 分

表2-5-1（续）

项目	分值	分项内容及标准				扣　　分
		序号	分项	分数	考核标准	
训练过程	60	6	训练安全	10	符合火场安全要求，个人防护意识较强	违反火场安全情况的、有危险动作的每处扣1分
		7	训练作风	5	作风紧张，动作迅速，训练行动积极	受训人员作风拖拉、不紧张，存在嬉戏打闹等现象，发现一处扣1分
训练结束	20	8	收整器材	10	收整器材规范，无遗漏	不规范一次扣1分，遗漏一件扣1分
		9	现场恢复	10	现场使用过的设施恢复原样，无遗漏	恢复不到位一处扣1分
说明	考核标准满分为100分，没有加分项目，只有扣分，每小项分数扣完为止；90分以上为优秀，80~89分为良好，70~79分为中等，60~69分为合格，不满60分为不合格					

课目六　建筑火灾灭火阵地设置训练

一、课目下达

受训人员整队立正后，组训人员下达建筑火灾灭火阵地设置训练的课目和相关内容，主要内容如下：

（1）课目：建筑火灾灭火阵地设置训练。

（2）目的：通过训练，使受训人员掌握建筑火灾灭火阵地设置的依据、原则和方法，掌握选择有利灭火阵地的方法，提高指挥员灵活运用灭火战术的能力，满足第一任职需要。

（3）内容：建筑火灾灭火阵地设置的依据、原则、位置的设置及注意事项。

（4）方法：由组训人员指导，受训人员组织实施，其他人员配合。

（5）场地：消防综合训练场。

（6）时间：约2学时。

（7）要求：受训人员在训练过程中要严肃认真，协同配合，注意安全，将战术理论知识应用到实际训练过程中，理论联系实际，提升综合训练水平。

二、理论提示

灭火阵地设置训练对于充分发挥灭火剂的效能，提升消防救援人员技战术能力，保护消防救援人员自身安全，具有十分重要的作用。训练前参训消防救援人员需要明确以下两个问题：

（1）消防力量到场后，灭火阵地设置的依据是什么？

一是依据火势蔓延方向进行设置；二是依据火情危险程度进行设置；三是依据装备性能进行设置。

（2）选择灭火阵地的原则有哪些？

灭火阵地的选择，要便于观察，便于喷射灭火剂，便于进攻、转移和撤离。

（3）哪些位置不适合设置灭火阵地？

不能在堆垛、雨搭、遮阳棚、卧罐两端等位置设置灭火阵地。

三、灾情设定

灾情设定包括基本灾情和突发灾情，基本灾情提前告知受训人员，突发灾情不提前告

知受训人员，由导调人员结合现场情况随机设置。

1. 基本灾情

某日 8 时 30 分，消防综合训练场一栋 3 层建筑（坍塌训练场最北侧楼房）由于电气线路发生故障引发火灾，过火面积约 30 m^2，一层、二层和三层突发多点火灾，起火房间和走道内部烟雾浓度较大，无人员被困，建筑内部设有消防控制室，固定消防设施完好，建筑东、西两侧各有一个疏散楼梯。消防控制室（想定）设置在建筑一层、用警戒线划定区域，设置课桌一张，上面绘制火灾报警系统显示页面、喷淋水泵操作模拟按钮以及防排烟系统风机控制装置。

距离建筑入口 50 m 远处标出起点线，设置人员集合区域和消防车停放区域。

呈现方式：在模拟坍塌建筑一层、二层和三层各选一个房间设置课桌、椅子、板凳、沙发等室内建筑装修材料，设置金属桶内点燃木材和白色烟饼，模拟火灾和烟气。

2. 突发灾情

训练过程中，导调人员结合实际情况，随机设置以下突发情况，训练和考察受训人员的实战能力。

（1）灭火阵地设置过程中，火灾烟气较大，通过楼梯间向其他楼层蔓延，能见度极低，内攻消防救援人员难以找到室内消火栓。

呈现方式：在楼梯间内设置黑色发烟罐或点燃白色烟饼，持续点燃，保证楼梯间内充满烟气。

（2）起火房间内可能存在易燃易爆气体的泄漏。

呈现方式：在房间内角落位置摆放危险指示牌（三角形），上面标示“爆炸”字样和相应图示。

（3）利用门窗设置水枪阵地时，防盗门难以打开。

呈现方式：在模拟起火房间，房门入口前设置小型防盗门破拆模拟装置，受训人员只有完成破拆此防盗门模拟装置之后，才能打开房门设置水枪阵地。

（4）产生风驱火现象，利用门窗、承重墙及室内消火栓设置水枪阵地具有危险性。

呈现方式：导调人员通知安全员由于风力较大且正对窗户，产生风驱火现象，安全员向指挥员报告情况。

四、参训力量设定

车辆：3 辆消防车，分别为举高喷射消防车 1 辆，水罐消防车 2 辆。

人员：5 个班组，共 27 人，其中设置中队指挥员 2 人，每个班组 5 人左右，共同完成 6 项灭火阵地设置训练的任务。

装备器材：警戒锥和警戒带若干，水罐消防车上携带水带 20 盘、水枪 5 把，止水器 2 个，发烟罐 5 个、烟饼若干。

五、训练展开

（一）训练场地警戒

警戒组使用警戒锥和警戒带对火场及其附近区域进行警戒，设置人员看管警戒区域。

（二）灭火阵地设置

消防救援人员正确选择灭火阵地的位置，可以充分发挥水枪射流的作用，有效控制和消灭火灾。

1. 依托门（窗）口设置

一班人员铺设水带，连接水带、水枪，在建筑入口前集结，在破拆门洞之前利用热成像仪进行侦察，用水枪对门进行冷却，战斗员低姿开启门缝，利用开花水流驱烟降温，防止轰燃或回燃发生。

依托门（窗）口设置灭火阵地具有出入方便、视线开阔、较为安全的特点。进攻时消防救援人员以门窗为掩护，可防止被室内的建筑碎片砸伤，并能减少高温烟气的侵袭。

一班依托门（窗）口设置灭火阵地，指挥词如下：

指挥员：“一班依托门（窗）口设置灭火阵地。”

一班一号员：“是。”

完成阵地设置后，一班向指挥员报告情况，报告词如下：

一班一号员：“001、001，收到请回答。”

指挥员：“收到请回答。”

一班一号员：“一班灭火组依托门口设置灭火阵地完毕，已出水灭火。”

指挥员：“收到。”

2. 依靠承重墙设置

在确认一班灭火组安全后，二班人员携带装备在一班掩护下，进入建筑内部内攻，开辟前进道路，用开花射流进行驱烟，用直流水灭火。二班在建筑物内灭火时，为防止屋顶塌落或其他物体坠落伤人，不应站在建（构）筑物中间，依靠承重墙设置水枪阵地。

完成阵地设置后，二班向指挥员报告情况，报告词如下：

二班一号员：“001、001，收到请回答。”

指挥员：“收到请回答”

二班一号员：“二班灭火组依托承重墙设置灭火阵地完毕，已出水灭火。”

指挥员：“收到。”

3. 利用室内消火栓设置

三班灭火组正式进入前利用热成像仪进行侦察，确认安全后进入并占据室内消火栓阵地，依托消火栓所在的承重墙和柱设置灭火阵地，利用热像仪侦察火点并灭火。

完成阵地设置后，三班班长向指挥员报告情况，报告词如下：

三班一号员：“001、001，收到请回答。”

指挥员：“收到请回答。”

三班一号员：“三班利用室内消火栓设置灭火阵地完毕，已出水灭火。”

指挥员：“收到。”

4. 利用消防梯设置

四班利用消防梯在二层窗口设置灭火阵地，五班为四班提供冷却掩护。利用消防梯设置水枪阵地时，可在燃烧房间的窗口或相邻窗口处架设消防梯；不能用拉梯对准窗口，可在侧面墙上设置阵地；先在消防梯上设置水枪阵地，控制由窗口向上蔓延的火势，后视情逐步攻入室内。

四班首先出一支水枪对进攻层射水，掩护进攻组行动，进攻组架设6 m拉梯，确认拉梯稳定后，示意战斗员携带水带、水枪登梯设置灭火阵地。在出水前，战斗员利用绳索固定水带、水枪，防止出现意外。

完成阵地设置后，四班向指挥员报告情况，报告词如下：

四班一号员：“001、001，收到请回答。”

指挥员：“收到请回答。”

四班一号员：“四班利用消防梯设置灭火阵地完毕，已出水灭火。”

指挥员：“收到。”

5. 利用举高喷射消防车设置

建筑物附近有停靠举高喷射消防车的位置，并且着火楼层在举高喷射消防车工作高度之内时，可利用举高喷射消防车设置水枪阵地直接出水灭火。

五班利用举高喷射消防车设置灭火阵地。

在举高喷射消防车展开前，应确定支腿完全伸展支撑，确保安全。利用举高喷射消防车进行灭火、排烟等工作。

完成阵地设置后，五班向指挥员报告情况，报告词如下：

五班一号员：“001、001，收到请回答。”

指挥员：“收到请回答。”

五班一号员：“五班利用举高喷射消防车设置灭火阵地完毕，已出水灭火。”

指挥员：“收到。”

6. 利用地形地物设置

当有危险物品在现场爆炸着火时，水枪手可利用周围的树木、电杆等作掩护设立水枪阵地；附近没有其他掩蔽物时，可利用洼地设置水枪阵地。

【操作提示：灭火阵地设置过程中，导调人员结合实际情况，随机设置易燃易爆气体的泄漏、防盗门难以打开、高压电线、狭小空间障碍、风驱火等情况。】

六、受训人员自评

训练结束后，受训人员对自身训练过程进行讲评，以灭火阵地设置为例，组织自评。

七、组训人员讲评

组训人员讲评是建筑火灾灭火阵地设置训练的一个重要环节，用于对整个训练过程进行评析和总结，组训人员讲评示例如下：

组训人员："今天我们对建筑火灾灭火阵地设置的内容、方法、要求及注意事项进行了实战训练，本次训练也是对大家灭火战术理论知识掌握程度的一次检验，同志们在训练过程中的表现严肃认真，基本达到了训练目标和要求。对以下××同志进行表扬。此外，还有两个方面需要进一步改进。一方面，在窗口利用消防梯设置灭火阵地时，应加强射水人员的安全防护；另一方面，供水加压过快，容易造成安全事故。希望各位同志在今后的学习和训练中不断提高灭火阵地设置的技战术能力，讲评完毕！"

八、训练结束

组训人员讲评结束后，组织受训人员清点人员和装备，收整并归还器材，对训练场地进行恢复。

九、训练考核

训练成绩主要从训练准备、训练过程和训练结束 3 个方面进行评定，为便于量化评定，按照总分 100 分，训练准备占 20 分，训练过程占 60 分，训练结束占 20 分标准进行控制，扣分细则和考核标准见表 2－6－1。

表 2－6－1　建筑火灾灭火阵地设置训练成绩评定标准

项目	分值	分项内容及标准				扣　　分
		序号	分项	分数	考核标准	
训练准备	20	1	器材准备	10	训练所需器材准备齐全，器材完好	器材准备数量不足扣 1 分，器材有故障扣 1 分/件
		2	训练着装	10	受训人员着装符合要求，身份标志明显	受训人员着装不符合要求，每人次扣 1 分
训练过程	60	3	灭火阵地设置方法	15	阵地设置方法正确、选择位置正确，动作全面、灵活	阵地设置方法有遗漏或不准确扣 5 分/次
		4	灭火效果	15	灭火效果良好	灭火效果不佳扣 2 分/次
		5	灭火组织实施	15	人员分工合理，任务明确，职责清晰	人员分工混乱扣 5 分，职责不明扣 5 分
		6	训练安全	10	符合火场安全要求，个人防护意识较强	违反火场安全规定、有危险动作的每处扣 1 分

表2-6-1（续）

项目	分值	分项内容及标准				扣　分
		序号	分项	分数	考核标准	
训练过程	60	7	训练作风	5	作风紧张，动作迅速，训练行动积极	受训人员作风拖拉、不紧张，存在嬉戏打闹等现象，发现一处扣1分
训练结束	20	8	收整器材	10	收整器材规范，无遗漏	不规范一次扣1分，遗漏一件扣1分
		9	现场恢复	10	现场使用过的设施恢复原样，无遗漏	恢复不到位一处扣1分
说明	考核标准满分为100分，没有加分项目，只有扣分，每小项分数扣完为止；90分以上为优秀，80~89分为良好，70~79分为中等，60~69分为合格，不满60分为不合格					

课目七　建筑火灾疏散救人训练

一、课目下达

受训人员整队立正后，组训人员下达建筑火灾疏散救人训练的课目和相关内容，主要内容如下：

（1）课目：建筑火灾疏散救人训练。

（2）目的：通过训练，使受训人员掌握楼层火灾救人的内容、方法、程序，提高火场指挥员的指挥能力和班组间的协同配合能力，满足第一任职需要。

（3）内容：建筑火灾疏散救人的内容、方法、程序和注意事项。

（4）方法：由组训人员指导，受训人员组织实施，其他人员配合。

（5）场地：消防综合训练场。

（6）时间：约2学时。

（7）要求：训练中安全第一，严肃认真，协同配合，做到理论联系实际，将学到的灭火战术理论知识和技术训练方法应用于灭火训练当中。

二、理论提示

疏散救人是指消防员到达火场后，运用各种方法与手段将受困人员安全转移至安全区域的行动过程。它是灭火战斗行动指导思想“救人第一、科学施救”的重要体现，是减少人员伤亡的重要途径，其开展的好坏直接影响灭火战斗行动的后期部署。训练前参训消防救援人员需要明确以下两个问题：

（1）在建筑火灾中，进入楼层进行侦察与搜救时，应当注意哪些问题?

对充烟区域进行全面搜索，防止出现遗漏；疏散过程中避免拥挤踩踏；有效控制被困人员情绪，防止失控。

（2）在进行搜索救人的战斗行动中，发生突然险情，我们应该怎么做?

按既定路线紧急避险；在对险情进行有效判定后，组织人员继续疏散救人行动。

三、灾情设定

灾情设定包括基本灾情和突发灾情，基本灾情提前告知受训人员，突发灾情不提前告知受训人员，由导调人员结合现场情况随机设置。

1. 基本灾情

某日 13 时 30 分，消防综合训练场某 5 层建筑突然发生火灾，过火面积 100 m^2，并迅速蔓延。起火部位为三层某房间，现场浓烟弥漫，有大量住客被困于三至五层。建筑内部设有封闭楼梯间，且建筑内未设置固定消防设施。辖区消防中队接到报警后，迅速赶往现场救援。

距离建筑入口 50 m 远处标出起点线，设置人员集合区域和消防车停放区域。

呈现方式：在模拟火灾建筑三层某房间设置课桌、椅子、板凳等室内建筑装修材料，点燃白色烟饼，让产生的烟气自然扩展。必要时，在金属桶内设置点燃木材模拟火场。

2. 突发灾情

训练过程中，导调人员结合实际情况，随机设置以下突发情况，训练和考察受训人员的实战能力。

（1）疏散救人时发现三层的封闭楼梯间常闭防火门未关闭，烟气通过楼梯间向其他楼层蔓延。

呈现方式：在三层楼梯间内设置发烟罐或点燃白色烟饼，持续点燃，保证楼梯间内充满烟气。

（2）4 名受困人员由于不能忍受现场高温，准备跳楼自救。

呈现方式：在窗台上设置一跨坐在窗槛上的假人。

（3）着火建筑三层出现受困人员被家具埋压无法脱困的情况，且周围存在高温燃烧物体。

呈现方式：通过设置书柜埋压假人的方式模拟该情况，并在周边设置较多发烟罐，且设置模拟高温的禁止进入区域，但受训人员可以通过水枪掩护进入该区域。

（4）进入起火楼层楼梯间后，防盗门难以打开。

呈现方式：在模拟起火房间，房门入口前设置小型防盗门破拆模拟装置，受训人员只有完成破拆此防盗门模拟装置之后，才能打开房门进入房间内部侦察。

四、参训力量设定

车辆：水罐消防车（载水量 6 t）1 辆，举高喷射消防车 1 辆，抢险救援消防车 1 辆。

人员：3 个班组，共 18 人，其中设置中队指挥员 1 人，疏散一组、疏散二组（分别由一班 3 人组成）、救援组（5 人，由二班组成）和内攻救人组（6 人，由三班组成）共同完成 5 项疏散救人训练任务。

装备器材：热成像仪 2 台，6 m 拉梯 1 架，水带 5 盘，水枪 2 把，分水器 2 个，65 内扣转 65 雌卡接口 1 个，救生照明线 1 个，发烟罐 5 个，救生气垫 1 套。

五、训练展开

现场组训人员随机设置受困人员受困情况，并作为到场消防救援队伍侦察检测后的结果。消防救援队伍在到达现场后应当组织人员稳定楼上受困人员情绪，避免出现盲目跳楼情况，同时现场指挥员应当根据现场情况快速做好任务分工和行动计划。

1. 直接疏散救人

疏散组开展直接疏散救人：

疏散一组前去二层，直接对人员进行疏散，被困人员利用毛巾护住口鼻，并在消防救援人员的引导下低姿撤离着火建筑。

疏散二组穿越着火层至被困人员处后，为被困人员戴上空呼他救面罩，并引导受困者穿越着火层撤离，在安全地带对被救人员进行登记。

疏散一组组长向指挥员汇报直接疏散情况，指挥词如下：

指挥员："我命令疏散一组对二层受困人员实施救援。"

疏散一组组长："疏散一组收到。"

疏散一组组长："指挥员、指挥员，收到请回答，我是疏散一组。"

指挥员："收到，请讲。"

疏散一组组长："疏散一组运用热成像仪以及人工搜索方式已找到×名受困人员，被困人员利用毛巾护住口鼻，并在消防救援人员的引导下低姿通过封闭楼梯间转移至安全地带，请指示。"

指挥员："对疏散出来的受困人员做好登记，并再次搜索着火建筑二层，保证二层受困人员全部疏散完毕。"

疏散一组组长："疏散一组收到。"

疏散二组组长向指挥员汇报直接疏散情况，指挥词如下：

指挥员："我命令疏散二组对四、五层受困人员实施救援。"

疏散二组班长："疏散二组收到。"

疏散二组班长："指挥员、指挥员，收到请回答，我是疏散二组。"

指挥员："收到，请讲。"

疏散二组组长："疏散二组通过封闭楼梯间顺利穿过着火层，并运用热成像仪以及人工搜索方式在四、五层搜寻到了×名受困人员，经过多次引导，四、五层的受困人员都已在佩戴空呼他救面罩的情况下成功转移至安全地带，请指示。"

指挥员："对疏散出来的受困人员做好登记，并再次搜索着火建筑四、五层，保证再无人员被困。"

疏散二组组长："疏散二组收到。"

2. 登高平台消防车救援

救援组开展登高平台消防车救援：

救援组一号员选择合适位置停靠登高平台消防车后，根据指挥员的指令开展救人行动。在救援过程中应注意登高平台消防车支架是否延展开，是否能够平稳展开上层机构。救援人员登上救援平台前，应检查平台是否稳定；登上平台后，迅速用安全绳对自身进行固定。

指挥词如下：

指挥员："我命令救援组运用登高平台消防车对五层受困人员实施救援。"

救援组组长："救援组收到。"

救援组组长："指挥员、指挥员，收到请回答，我是救援组。"

指挥员："收到，请讲。"

救援组组长："救援组已做好登高平台消防车的准备工作，是否立即实施救人行动?"

指挥员："开始救人行动，但在开展救援过程中，应注意不要直接将举高平台抬升至受困人员的窗口处，应当先将举高平台抬升到受困人员受困的窗口高度，再将平台转到受困人员附近实施救援，防止受困人员提前跳向举高平台，出现举高平台超负荷情况。"

救援组组长："收到。"

救援组组长："现通过举高平台消防车已将受困人员转移至安全区域，请指示。"

指挥员："对疏散出来的受困人员做好登记。"

救援组组长："救援组收到。"

3. 利用救生气垫救人

救援组利用救生气垫实施救人：

在考虑运用救生气垫实施救人时，应当首先判断受困者所在楼层高度，并在合适位置铺设救生气垫，在救生气垫周边设置安全员。在铺设救生气垫前需要提前检查准备铺设的地面情况，清理地面存在的各类杂物，防止杂物扎破救生气垫。另外，在设置救生气垫时，应充分考虑轻生者跳落时可能的落点，尽可能保证轻生者能够掉落在救生气垫上。

指挥词如下：

指挥员："我命令救援组运用救生气垫对四层受困人员实施救援。"

救援组组长："救援组收到。"

救援组组长："救援组已根据受困人员及环境情况，在合适位置设置了救生气垫，请指示。"

指挥员："好的，救援组做好与公安谈判专家配合的准备，一旦有异常情况，及时采取措施；同时应当在救生气垫周边合适位置设置安全员，密切观察轻生者情况。"

救援组："救援组收到。"

4. 拉梯救人

救援组运用拉梯实施救人：

救援组运用6 m拉梯及挂钩梯组合实施救人行动，在救援过程中应当注意对梯子实施固定，防止受困者通过梯子撤离时出现摔落情况。同时在架设挂钩梯时应当提前告知受困者远离窗台，在人员通过梯子逃生前可以在窗台上放置棉布等物质增加窗台与挂钩梯的摩擦力。

指挥词如下：

指挥员："我命令救援组运用6 m拉梯和挂钩梯对三层受困人员实施救援。"

救援组组长："救援组收到。"

救援组组长："救援组已架设好6 m拉梯和挂钩梯，并准备开始转移受困人员，请指示。"

指挥员："在实施救援前应当检查6 m拉梯和挂钩梯是否足够稳固，同时应当教导转移的受困群众双手扶梯撤离危险区域，并应当在受困者身上设置安全绳，防止受困人员意外滑落造成伤亡。"

救援组组长："救援组收到。"

5. 内攻救人

内攻救人组内攻实施救人：

内攻救人组由6名战斗员组成，穿戴完整的个人防护装备（包括空气呼吸器、灭火防护服、手套、靴子、头盔、呼救器等）。内攻救人组组长手持消防用热成像仪、佩戴对讲机。在进入建筑内部前，由安全员登记人员姓名、进入时间、空呼气瓶压力，并翔实记录在手写板上。进入建筑实施内攻救人人员设置导向绳或救生照明线，与安全员明确联络信号，并在水枪掩护下进入建筑内开展疏散救人行动。

内攻救人组一号员铺设干线水带至二层放置分水器，二号员在三层设置水枪阵地，三号员在四层设置水枪阵地，防止火势向上蔓延。内攻救人组人员运用绳索打卷结对分水器进行固定，并在沿外墙铺设水带时使用垫布防止水带磨损。内攻救人组在三层楼梯间系好导向绳，作为火场紧急撤离的引导绳。

内攻救人组在着火楼层下一层或在着火楼层楼梯间内佩戴并检查空气呼吸器，在进入烟雾较大、能见度较低的着火楼层前，水枪手应先出喷雾水对室内进行降温控火，创造救人条件，同时也应避免出现回火和轰燃情况。内攻救人组在行进过程中要前虚后实，沿承重结构边行进边用照明灯观察屋顶掉落物、路上障碍物。内攻救人组组长用热成像仪观察着火点，搜救受困人员。发现受困人员后，战斗员为其佩戴空呼面罩，内攻救人组组长向指挥员汇报情况，并安排人员将受困人员固定在担架上，在水枪掩护下撤出着火楼层。

指挥词如下：

指挥员："我命令内攻救人组内攻救人对受困人员实施救援。"

内攻救人组组长："内攻救人组收到。"

内攻救人组组长："指挥员、指挥员，收到请回答，我是内攻救人组。"

指挥员："收到，请讲。"

内攻救人组组长："内攻救人组现已单干线出两支水枪分别对着火层和着火层上层进行火势控制，同时安排部分人员在水枪的掩护下，对着火层受困人员进行搜索。"

指挥员："在搜索过程中应注意前虚后实，并沿承重构件缓慢前进，防止被掉落的建（构）筑物砸伤。"

内攻救人组组长："内攻救人组收到。"

内攻救人组组长："内攻救人组在着火层经过搜索后发现有×名受困人员，其中×人无法自行行走，×人可以自行转移至安全区域。"

指挥员："内攻救人组留四人运用水枪对着火层和着火层上层火势进行控制，同时安排两人运用担架将受困人员转移至安全区域。"

内攻救人组组长："内攻救人组收到。"

六、受训人员自评

训练结束后，受训人员对自身训练过程进行讲评，以内攻疏散救人为例，组织自评。

七、组训人员讲评

组训人员讲评是建筑火灾疏散救人训练的一个重要环节，用于对整个训练过程进行评析和总结，组训人员讲评示例如下：

组训人员："今天我们对建筑火灾疏散救人的内容、方法、要求及注意事项进行了实战训练，本次训练也是对大家灭火战术理论知识掌握程度的一次检验，同志们在训练过程中表现的严肃认真，基本达到了训练目标和要求。此外，还有两个方面需要进一步改进。一方面，在运用救生气垫疏散救人时，应当避免直接将救生气垫放置在受困者正下方进行架设，防止救生气垫并未完全架设好的情况下受困人员就已向救生气垫跳落的危险；另一方面，进入建筑内部疏散救人时，消防救援人员应提前预留应急处置方案，如消防救援人员对有垮塌危险性的建筑物实施疏散救人时，要明确撤离路径和撤离方法，知道什么时候撤、向哪里撤、如何撤离。希望各位同志在今后的学习和训练中不断提高疏散救人的技战术能力，讲评完毕！"

八、训练结束

组训人员讲评结束后，组织受训人员清点人员和装备，收整并归还器材，对训练场地进行恢复。

九、训练考核

训练成绩主要从训练准备、训练过程和训练结束 3 个方面进行评定，为便于量化评定，按照总分 100 分，训练准备占 20 分，训练过程占 60 分，训练结束占 20 分标准进行控制，扣分细则和考核标准见表 2－7－1。

表2-7-1　建筑火灾疏散救人训练成绩评定标准

项目	分值	分项内容及标准				扣　分
		序号	分项	分数	考核标准	
训练准备	20	1	器材准备	10	训练所需器材准备齐全，器材完好	器材准备数量不足扣1分，器材有故障扣1分/件
		2	训练着装	10	受训人员着装符合要求，身份标志明显	受训人员着装不符合要求，每人次扣1分
训练过程	60	3	直接疏散救人	5	疏散救人方法灵活，对受困人员防护到位	未为受困人员佩戴安全防护扣5分/次
		4	登高平台车救人	10	安全防护全面，车辆操作正确	未设置安全防护扣2分/次，车辆操作有误扣3分/次
		5	救生气垫救人	10	人员分工合理，任务明确，职责清晰	人员分工混乱扣5分，职责不明扣5分
		6	拉梯救人	10	人员分工合理，任务明确，职责清晰	人员分工混乱扣5分，职责不明扣5分
		7	内攻救人	10	人员分工合理，任务明确，职责清晰	人员分工混乱扣5分，职责不明扣5分
		8	训练安全	10	符合火场安全要求，个人防护意识较强	违反火场安全规定、有危险动作的每处扣1分
		9	训练作风	5	作风紧张，动作迅速，训练行动积极	受训人员作风拖拉、不紧张，存在嬉戏打闹等现象，发现一处扣1分
训练结束	20	10	收整器材	10	收整器材规范，无遗漏	不规范一次扣1分，遗漏一件扣1分
		11	现场恢复	10	现场使用过的设施恢复原样，无遗漏	恢复不到位一处扣1分
说明	考核标准满分为100分，没有加分项目，只有扣分，每小项分数扣完为止；90分以上为优秀，80~89分为良好，70~79分为中等，60~69分为合格，不满60分为不合格					

课目八　建筑火灾火势控制训练

一、课目下达

受训人员整队立正后，组训人员下达建筑火灾火势控制训练的课目和相关内容，主要内容如下：

（1）课目：建筑火灾火势控制训练。

（2）目的：使同志们熟悉建筑类火灾的危险特性，掌握建筑类火灾扑救的技战术方法，增强同志们建筑火灾扑救作战能力。

（3）内容：内攻控制火势战术训练，外攻辅助内攻控制火势训练，火场排烟辅助控制火势训练。

（4）方法：由组训人员组织指挥，受训人员配合实施。

（5）场地：消防综合训练场。

（6）时间：约 2 学时。

（7）要求：受训人员在训练过程中要严肃认真，协同配合，严格按操作规程实施，特别注意训练过程中的训练安全，做好个人防护，将战术理论知识应用到实际训练过程中，理论联系实际，提升综合训练水平。

二、理论提示

火势控制是指消防救援人员到达火场后，运用各种方法与手段控制火势发展扩大的行动过程。它是灭火战斗行动的重要环节，体现了灭火战斗中“先控制，后消灭”的原则。在初战能够快速地控制火势发展是灭火战斗行动得以顺利开展的前提。训练前参训消防救援人员需要明确以下两个问题：

（1）采用内攻控火的灭火战术时应当注意哪些问题？

内攻时应注意相互间的作战协同，并做好个人安全防护，快速查找并接近着火点。

（2）外攻控制火势应当注意哪些问题？

要注意协助内攻，防止将烟气火焰全部压制于室内，影响火场排烟。内攻做好充分准备，防止火势进一步蔓延。

三、灾情设定

灾情设定包括基本灾情和突发灾情，基本灾情提前告知受训人员，突发灾情不提前告

知受训人员，由导调人员结合现场情况随机设置。

1. 基本灾情

某高层教研楼高 50 m，占地面积约为 500 m^2，共 18 层，建筑整体呈南北方向的“L”形。大楼消防水泵房设有 2 台消防泵，室内消火栓 36 只，并设有 2 部防烟楼梯间。

某年某月某日，该高层建筑七层发生火灾，指挥中心接到报警后立即调集消防一中队前往现场处置。现场火光冲天，浓烟弥漫且有向北蔓延趋势。

距离建筑入口 50 m 远处标出起点线，设置人员集合区域和消防车停放区域。

呈现方式：在模拟火灾建筑七层某房间设置课桌、椅子、板凳、沙发等室内建筑装修材料，点燃白色烟饼，使该楼层内充满烟气。必要时，在金属桶内设置点燃木材模拟火场。

2. 突发灾情

训练过程中，导调人员结合实际情况，随机设置以下突发情况：

（1）在火势控制过程中，发现建筑防烟楼梯间内堆积的大量杂物阻碍了灭火战斗行动顺利开展。

呈现方式：在防烟楼梯间内设置各类杂物，阻碍救援人员进入着火楼层内，并要求必须完成物资清理才可以进行下一步的火势控制。

（2）由于建筑设计不符合防火标准，七层燃烧产生的烟气引燃了八层和九层可燃物，火势进一步扩大。

呈现方式：在着火层上一层和上两层设置发烟饼，灾情设定员根据情况点燃各层的发烟饼，模拟火势出现扩大的情况。

（3）在灭火救援行动中指挥员发现七层极有可能发生轰燃。

呈现方式：通过让战斗员在轰燃训练设施处进行轰燃训练，只有当处置得当时才可以进入模拟着火建筑继续实施火势控制训练。

（4）现场指挥员发现七层火灾存在大量飞火，并已引燃模拟着火建筑物北侧的汽车停车场。

呈现方式：在模拟着火建筑物北侧设置发烟饼，模拟停车场的车辆由于飞火导致发生火灾情况。

（5）进入火灾所在楼层后，防盗门难以打开。

呈现方式：在模拟起火房间，房门入口前设置小型防盗门破拆模拟装置，受训人员只有完成破拆此防盗门模拟装置之后，才能打开房门进入房间内部侦察。

四、参训力量设定

车辆：水罐消防车（载水量 6 t）2 辆，举高喷射消防车 1 辆。

人员：3 个班组，共 19 人，其中设置指挥员 1 人，控火一组（6 人）、控火二组（6

人）和控火三组（6 人）共同完成 3 项火势控制训练任务。

装备器材：水带 5 盘，水枪 3 把，止水器 2 个，水带挂钩 3 个，65 内扣转 65 雌卡接口 1 个，三分水器 4 个，救生照明线 1 个，发烟罐 5 个。

五、训练展开

高层建筑火势控制的作战原则是“攻防并举，固移结合”，初期作战时应首先使用室内消火栓进行控火。消防员进入着火建筑物前，安全员要记录进入人员的空气呼吸器余量和进入时间；消防员在进入着火建筑物后，应将着火层下层作为进攻阵地；同时应注意个人防护，检查战斗服是否穿戴整齐、空气呼吸器是否佩戴完好，以确保消防员自身的生命安全；在连接室内消火栓时应确保水带没有产生死角，并检查消火栓压力是否充足，以保证水枪流量和射程到达控火要求。

1. 利用固定消防设施控制火势

控火一组利用固定消防设施控制火势：

控火一组携带破拆器材和移动排烟机至起火楼层下一层（六层），控火一组一、二号员利用室内消火栓出一支水枪对七层火势进行控制；控火一组三、四号员运用破拆器材对着火楼层南北侧门窗进行破拆，创造自然通风条件；控火一组五、六号员携带机械排烟机对现场实施机械排烟。

指挥词如下：

指挥员：“我命令控火一组运用固定消防设施对现场火灾实施控制。”

控火一组组长：“控火一组收到。”

控火一组组长：“指挥员、指挥员，收到请回答，我是控火一组。”

指挥员：“收到，请讲。”

控火一组组长：“指挥员，控火一组已通知消防控制室值班人员放下防火卷帘阻止火势蔓延，并利用室内固定消火栓出一支水枪对七层火势进行控制；破拆着火层南北侧门窗，进行自然排烟；利用排烟机于着火层进行机械排烟。”

指挥员：“排烟时应注意观察烟气流动情况，防止发生轰燃或回燃，注意安全。”

控火一组组长：“控火一组收到。”

2. 蜿蜒铺设水带控制火势

控火二组蜿蜒铺设水带控制火势：

控火二组 1 人负责从消防车到楼梯口水带干线铺设，3 人负责楼梯内水带铺设，1 人负责消防车出水，1 人负责为消防车辆供水。

在沿楼梯蜿蜒铺设水带时应先估计好需要携带的水带数量，满足铺设距离需求，同时第一时间寻找水源，确保火场供水不间断。并注意对水带卡口进行固定，水带布拉紧，留够余长以免水带卡在拐角处。在设置水枪阵地时应在着火层下一层设立水枪阵地以确保作战安全，同时作战阵地设立完成后，可通过设置分水器铺设水带的方法出一支水枪到七层控制火势。

指挥词如下：

指挥员："我命令控火二组蜿蜒铺设水带对现场火灾实施控制。"

控火二组："控火二组收到。"

控火二组："指挥员、指挥员，我是控火二组，收到请回答。"

指挥员："收到，请讲。"

控火二组："控火二组现已蜿蜒铺设水带至七层出一支水枪对火势进行压制。"

指挥员："继续控制火势，注意安全。"

3. 沿外墙垂直铺设水带出枪控火

控火三组沿外墙垂直铺设水带出枪控火：

控火三组4名战斗员组成供水组占据东侧消火栓进行供水，并垂直铺设水带至五层操作平台；2名战斗员组成灭火组，携带水带水枪登楼至七层，出一支水枪辅助进行灭火。一层至五层垂直水带铺设完毕，到达七层的控火三组消防员按照同样的方式将水带下放至五层，并连接好分水器，同时依靠护栏用绳索做好水带与分水器的固定工作。

垂直铺设水带方式具有铺设速度快，节约战斗员体力的优势。铺设水带时应当在地面设置分水器，方便处置过程中的泄压。在水带铺设过程中要选择边缘突起较小的位置，减小对水带的摩擦；水带下放位置应当避开阳台等突起部位，确保水带释放至地面。该种水带铺设方式使用时，应使用水带挂钩或绳索在水带接口处将水带固定牢靠。

指挥词如下：

指挥员："我命令控火三组垂直铺设水带对现场火灾实施控制。"

控火三组："控火三组收到。"

控火三组："控火三组已运用垂直水带方式铺设水带至七层，随时准备出水灭火。"

指挥员："控火三组出一支水枪协助控火一组和控火二组对火势进行控制。消防员在控制火势时，第一支水枪主要堵截火势，第二、三支水枪辅助第一支水枪控制火势，处置中水枪手间应注意协同配合。"

控火三组："控火三组收到。"

4. 利用举高喷射消防车控制火势

举高喷射消防车驾驶员利用举高喷射消防车控制火势向外部蔓延：

举高喷射消防车在高层建筑火灾扑救中被广泛应用，在使用过程中要注意车辆应稳定停靠在坚硬地面上，升举过程中要注意不要超过安全工作范围，严格按照操作规范实施操作。使用举高喷射消防车可以很好地解决人工铺设水带费时费力，且有一定危险性的问题，有举升快、安全系数高、出水量大等优势，可阻止火势从外部蔓延。

指挥词如下：

指挥员："我命令举高喷射消防车驾驶员运用举高喷射消防车对现场火灾实施控制。"

举高喷射消防车驾驶员：“举高喷射消防车驾驶员收到。”

举高喷射消防车驾驶员：“指挥员、指挥员，我是举高喷射消防车驾驶员。”

指挥员：“收到，请讲。”

举高喷射消防车驾驶员：“我已将举高喷射消防车停靠在合适位置，且已将举高喷射消防车支腿打开，请指示。”

指挥员：“再次确保将举高喷射消防车停靠在坚硬地面上，防止举高喷射消防车在抬臂时出现危险。将喷射口举高至七层，并将臂架炮对准着火房间北侧对火势进行控制。”

举高喷射消防车驾驶员：“举高喷射消防车驾驶员收到。”

六、受训人员自评

训练结束后，受训人员对自身训练过程进行讲评，以控制火势训练为例，组织自评。

七、组训人员讲评

组训人员讲评是建筑火灾火势控制训练的一个重要环节，用于对整个训练过程进行评析和总结，组训人员讲评示例如下：

组训人员：“今天我们对建筑火灾火势控制的内容、方法、要求及注意事项进行了实战训练，本次训练也是对大家灭火战术理论知识掌握程度、战术展开的一次检验，同志们在训练过程中表现的严肃认真，基本达到了训练目标和要求。此外，还有两个方面需要进一步改进。一方面，在实际的火场处置过程中，指挥员应当注意根据现场情况灵活选取火势控制方法，不能不考虑火灾事故现场情况而直接采取预想的战术方法；另一方面，当运用蜿蜒铺设水带控制火势时，发现水带出现爆裂情况后，消防救援人员应当快速更换破损的水带。在更换水带时要注意先通过设置在一层的分水器将水带内的水放出，再更换破损水带。希望各位同志在今后的学习和训练中不断提高火势控制的技战术能力，讲评完毕！”

八、训练结束

组训人员讲评结束后，组织受训人员清点人员和装备，收整并归还器材，对训练场地进行恢复。

九、训练考核

训练成绩主要从训练准备、训练过程和训练结束 3 个方面进行评定，为便于量化评定，按照总分 100 分，训练准备占 20 分，训练过程占 60 分，训练结束占 20 分标准进行控制，扣分细则和考核标准见表 2－8－1。

表2－8－1　建筑火灾火势控制训练成绩评定标准

项目	分值	分项内容及标准				扣　分
		序号	分项	分数	考核标准	
训练准备	20	1	器材准备	10	训练所需器材准备齐全，器材完好	器材准备数量不足扣1分，器材有故障扣1分/件
		2	训练着装	10	受训人员着装符合要求，身份标志明显	受训人员着装不符合要求，每人次扣1分
训练过程	60	3	固定消防设施操作	10	固定设施使用正确，与移动装备配合密切	固定设施使用不正确扣5分/次，未与移动装备配合密切扣3分/次
		4	蜿蜒铺设水带	10	人员分工合理，任务明确，职责清晰	人员分工混乱扣5分，职责不明扣5分
		5	外墙垂直铺设	15	人员分工合理，任务明确，职责清晰	人员分工混乱扣5分，职责不明扣5分
		6	举高喷射消防车	10	人员分工合理，任务明确，职责清晰	人员分工混乱扣5分，职责不明扣5分
		7	训练安全	10	符合火场安全要求，个人防护意识较强	违反火场安全规定、有危险动作的每处扣1分
		8	训练作风	5	作风紧张，动作迅速，训练行动积极	受训人员作风拖拉、不紧张，存在嬉戏打闹等现象，发现一处扣1分
训练结束	20	9	收整器材	10	收整器材规范，无遗漏	不规范一次扣1分，遗漏一件扣1分
		10	现场恢复	10	现场使用过的设施恢复原样，无遗漏	恢复不到位一处扣1分
说明	考核标准满分为100分，没有加分项目，只有扣分，每小项分数扣完为止；90分以上为优秀，80～89分为良好，70～79分为中等，60～69分为合格，不满60分为不合格					

课目九　危险化学品事故侦检、堵漏、洗消训练

一、课目下达

受训人员整队立正后，组训人员下达危险化学品事故侦检、堵漏、洗消训练的课目和相关内容，主要内容如下：

（1）课目：危险化学品事故侦检、堵漏、洗消训练。

（2）目的：通过训练，使受训人员掌握危险化学品事故侦检、堵漏、洗消训练的内容、方法、要求和注意事项，提高指挥员危险化学品事故的指挥能力和班组处置能力，满足第一任职需要。

（3）内容：危险化学品事故中侦检技术、堵漏技术、洗消技术的内容、方法、要求及注意事项。

（4）方法：由组训人员组织指挥，受训人员配合实施。

（5）场地：模拟化工训练场。

（6）时间：约2学时。

（7）要求：受训人员在训练过程中要严肃认真，协同配合，将危险化学品事故的理论知识应用到实际训练过程中，理论联系实际，提升综合训练水平。

二、理论提示

危险化学品事故侦检、堵漏、洗消是消防救援人员在危险化学品事故处置程序中十分重要的处置技术，只有有效地掌握好危险化学品处置技术才能处置好危险化学品事故。训练前参训消防救援人员需要明确以下两个问题：

（1）在危险化学品事故中侦检的方式有哪些？

现场观察法、询问法、仪器侦检法、运用辅助决策系统。

（2）危险化学品事故中洗消是否应该贯穿于事故处置的始终？

在危险化学品事故处置中，消防救援人员应当将侦检贯穿于事故处置的始终，主要原因是在事故处置过程中救援环境会发生变化，需要重新进行现场侦检。

三、灾情设定

灾情设定包括基本灾情和突发灾情，基本灾情提前告知受训人员，突发灾情不提前告知受训人员，由导调人员结合现场情况随机设置，锻炼和考察受训人员危险化学品事故临机处置能力。

1. 基本灾情

某日15时30分，某化工厂发生氯气储罐大量泄漏事故，××县特勤消防队接到报警后迅速赶往事故现场进行处置。事故发生时当地风向为东北风，该厂区西侧100 m处为居民区，南侧为危险化学品储存仓库，东侧100 m处为一大型商场，北侧为一条自西向东流的河流。

距离建筑入口50 m远处标出起点线，设置人员集合区域和消防车停放区域。

呈现方式：通过模拟化工装置模拟危险化学品泄漏，主要包含点状泄漏、线状泄漏、卧式罐泄漏、立式罐泄漏、法兰泄漏等形式。通过在模拟化工装置周边设置发烟饼的形式，来模拟危险化学品泄漏后形成的白色雾状气团，同时通过模拟化工装置的啸叫功能来充当消防救援人员紧急撤离信号，锻炼消防救援人员紧急撤离能力。

2. 突发灾情

训练过程中，导调人员结合实际情况，随机设置以下突发情况，训练和考察受训人员的实战能力。

（1）在危险化学品事故处置过程中，突然发现事故处置区域有爆炸危险。

呈现方式：通过模拟化工装置的啸叫装置来模拟危险化学品事故即将发生爆炸的情况。

（2）危险化学品事故发生后，有易燃易爆液体泄漏至地面，并在地面流淌火。

呈现方式：通过模拟化工装置周边的火盆设置模拟的流淌火。

（3）模拟化工装置中新增一泄漏点，并在泄漏点周边形成爆炸混合性气体。

呈现方式：通过模拟化工装置的中控室新增一泄漏点，并告知现场指挥员泄漏点附近存在爆炸性混合气体。

（4）模拟化工装置中存在一燃烧点，燃烧点发生大量辐射热，反作用于泄漏储罐，使泄漏储罐压力增大造成难以实施现场堵漏。

呈现方式：通过模拟化工装置设置一新泄漏点，同时在该泄漏点附近设置火焰喷射。

（5）发现到场消防车辆并未携带相应的洗消帐篷，无法搭建洗消帐篷。

呈现方式：在实施危险化学品消防演练时，不允许到场消防救援队伍携带洗消帐篷，以检验现场指挥员的应急处置能力。

四、参训力量设定

车辆：水罐消防车（载水量6 t）1辆，A类泡沫消防车1辆，抢险救援消防车1辆。

人员：3个班组，共19人，其中设置指挥员1人，侦检组（6人）、洗消组（6人）和堵漏组（6人）共同完成3项危险化学品事故处置任务。

装备器材：一级化学防护服8套，二级化学防护服12套，有毒气体探测仪1个，可燃气体探测仪1个，警戒锥20个，警戒带3盘，对讲机10个，洗消帐篷1个，标识牌1套，担架1副，水幕水带3盘，屏障水枪2个，分水器1个，80水带2盘，65水带3盘，各类变口3个，多功能水枪1个，木楔堵漏工具1套，金属套管堵漏工具1套，粘贴式堵漏工具1套，小孔堵漏工具1套，内封式堵漏袋1套，外封式堵漏袋1套，紧固带4个，磁压堵漏工具1套，注胶堵漏工具1套。

五、训练展开

1. 侦察检测

侦检组开展侦察检测：

侦检的形式主要包含现场观察法、询问法、仪器侦检法以及运用辅助决策系统。侦检组进入现场后，需要着重掌握以下信息：危险化学品事故现场是否存在受困人员、泄漏点位置、泄漏形状、泄漏介质种类、泄漏原因、泄漏量、泄漏速度等一系列与事故处置有关的信息。

内部侦检组在前往事故区域进行侦察前，应先由安全员对内部侦检组人员防护装备进行检查，并记录空气呼吸器压力及内部侦检组的进入时间情况。进入后内部侦检组应呈“倒三角”形式前进。在内部侦检组进入时掩护组应当出开花水枪掩护。内部侦检组可以通过现场的各类危险化学品标识识别泄漏的危险源，一般而言，在侦察集装箱时可以考虑观察4个侧面上的标识危险化学品的品名分类及其简易处置方式；在侦察危险化学品瓶装、桶装容器时，可以在其侧面和顶盖上查找到危险化学品的品名及分类；在侦察装配有危险化学品的瓶装气体时，可以通过查看罐体喷涂的颜色初步判定罐内气体种类。

指挥词如下：

指挥员：“我命令侦检组着一级化学防护服及空气呼吸器进入事故区域实施侦检。”

侦检组组长：“侦检组收到。”

侦检组组长：“指挥员、指挥员，我是侦检组，收到请回答。”

指挥员：“收到，请讲。”

侦检组组长：“侦检组着一级化学防护服在掩护组的掩护下进入事故点实施侦察。”

指挥员：“收到，内部侦检组注意人身安全，并及时向我汇报现场情况。”

内部侦检组：“内部侦检组收到。”

内部侦检组：“指挥员、指挥员，我是内部侦检组，经我组侦察发现，现场泄漏点存在两处，一处为位于模拟化工训练场北侧的一层卧式罐，另一处为位于二层的立式罐。”

指挥员：“继续对泄漏点进行侦察。”

内部侦检组：“指挥员、指挥员，我是内部侦检组。经侦检发现卧式罐上的泄漏形式为线状泄漏，建议使用磁压堵漏装置或外封式堵漏带进行堵漏；而立式罐的泄漏形式为点状泄漏，建议使用磁压堵漏工具或木楔堵漏工具实施堵漏。”

指挥员：“对现场有无人员被困进行排查。”

内部侦检组：“内部侦检组收到。”

内部侦检组：“指挥员、指挥员，我是内部侦检组，经我组侦察发现现场存在两名被困人员，其中一人为重伤，另外一人为轻伤。”

指挥员：“内部侦检组继续对现场实施侦察检测，注意个人防护及空气呼吸器压力值。现场侦检发现新情况后及时向我汇报。”

内部侦检组：“内部侦检组收到。”

2. 对现场泄漏源实施堵漏作业

堵漏组对现场泄漏源实施堵漏作业：

堵漏作业实质是危险化学品事故中现场处置中的其中一种方式，该处置方法主要包含工艺法、移位法、塞楔法、卡箍注胶法、捆扎法、上罩法、磁压法以及冷冻法等堵漏方法。在现场处置时需要考虑现场的各类因素，如泄漏点的位置、泄漏压力、泄漏点周边情况等，并根据现场情况灵活选择堵漏方式。

如在使用磁压堵漏工具实施堵漏时，堵漏小组应当在进入事故点前先约定好相应的沟通方式，防止穿戴好防护装备后无法较好地实施沟通，出现处置失误。一般堵漏小组由3～4人组成，当进入事故区域时，堵漏小组应呈“倒三角”队形，以便在出现意外时能够相互救援。当发现携带的堵漏工具不适合实施堵漏时，堵漏组组长应当考虑向指挥员汇报该情况，并在指挥员的指令下撤离至安全区，根据情况更换堵漏器材，再次开展堵漏作业。

在本次模拟事故中，堵漏组运用八角强磁堵漏工具对泄漏点实施堵漏作业。堵漏组在实施堵漏前应当先用铜刷清理泄漏罐体表面的碎屑，为后期实施堵漏做准备。在将八角强磁堵漏工具吸附到泄漏口附近前应当先将紧固带准备完毕，在将八角强磁堵漏工具吸附到泄漏点上后，消防救援人员应当及时将紧固带收紧，协助磁压堵漏工具完成堵漏。

指挥词如下：

指挥员：“我命令堵漏组着一级化学防护服及空气呼吸器进入事故区域分别对位于模拟化工训练场北侧的一层卧式罐以及位于二层的立式罐实施堵漏。”

堵漏组：“堵漏组收到。”

堵漏组：“指挥员、指挥员，我是堵漏组，我组正携带磁压堵漏工具对一层卧式罐实施堵漏，堵漏二组着一级化学防护服携带木楔堵漏工具及紧固带对二层的立式罐实施堵漏。”

指挥员：“堵漏一组和堵漏二组在进入事故区域前，需要由安全员实施安全检查，并做好相应记录。堵漏一组、堵漏二组进入事故区域后需要呈‘倒三角’形式前进，并注意个人防护。到达泄漏口附近后，根据现场情况作出相应的处置方案，并向我报告。”

堵漏一组：“指挥员、指挥员，我是堵漏一组，我组已到达一层泄漏点，并运用外封式堵漏带实施堵漏，请指示。”

指挥员：“可以开始实施堵漏，在堵漏过程应注意防止出现静电、火花等一系列引火源。”

堵漏二组：“指挥员、指挥员，我是堵漏二组，我已到达二层泄漏点，发现泄漏压力过大，无法使用木楔堵漏工具实施堵漏，建议使用磁压堵漏工具实施堵漏，请指示。”

指挥员：“堵漏二组撤离事故区域，并携带磁压堵漏装备再次进入泄漏点附近，继续实施堵漏作业。”

堵漏二组：“堵漏二组收到。”

堵漏二组：“指挥员、指挥员，我是堵漏二组，堵漏二组经过洗消已进入安全区域，并携带好磁压堵漏装置，准备再次进入事故区域，请指示。”

指挥员：“堵漏二组再次进入事故点时应注意个人防护，到达泄漏口附近后，及时向我报告堵漏情况。”

堵漏二组：“堵漏二组收到。”

堵漏二组：“指挥员、指挥员，我是堵漏二组，我已到达二层泄漏点，并准备使用磁压堵漏工具，对泄漏点实施堵漏，请指示。”

指挥员：“在实施磁压堵漏过程中，需使用紧固带对磁压堵漏装置实施固定。”

堵漏二组：“堵漏二组收到。”

堵漏一组：“指挥员、指挥员，我是堵漏一组，堵漏一组已将一层泄漏点堵漏完毕，且未发现该泄漏点有泄漏迹象。”

指挥员：“继续对该泄漏点进行监护，等待我的撤离命令。”

堵漏一组：“堵漏一组收到。”

堵漏二组：“指挥员、指挥员，我是堵漏二组，堵漏二组已将二层泄漏点堵漏完毕，且未发现该泄漏点有泄漏迹象。”

指挥员：“继续对该泄漏点进行监护，等待我的撤离命令。”

堵漏二组：“堵漏二组收到。”

3. 危险化学品洗消技术训练

洗消组开展危险化学品洗消技术训练：

洗消技术是危险化学品事故处置过程中的一项重要技术，也是经常被基层消防救援队伍所忽视的一个步骤。洗消不仅包含对人员、器材、装备的洗消，还包括对现场环境或地面的洗消。在危险化学品事故处置过程中要求：消防救援队伍到场后 15 min 内必须搭建起简易洗消点。同时事故区域出来的所有人员都需要经过洗消，才可以进入安全区域中。特别的，在事故处置过程中应当积极主动地对污染物质的去向进行控制，以便在事故处置结束后对泄漏物质进行统一洗消。而在事故处置过程中也会开展洗消活动，比如用包含有洗消剂的水幕水带、屏障水枪和开花水枪对现场空气中所存在的危险化学品进行洗消。在选取洗消剂时，需要根据泄漏物质的性质来选择对应的洗消剂。同时通过化学反应式对洗消剂的剂量进行初步估算，防止洗消剂剂量过大对环境、人员、器材造成较大影响。

在搭建洗消区域时，应考虑设立等待区域、洗消区域、检查区域、安全区域、医疗检查区域。在洗消区域内可搭建多个洗消帐篷及专用衣物收纳箱，并在医疗检查区域设置多名医疗人员。在实施洗消时，应当区分人员、器材和环境的洗消方式，在选择洗消剂时也应当合理选择。

指挥词如下：

指挥员："我命令洗消组快速建立简易洗消点，并在后期逐步将简易洗消点转化为洗消区域，为从危险化学品事故区域中出来的人员实施较为全面的洗消。"

洗消组："洗消组收到。"

洗消组："报告指挥员，洗消组已在消防救援队伍到场后 15 min 内搭建好简易洗消点，请指示。"

指挥员："收到，你组对危险化品事故区域出来的人员实施洗消。"

洗消组："洗消组收到。"

洗消组："指挥员、指挥员，我是洗消组，我组已将洗消区域建立完毕。"

指挥员："我命令你组继续对从危险化学品事故区域转移出来的人员实施洗消，并做好相应人员的检查工作。同时注意在事故处置过程中应当对污染物进行控制，防止污染物向远处蔓延扩散。"

洗消组："洗消组收到。"

指挥员："本次危险化学品事故处置已基本结束，请洗消组对现场实施全面洗消。"

洗消组："洗消组收到。"

洗消组："洗消组对现场的地面、人员、装备实施了全面洗销，已达到了环境部门的环境设定要求，请指示。"

指挥员："收到，我命令你组将相应洗消器材装备收整完毕，准备归队。"

洗消组："洗消组收到。"

六、受训人员自评

训练结束后，受训人员对自身训练过程进行讲评，以堵漏技术为例，组织自评。

七、组训人员讲评

组训人员讲评是危险化学品事故侦检、堵漏、洗消训练的一个重要环节，用于对整个训练过程进行评析和总结，组训人员讲评示例如下：

组训人员："今天我们对危险化学品事故侦检、堵漏、洗消的内容、方法、要求及注意事项进行了实战训练，本次训练也是对大家灭火战术理论知识掌握程度的一次检验，同志们在训练过程中表现的严肃认真，基本达到了训练目标和要求。此外，还有两个方面需要进一步改进。一方面，在实际救援现场中，不要只考虑实施堵漏技术，在现场处置过程中还可以考虑采取其他处置方式，如利用到场的技术人员采取工艺处置方式或听取到场专家的意见采取其他更为合适的处置方法；另一方面，在处置易燃易爆危险化学品泄漏事故中，需要特别注意防止易燃易爆危险物质与空气形成爆炸性混合气体，并防止点火源出现在事故现场。希望各位同志在今后的学习和训练中不断提高危险化学品事故侦检、堵漏、洗消技术的技战术能力，讲评完毕！”

八、训练结束

组训人员讲评结束后，组织受训人员清点人员和装备，收整并归还器材，对训练场地进行恢复。

九、训练考核

训练成绩主要从训练准备、训练过程和训练结束 3 个方面进行评定，为便于量化评定，按照总分 100 分，训练准备占 20 分，训练过程占 60 分，训练结束占 20 分标准进行控制，扣分细则和考核标准见表 2－9－1。

表 2－9－1　危险化学品事故侦检、堵漏、洗消训练成绩评定标准

项目	分值	分项内容及标准				扣　　分
		序号	分项	分数	考核标准	
训练准备	20	1	器材准备	10	训练所需器材准备齐全，器材完好	器材准备数量不足扣 1 分，器材有故障扣 1 分/件
		2	训练着装	10	受训人员着装符合要求，身份标志明显	受训人员着装不符合要求，每人次扣 1 分
训练过程	60	3	侦检技术	15	程序展开合理，指挥口令简明扼要	程序展开混乱扣 5 分/次，指挥口令烦琐扣 3 分/次
		4	堵漏技术	15	堵漏器材使用灵活，程序展开合理	堵漏技术单一扣 5 分，程序展开混乱扣 5 分
		5	洗消技术	15	程序展开合理，洗消区域设置正确	程序展开混乱扣 5 分，区域设置错误扣 5 分/处
		6	训练安全	10	符合火场安全要求，个人防护意识较强	违反火场安全规定、有危险动作的每处扣 1 分
		7	训练作风	5	作风紧张，动作迅速，训练行动积极	受训人员作风拖拉、不紧张，存在嬉戏打闹等现象，发现一处扣 1 分
训练结束	20	8	收整器材	10	收整器材规范，无遗漏	不规范一次扣 1 分，遗漏一件扣 1 分
		9	现场恢复	10	现场使用过的设施恢复原样，无遗漏	恢复不到位一处扣 1 分
说明	考核标准满分为 100 分，没有加分项目，只有扣分，每小项分数扣完为止；90 分以上为优秀，80～89 分为良好，70～79 分为中等，60～69 分为合格，不满 60 分为不合格					

课目十　厂房仓库火灾扑救训练

一、课目下达

受训人员整队立正后，组训人员下达厂房仓库火灾扑救训练的课目和相关内容，主要内容如下：

（1）课目：厂房仓库火灾扑救训练。

（2）目的：通过训练，使受训人员掌握厂房仓库火灾扑救的火灾特点、战术方法、要求和注意事项，提高指挥员灵活运用灭火战术能力、火场指挥能力和班组间协同配合能力，满足第一任职需要。

（3）内容：厂房仓库火灾特点、灭火战术方法、要求和注意事项。

（4）方法：由组训人员指导，受训人员组织实施，其他人员配合。

（5）场地：消防综合训练场。

（6）时间：约2学时。

（7）要求：受训人员在训练过程中要严肃认真，协同配合，将战术理论知识应用到实际训练过程中，理论联系实际，提升综合训练水平。

二、理论提示

厂房仓库由于其建筑结构特点及生产储存物质的特殊性，一旦发生火灾，极易造成重大财产损失和人员伤亡，灭火救援难度大、技战术要求高。本次开展厂房仓库火灾扑救训练，训练前参训消防救援人员需要明确以下两个问题：

（1）大跨度厂房（仓库）火灾扑救的难点有哪些？

一是火灾荷载大，灭火和搜救困难。内部存放大量可燃物，起火后产生大量高温浓烟，燃烧持续时间长，灭火和救人难度大。二是平面缺乏有效分隔，火势蔓延迅速。建筑防火分区大，供氧条件充足，火势蔓延迅速，位于建筑纵深处的火点有时超出枪炮有效射程。三是建筑结构多样，易发生倒塌。钢筋混凝土构件长时间受高温影响导致混凝土爆裂、钢筋裸露易导致建筑垮塌；钢构件在火焰和高温的作用下，承载能力快速下降极易短时间内变形垮塌。

（2）大跨度厂房（仓库）火灾应优先调集哪些装备器材？

应优先调集大功率水罐（泡沫）消防车、抢险救援车、充气车、举高喷射消防车、照明消防车、排烟消防车、大型工程机械、强臂破拆车、远程供水车组等作战车辆，移动水炮、带架水枪、破拆器材、排烟器材、机器人等装备，以及灭火剂和油料供给、生活保障等战勤保障车辆。

三、灾情设定

灾情设定包括基本灾情和突发灾情，基本灾情提前告知受训人员，突发灾情不提前告知受训人员，由导调人员结合现场情况随机设置。

1. 基本灾情

某日14时，消防综合训练场一大跨度仓库建筑（单层）由于电气线路故障发生火灾，接到报警时火灾已蔓延约20 m^2。仓库内主要堆放塑料电子零器件和涤纶化纤织物，仓库为钢筋混凝土结构建筑，仓库内烟雾浓度较大，有多人被困（设专人充当现场被困人员），防火卷帘、防火门等固定消防设施完好，建筑南、北两侧各有一个安全出口。消防控制室（想定）设置在划定区域，设置桌椅一套，桌面绘制火灾报警系统显示页面、喷淋水泵操作模拟按钮及防排烟系统风机控制装置等。

距离建筑入口50 m远处标出起点线，设置车辆停放区、人员集结区、器材准备区、外围警戒区和安全撤离区。

呈现方式：在某大跨度库房（或移动大棚）内设置货架、课桌、椅子、板凳、沙发等材料，点燃白色烟饼，使房间内充满烟气。必要时，在以金属桶内设置木材火源。

2. 突发灾情

训练过程中，导调人员结合实际情况，随机设置以下突发情况：

（1）仓库由于长时间高温燃烧，钢筋混凝土建筑局部坍塌。

呈现方式：通过语音提示在场所有受训人员仓库某一侧部分构件发生局部坍塌，同时发出危险信号。

（2）侦察过程中，遇到狭小空间难以正常通行。

呈现方式：在侦察路线上，用木板和桌椅设置一段约0.5 m宽、0.5 m高的狭小通道，受训人员须脱下身上的空气呼吸器（保持面罩穿戴），采取怀抱空呼匍匐前进，通过狭小通道后再背上空气呼吸器。

（3）仓库内存在易燃液体泄漏。

呈现方式：在房间内角落位置摆放一塑料桶，上面书写“汽油”，同时设置危险指示牌（三角形），上面标示“爆炸”字样和相应图示。

（4）难以破拆排烟。

呈现方式：在模拟起火仓库内，设置防盗门破拆、卷帘门破拆模拟装置，受训人员只有完成破拆此模拟装置之后才能实现排烟。

（5）内攻过程中，某消防员单独行动，与内攻小组失去联络。

呈现方式：在内攻小组从起火仓库内撤出过程中，导调组安排一名消防员故意走开再次进入并躲藏在模拟起火仓库内，考察指挥员的安全意识。

（6）灭火过程中，出现火势突然变化，某一侧火势突然加大。

呈现方式：在训练的某个阶段，通过语音提醒在场所有受训人员某侧火势突然加大，呈现出向外喷射状火焰。

四、参训力量设定

车辆：水罐消防车（载水量6～9 t）3 辆，抢险救援消防车 1 辆，举高喷射消防车 1 辆，大跨度举高喷射消防车 1 辆，挖掘机等工程破拆类车辆若干。

人员：共出动约 37 人，设置支队级指挥员 1 人，站级指挥员 3 人，根据训练实际情况和灭火救援需要对受训人员进行编组，分为若干战斗组，共同完成警戒、侦察、堵截灭火、强攻近战、救助人员、供水保障等多项训练任务。

根据训练实际情况可设专人充当现场被困人员，训练开始后即可到达指定被困楼层，并向指挥员汇报情况；火场警戒人员由交通警察、仓库保卫人员等组成，训练前到达指定位置做好准备（具体分组与任务略），做好训练所用其他物资器材的准备。

装备器材：个人防护装备若干套，热成像仪 2 台，漏电探测仪 1 个，复合式有毒气体探测仪 1 个，20 m D65 水带 40 盘、20 m D80 水带 20 盘，水枪 10 把，水炮 4 座，65 内扣转 65 雌卡接口若干，救生照明线 1 个、导向绳 1 根，发烟罐 5 个，烟饼若干。

五、训练展开

导调人员下达初期场景设置情况后，受训人员在支队级指挥员和站级指挥员的指挥下，进行人员分工，组织开展各项训练。

（一）火情侦察

1. 外部观察和询问知情人

站级指挥员：“第一战斗组。”

第一战斗组立正答：“到。”

站级指挥员：“我命令你组进行火情侦察，查明着火仓库内被困人员的数量、位置，抢救路线，起火点位置，火势发展方向，固定灭火设施等情况。”

第一战斗组立正答：“是。”

第一战斗组跑步出列后，迅速佩戴空气呼吸器，携带通信器材、照明器材、红外热成像仪、有毒气体检测仪等装备，立即进行火情侦察。侦察小组首先对着火仓库外围情况进行观察。接着向知情人进行详细询问，并将情况向站级指挥员报告。

第一战斗组：“001，我是一组，请回答。”

站级指挥员：“001 收到，请讲。”

第一战斗组：“通过外部观察和询问知情人，发现起火位置在仓库东北侧，有数名人员被困，燃烧物品及面积不详，请指示。”

站级指挥员：“继续侦察。”

第一战斗组："是。"

2. 进入消防控制室侦察

站级指挥员："第二战斗组。"

第二战斗组立正答："到。"

站级指挥员："我命令你组进入消防控制室侦察。"

第二战斗组："是。"

第二战斗组跑步出列后，迅速佩戴空气呼吸器，携带通信器材、照明器材、红外线火源探测仪、热成像仪、有毒气体检测仪等装备，立即进行火情侦察。侦察小组进入消防控制室，消防控制系统显示表明，报警器已经报警，防火卷帘没有降下。

第二战斗组："001，我是二组，请回答。"

站级指挥员："001 收到，请讲。"

第二战斗组："通过对消防控制室侦察，发现……请指示。"

站级指挥员："继续深入内部侦察。"

第二战斗组："是。"

3. 深入仓库内部侦察

深入仓库内部侦察火情时，应使用水枪掩护。

站级指挥员："第三、四战斗组。"

第三、四战斗组立正答："到。"

站级指挥员："我命令第三战斗组进入仓库内部进行火情侦察，第四战斗组出水枪掩护第三战斗组侦察火情。"

第三、四战斗组："是。"

第三、四战斗组立即展开行动。

第四战斗组用水罐消防车铺设一条水带、出一支水枪，用喷雾射流掩护第三战斗组进入仓库内部进行火情侦察，完成侦察任务后，及时向站级指挥员报告。

第三战斗组："001，我是三组，请回答。"

站级指挥员："001 收到，请讲。"

第三战斗组："第三战斗组经侦察发现……请指示。"

站级指挥员："返回原地。"

第三战斗组："是。"

第三战斗组战斗员收整器材，集合带回，报告入列。

第四战斗组："001，我是第四战斗组，请回答。"

站级指挥员："001 收到，请讲。"

第四战斗组："第四战斗组掩护任务已完成，请指示。"

站级指挥员："返回原地。"

第四战斗组："是。"

第四战斗组：战斗员收整器材，集合带回，报告入列。

注：无论侦察小组还是水枪掩护组，在侦察和掩护的同时应视情开展救人、灭火工作，即边侦察、边灭火、边救人。

训练问题一结束，第一组到第四组收整器材归队，其他组以第一组到第四组训练为例，轮流进行训练，具体情况略。

（二）水枪掩护，内攻救人、灭火

站级指挥员："第五、六战斗组。"

第五、六战斗组立正答："到。"

站级指挥员："我命令你们利用水罐消防车出两条干线，利用水枪掩护救人、灭火。"

第五、六战斗组："是。"

第五、六战斗组跑步出列后，立即佩戴空气呼吸器，携带通信器材、救生照明线、安全导向绳、救生担架等装备，利用一台水罐消防车出两条水带干线并各出一支水枪，从仓库大门进入内部，掩护救人、灭火。

第五、六战斗组铺设水带完毕且出水后，不断变换射流和射水角度，边灭火边掩护进攻，将被困人员利用担架依次救出。由第五战斗组班长向站级指挥员报告。

五班长："001，我是第五战斗组班长，请回答。"

站级指挥员："001 收到，请讲。"

五班长："我们已完成水枪掩护、内攻灭火救人的任务，请指示。"

站级指挥员："返回原地。"

五班长："是。"

第五、六战斗组收整器材、集合，班长带回，报告入列。

（三）破拆外窗，利用排烟机正压送风排烟

站级指挥员："第一、二战斗组。"

第一、二战斗组立正答："到。"

站级指挥员："我命令你们破拆外窗，然后使用排烟机开展正压式送风排烟。"

第一、二战斗组："是。"

第一、二战斗组跑步出列后，立即佩戴空气呼吸器，在模拟外窗的部位，使用玻璃破碎装置破拆外窗玻璃，在模拟卷帘门部位使用无齿锯破拆卷帘门。破拆完毕，将机动排烟机抬至仓库入口位置上风向，启动排烟机进行正压送风排烟。排烟动作完成后，由一班长向站级指挥员报告。

一班长："001，我是第一战斗组班长，请回答。"

站级指挥员："001 收到，请讲。"

一班长："我们已完成破拆外窗、正压式送风排烟的任务，请指示。"

站级指挥员："返回原地。"

一班长："是。"

第一、二战斗组收整器材、集合，班长带回，报告入列。

（四）外攻灭火，防止火势蔓延

站级指挥员："第三、四战斗组。"

第三、四战斗组立正答："到。"

站级指挥员："我命令你们利用举高喷射消防车和移动水炮外攻灭火，堵截西侧火势。"

第三、四战斗组："是。"

第三、四战斗组跑步出列后，立即佩戴空气呼吸器，第三战斗组班长和一号员操作控制举高喷射消防车，二、三、四、五、六号员利用另一台水罐消防车向举高喷射消防车供水，利用举高喷射消防车臂架水炮，通过仓库外窗和孔洞向内部射水灭火。第四战斗班组一、二号员设置好移动水炮阵地位置，三、四号员利用另一台水罐消防车，出两条水带干线向移动水炮供水，第四战斗组班长遥控移动水炮向仓库内射水灭火。完成灭火任务后，第三战斗组班长向指挥员报告。

三班长："001，我是第三战斗组班长，请回答。"

站级指挥员："001 收到，请讲。"

三班长："我们已完成外攻灭火、防止火势蔓延任务，请指示。"

站级指挥员："返回原地。"

三班长："是。"

第三、四战斗组收整器材、集合，班长带回，报告入列。

【操作提示：在侦察、内攻灭火和救人过程中，导调人员结合实际情况，随机设置仓库内存在易燃液体的泄漏、消防员单独行动与内攻小组失去联络、某一侧火势突然加大、狭小空间障碍等情况，考察训练人员能否采取正确应对措施。】

以上为分段作业，组训人员可在此基础上组织开展连贯作业。实施时首先发出作业开始信号，由指定班、组进行火情侦察并向火场指挥员进行情况汇报请示。其次指挥员根据火情侦察情况，按分段作业要求同时进行水枪掩护，内攻救人、灭火，破拆外窗、利用排烟机正压送风排烟，外攻灭火、防止火势蔓延等作业训练。各班、组作业训练全部展开完毕，向中队指挥员报告，中队指挥员逐个检查展开情况，并进行现场点评。最后发出作业结束信号，各班收整器材，清理作业现场。

六、受训人员自评

训练结束后，受训人员对自身训练过程进行讲评，自评模板如下：

受训人员 1："今天训练的课目是厂房仓库火灾扑救训练，我所参训的角色是×××，我的任务是×××，在训练过程中做到了×××。此次训练存在的不足是×××，下次训练会×××，讲评完毕！"

七、组训人员讲评

组训人员讲评是厂房仓库火灾扑救训练的最后一个环节，用于对整个训练过程进行评析和总结，本次组训人员讲评示例如下：

组训人员："今天我们对厂房仓库火灾扑救进行了实战训练，本次训练也是对各位灭火战术理论知识掌握和能否灵活应用的一次检验，同志们在训练过程中表现的严肃认真，基本达到了训练目标。但有两个方面需要进一步改进。一方面，消防车应停在上风或侧风、地势较高的位置，与着火建筑保持一定安全距离；另一方面，内攻搜救人员时，对已搜索区域应使用明显标识予以标示，避免重复搜寻，加快救援进度。希望各位同志在今后的学习和训练中不断提高厂房仓库火灾扑救的技战术能力，讲评完毕！"

八、训练结束

组训人员讲评结束后，组织受训人员清点人员和装备，收整并归还器材，对训练场地进行恢复。

九、训练考核

训练成绩主要从训练准备、训练过程和训练结束 3 个方面进行评定，为便于量化评定，按照总分 100 分，训练准备占 10 分，训练过程占 80 分，训练结束占 10 分标准进行控制，扣分细则和考核标准见表 2－10－1。

表2－10－1　实训评分标准

项目	内　容	评　分　细　则	得　分
训练准备（10 分）	列队报告（5 分）	1. 列队时间超 3 min 的，扣 1 分 2. 指挥员报告程序不符合要求或缺项的，扣 1 分	
	执勤状态（5 分）	1. 消防救援人员个人防护装备佩带不齐全的，每件扣 0.5 分 2. 执勤人员每少 1 人的，扣 1 分	
训练过程（80 分）	车辆位置（10 分）	车辆未保持安全距离、作业面选择错误、车辆停放不合理、水带横过道路未设置保护的，每项扣 0.5 分	
	现场侦察（10 分）	1. 未采取外部观察、内部侦察、询问知情人、利用消防控制室和侦检仪器进行侦察的，扣 1 分 2. 灾情侦察不迅速、情况掌握不准确的，扣 2 分	
	疏散救人（10 分）	1. 引导人员疏散选择通道（路线）不合理的，扣 1 分 2. 未携带必要救生器材的，扣 1 分 3. 搜救不彻底的，本项内容不得分	

表 2-10-1（续）

项目	内　容	评　分　细　则	得　分
训练过程（80分）	供水线路（10分）	1. 未就近使用水源的，扣1分 2. 超出管网供水能力使用水源的，扣1分 3. 未按水带铺设要求选择最佳线路铺设水带的，每处扣0.5分 4. 灭火剂、射水器具选择不正确的，每项扣1分	
	阵地设置（10分）	1. 未合理选择进攻路线的，扣1分 2. 未正确选择进攻起点的，扣1分 3. 未合理设置水枪阵地的，扣1分	
	技术应用（10分）	警戒、冷却、灭火、排烟、救人方法应用不合理的，每处扣2分	
	装备应用（10分）	1. 现场使用器材不正确的，扣2分 2. 未发挥器材装备最大作战效能的，扣1分 3. 不爱护器材、随意破坏器材的，不得分	
	个人防护（5分）	根据现场情况，防护装备选择不正确、防护措施错误的，此项内容不得分	
	作战安全（5分）	1. 现场未按规定设安全员的，扣2分 2. 违反灭火救援作战行动安全规定的，此项内容不得分	
训练结束（10分）	收整器材（5分）	收整器材规范，无遗漏。不规范一次扣1分，遗漏一件扣1分	
	现场恢复（5分）	现场使用过的设施恢复原样，无遗漏。恢复不到位一处扣1分	

课目十一　地下建筑火灾扑救训练

一、课目下达

受训人员整队立正后，组训人员下达地下建筑火灾扑救训练的课目和相关内容，主要内容如下：

（1）课目：地下建筑火灾扑救训练。

（2）目的：通过训练，使受训人员掌握地下建筑火灾扑救的火灾特点、战术方法、要求和注意事项，提高指挥员灵活运用灭火战术能力、火场指挥能力和班组间协同配合能力，满足第一任职需要。

（3）内容：地下建筑火灾特点、灭火战术方法、要求和注意事项。

（4）方法：由组训人员指导，受训人员组织实施，其他人员配合。

（5）场地：消防综合训练场。

（6）时间：约2课时。

（7）要求：受训人员在训练过程中要严肃认真，协同配合，将战术理论知识应用到实际训练过程中，理论联系实际，提升综合训练水平。

二、理论提示

地下建筑由于其建筑结构特点及生产储存物质的特殊性，一旦发生火灾，极易造成重大财产损失和人员伤亡，灭火救援难度大、技战术要求高。本次开展地下建筑火灾扑救训练，训练前参训消防救援人员需要明确以下3个问题：

（1）地下建筑火灾扑救的难点有哪些？

一是温度高，内攻艰难。地下建筑起火后，室内热量积聚形成高温环境，可燃物较多的地下建筑火灾易发生轰燃，人员难以进入内攻。二是烟雾浓，排烟困难。地下建筑火灾供氧不足，燃烧不充分，发烟量大，出入口少，浓烟聚集不散。三是环境复杂，易迷失方向。地下建筑封闭性强，火场能见度低，结构复杂，使人失去方向感，加之有毒烟气影响，易造成人员窒息中毒。四是信号屏蔽，通信不畅。地下建筑对通信信号的屏蔽作用强，内外信号传递不畅导致通信困难。

（2）地下建筑火灾扑救应优先调集哪些装备器材？

应优先调集水罐消防车、泡沫消防车、抢险救援消防车、排烟消防车、照明消防车、细水雾消防车、充气消防车、战勤保障车等车辆器材。

（3）地下建筑火灾应如何应用固定消防设施？

一是利用防火分区控制火势发展。二是利用应急广播系统稳定被困人员情绪，引导人员疏散。三是利用自动喷水系统进行灭火。四是关闭空调、通风系统。五是启动防排烟设施，单独设置的排烟口，平时处于关闭状态，火灾时应确认或手动开启排烟口；利用排烟口、出入口自然排烟；启动防烟楼梯及其前室或合用前室、避难走道前室的机械加压送风防烟设施；当机械排烟系统与工程通风系统合并设置时，应确认将通风系统转换为排烟系统。六是利用消防供水设施，启动消防泵向室内管网供水，利用水泵接合器向地下工程消防管网补水，利用室内消火栓出水枪灭火。

三、灾情设定

灾情设定包括基本灾情和突发灾情，基本灾情提前告知受训人员，突发灾情不提前告知受训人员，由导调人员结合现场情况随机设置。

1. 基本灾情

某日15时，消防综合训练场一地下长廊型商业街由于用火不慎发生火灾，地下烟气浓度较大，有多人被困（设假人充当现场被困人员），固定消防设施包括防火卷帘、自动喷水灭火系统、防排烟系统等均完好，地下长廊南、北两侧各有一个安全出口。消防控制室（想定）设置在划定区域，设置桌椅一套，桌面绘制火灾报警系统显示页面、喷淋水泵操作模拟按钮及防排烟系统风机控制装置等。

距离地下商业街入口50 m远处标出起点线，设置车辆停放区、人员集结区、器材准备区、外围警戒区和安全撤离区。

呈现方式：在地下长廊内设置货架、桌椅、板凳、沙发等材料，点燃白色烟饼和黑色发烟罐，使地下通道内充满烟气。必要时，在金属桶内设置木材火源模拟起火点。

2. 突发灾情

训练过程中，导调人员和火情显示员结合实际情况，随机设置以下突发情况：

（1）地下建筑由于长时间高温燃烧，混凝土发生爆裂，部分脱落。

呈现方式：通过语音提示在场所有受训人员地下建筑某一侧部分混凝土发生爆裂、脱落，同时发出危险信号。

（2）侦察过程中，遇到狭小空间难以正常通行。

呈现方式：在侦察路线上，用木板和桌椅设置一段约0.5 m宽、0.5 m高的狭小通道，训练人员需脱下身上的空气呼吸器（保持面罩穿戴），采取怀抱空呼匍匐前进，通过狭小通道后再背上空气呼吸器。

（3）地下建筑内存在易燃易爆气体储罐。

呈现方式：在房间内角落位置摆放一煤气罐，上面书写“液化石油气”，同时设置危险指示牌（三角形），上面标示“爆炸”字样和相应图示。

（4）内攻过程中，某消防员单独行动，与内攻小组失去联络。

呈现方式：在内攻小组从地下建筑内撤出过程中，导调组安排一名消防员故意走开并躲藏在模拟地下建筑内，考察指挥员和训练人员的安全意识。

（5）灭火过程中，由于长时间的高温燃烧，地下空间缺氧，消防救援人员开启排烟口不当造成回燃。

呈现方式：在训练的某个阶段，通过语音提醒在场所有受训人员某处排烟口呈现出向外喷射状火焰。

四、参训力量设定

车辆：水罐消防车（载水量6～9 t）3辆，抢险救援消防车1辆，泡沫消防车1辆。

人员：共出动约40人，设置支队级指挥员1人，站级指挥员3人，根据训练实际情况和灭火救援需要对受训人员进行编组，分为若干战斗组，共同完成警戒、侦察、堵截灭火、强攻近战、救助人员、供水保障等多项训练任务。

根据训练实际情况可设专人充当现场被困人员，训练开始后即到达指定被困位置，并向指挥员汇报情况；火场警戒人员由交通警察、地下建筑保卫人员等组成，训练前到达指定位置做好准备（具体分组与任务略），做好训练所用其他物资器材的准备。

装备器材：个人防护装备若干套，热成像仪2台，漏电探测仪1个，复合式有毒气体探测仪1个，20 m D65水带40盘、20 m D80水带20盘，多用水枪10把，转换接口若干，高倍数发生器1套，带风管电动排烟机1台，内燃机式排烟机1台，水力排烟机1台，救生照明线1套、导向绳1根，烟饼若干，发烟罐若干。

五、训练展开

导调人员下达初期场景设置情况后，受训人员在支队级指挥员和站级指挥员的指挥下，进行人员分工，组织开展各项训练。

（一）火情侦察

1. 外部观察和询问知情人

站级指挥员：“第一战斗组。”

第一战斗组立正答：“到”。

站级指挥员：“我命令你组进行火情侦察，查明着火地下建筑内被困人员的数量、位置，抢救路线，起火点位置，火势发展方向，固定灭火设施等情况。”

第一战斗组立正答：“是。”

第一战斗组跑步出列后，迅速佩戴空气呼吸器，携带通信器材、照明器材、红外热成像仪、有毒气体检测仪等装备，立即进行火情侦察。侦察小组首先对着火地下建筑外围情况进行观察。接着向知情人进行详细询问，并将情况向站级指挥员报告。

第一战斗组：“001，我是一组，请回答。”

站级指挥员：“001收到，请讲。”

第一战斗组："通过外部观察和询问知情人，发现起火位置在地下建筑东北侧，有数名人员被困，燃烧物品及面积不详，请指示。"

站级指挥员："继续侦察。"

第一战斗组："是。"

2. 进入消防控制室侦察

站级指挥员："第二战斗组。"

第二战斗组立正答："到。"

站级指挥员："我命令你组进入消防控制室侦察。"

第二战斗组："是。"

第二战斗组跑步出列后，迅速佩戴空气呼吸器，携带通信器材、照明器材、红外线火源探测仪、热成像仪、有毒气体检测仪等装备，立即进行火情侦察。侦察小组进入消防控制室，消防控制系统显示表明，报警器已经报警，防火卷帘没有降下。

第二战斗组："001，我是二组，请回答。"

站级指挥员："001 收到，请讲。"

第二战斗组："通过对消防控制室侦察，发现……请指示。"

站级指挥员："继续深入内部侦察。"

第二战斗组："是。"

3. 深入地下建筑内部侦察

深入地下建筑内部侦察火情时，应使用水枪掩护。

站级指挥员："第三、四战斗组。"

第三、四战斗组立正答："到。"

站级指挥员："我命令第三战斗组进入地下建筑内部进行火情侦察，第四战斗组出水枪掩护第三战斗组侦察火情。"

第三、四战斗组："是。"

第三、四战斗组立即展开行动。

第四战斗组用水罐消防车铺设 1 条水带干线、出 2 支水枪，用喷雾射流掩护第三战斗组进入地下建筑内部进行火情侦察，完成侦察任务后，及时向站级指挥员报告。

第三战斗组："001，我是三组，请回答。"

站级指挥员："001 收到，请讲。"

第三战斗组："第三战斗组经侦察发现……请指示。"

站级指挥员："返回原地。"

第三战斗组："是。"

第三战斗组战斗员收整器材，集合带回，报告入列。

第四战斗组："001，我是第四战斗组，请回答。"

站级指挥员："001 收到，请讲。"

第四战斗组："第四战斗组掩护任务已完成，请指示。"

站级指挥员："返回原地。"

第四战斗组："是。"

第四战斗组：战斗员收整器材，集合带回，报告入列。

注：无论侦察小组还是水枪掩护组，在侦察和掩护的同时应视情开展救人、灭火工作，即边侦察、边灭火、边救人。

训练问题一结束，第一组到第四组收整器材归队，其他组以第一组到第四组训练为例，轮流进行训练，具体情况略。

（二）启动固定消防设施进行灭火、排烟

站级指挥员："第一战斗组。"

第一战斗组立正答："到。"

站级指挥员："我命令你们启动固定消防设施进行灭火、排烟。"

第一战斗组："是。"

第一战斗组跑步出列后，立即佩戴空气呼吸器，携带通信器材、照明器材、红外线火源探测仪、热成像仪、有毒气体检测仪等装备，进入模拟消防控制室，手动强制启动自动喷淋系统水泵，启动楼梯间和前室的正压送风系统，开启地下楼层前室的送风口，同时启动地下商业街机械排烟系统和补风系统。

启动固定消防设施进行灭火、排烟动作完成后，由一班长向站级指挥员报告。

一班长："001，我是第一战斗组班长"

站级指挥员："001 收到，请讲。"

一班长："我们已完成启动固定消防设施灭火、排烟任务，请指示。"

站级指挥员："返回原地"

一班长："是。"

（三）综合运用自然排烟、负压排烟和正压送风排烟等多种方法排烟散热

站级指挥员："第二、三、四战斗组。"

第二、三、四战斗组立正答："到。"

站级指挥员："我命令二组破拆地下与地上连接处障碍，三组使用带风管电动排烟机进行负压排烟，四组使用内燃机式排烟机进行正压送风排烟。"

第二、三、四战斗组："是。"

第二、三、四战斗组跑步出列后，立即佩戴空气呼吸器，携带各自器材。第二战斗组在相应下风向多个位置破拆孔洞；第三战斗组选择下风向一孔洞处设置排烟机风管，利用电动排烟机进行负压排烟；第四战斗组选择在上风向某处地下建筑入口处设置排烟机，进行正压送风排烟。排烟动作完成后，由二班长向站级指挥员报告。

二班长："001，我是第二战斗组班长，请回答。"

站级指挥员："001 收到，请讲。"

二班长："我们已完成破拆建筑构件、负压机械排烟、正压式送风排烟任务，请指示。"

站级指挥员："返回原地。"

二班长："是。"

第二、三、四战斗组收整器材、集合，班长带回，报告入列。

（四）水枪掩护，内攻救人、灭火

站级指挥员："第五、六战斗组。"

第五、六战斗组立正答："到。"

站级指挥员："我命令你们利用水罐消防车出2条干线，利用水枪和移动水炮掩护救人、灭火。"

第五、六战斗组："是。"

第五、六战斗组跑步出列后，立即佩戴空气呼吸器，携带通信器材、救生照明线、安全导向绳、救生担架等装备，利用一台水罐消防车出2条水带干线并各出2支水枪，从地下建筑入口处进入地下商业街，掩护救人、灭火；利用另一台水罐消防车出2条干线为移动水炮供水，利用移动炮、遥控炮灭火降温。

第五、六战斗组铺设水带完毕且出水后，不断变换射流和射水角度，边灭火边掩护进攻，将被困人员利用担架依次救出。由第五战斗组班长向站级指挥员报告。

五班长："001，我是第五战斗组班长，请回答。"

站级指挥员："001收到，请讲。"

五班长："我们已完成水枪掩护、内攻灭火救人任务，请指示。"

站级指挥员："返回原地。"

五班长："是。"

第五、六战斗组收整器材、集合，班长带回，报告入列。

（五）高倍数泡沫覆盖灭火、排烟

站级指挥员："第七战斗组。"

第七战斗组立正答："到。"

站级指挥员："我命令你们利用高倍数泡沫覆盖灭火、排烟。"

第七战斗组："是。"

第七战斗组跑步出列后，立即佩戴空气呼吸器，携带高倍数泡沫发生器，连接至泡沫消防车出水管路，一号员操作泡沫消防车，二、三号员连接水带，三、四号员携带高倍数泡沫产生装置到达指定位置，向地下空间喷射高倍数泡沫实现灭火、排烟。

七班长："001，我是第七战斗组班长，请回答。"

站级指挥员："001收到，请讲。"

七班长："我们已完成高倍数泡沫覆盖灭火、排烟任务，请指示。"

站级指挥员："返回原地。"

七班长：“是。”

第七战斗组收整器材、集合，班长带回，报告入列。

【操作提示：在侦察火情、排烟、内攻灭火和救人过程中，导调人员结合实际情况，随机设置混凝土发生爆裂、部分脱落，遇到狭小空间难以正常通行，地下建筑内存在易燃易爆气体储罐，内攻过程中某消防员单独行动与内攻小组失去联络，地下空间缺氧、消防救援人员开启排烟口不当造成回燃等情况，考察训练人员能否采取正确应对措施。】

以上为分段作业，组训人员可在此基础上组织开展连贯作业。实施时首先发出作业开始信号，由指定班、组进行火情侦察并向火场指挥员进行情况汇报请示。其次指挥员根据火情侦察情况，按分段作业要求同时进行火情侦察，启动固定消防设施进行灭火排烟，综合运用自然排烟、负压排烟和正压送风排烟等多种方法排烟散热等作业训练。各班、组作业训练全部展开完毕，向中队指挥员报告，中队指挥员逐个检查展开情况，并进行现场点评。最后发出作业结束信号，各班收整器材，清理作业现场。

六、受训人员自评

训练结束后，受训人员对自身训练过程进行讲评，自评模板如下：

受训人员1：“今天训练的课目是地下建筑火灾扑救训练，我所参训的角色是×××，我的任务是×××，在训练过程中做到了×××。此次训练存在的不足是×××，下次训练会×××，讲评完毕！”

七、组训人员讲评

组训人员讲评是地下建筑火灾扑救训练的最后一个环节，用于对整个训练过程进行评析和总结，本次组训人员讲评示例如下：

组训人员：“今天我们对地下建筑火灾扑救进行了实战训练，本次训练也是对各位灭火战术理论知识掌握和能否灵活应用的一次检验，同志们在训练过程中表现的严肃认真，基本达到了训练目标。但有两个方面需要进一步改进。一方面，内攻灭火小组边灭火边驱赶烟气，一般情况下要组织多支水枪喷雾，并列交叉射流，或配合水驱动风机，以达到封闭驱赶作用；另一方面，内攻一定要果断、坚决，直击起火部位。希望各位同志在今后的学习和训练中不断提高地下建筑火灾扑救的技战术能力，讲评完毕！”

八、训练结束

组训人员讲评结束后，组织受训人员清点人员和装备，收整并归还器材，对训练场地进行恢复。

九、训练考核

训练成绩主要从训练准备、训练过程和训练结束3个方面进行评定，为便于量化评定，按照总分100分，训练准备占10分，训练过程占80分，训练结束占10分标准进行控制，扣分细则和考核标准见表2－11－1。

表2－11－1　实训评分标准

项目	内　容	评　分　细　则	得分
训练准备（10分）	列队报告（5分）	1. 列队时间超3 min的，扣1分 2. 指挥员报告程序不符合要求或缺项的，扣1分	
	执勤状态（5分）	1. 消防救援人员个人防护装备佩带不齐全的，每件扣0.5分 2. 执勤人员每少1人的，扣1分	
训练过程（80分）	车辆位置（10分）	车辆未保持安全距离、作业面选择错误、车辆停放不合理、水带横过道路未设置保护的，每项扣0.5分	
	现场侦察（10分）	1. 未采取外部观察、内部侦察、询问知情人、利用消防控制室和侦检仪器进行侦察的，扣1分 2. 灾情侦察不迅速、情况掌握不准确的，扣2分	
	疏散救人（10分）	1. 引导人员疏散选择通道（路线）不合理的，扣1分 2. 未携带必要救生器材的，扣1分 3. 搜救不彻底的，本项内容不得分	
	供水线路（10分）	1. 未就近使用水源的，扣1分 2. 超出管网供水能力使用水源的，扣1分 3. 未按水带铺设要求选择最佳线路铺设水带的，每处扣0.5分 4. 灭火剂、射水器具选择不正确的，每项扣1分	
	阵地设置（10分）	1. 未合理选择进攻路线的，扣1分 2. 未正确选择进攻起点的，扣1分 3. 未合理设置水枪阵地的，扣1分	
	技术应用（10分）	警戒、冷却、灭火、排烟、救人方法应用不合理的，每处扣2分	
	装备应用（10分）	1. 现场使用器材不正确的，扣2分 2. 未发挥器材装备最大作战效能的，扣1分 3. 不爱护器材、随意破坏器材的，不得分	
	个人防护（5分）	根据现场情况，防护装备选择不正确、防护措施错误的，此项内容不得分	
	作战安全（5分）	1. 现场未按规定设安全员的，扣2分 2. 违反灭火救援作战行动安全规定的，此项内容不得分	
训练结束（10分）	收整器材（5分）	收整器材规范，无遗漏。不规范一次扣1分，遗漏一件扣1分	
	现场恢复（5分）	现场使用过的设施恢复原样，无遗漏。恢复不到位一处扣1分	

课目十二 汽车火灾扑救训练

一、课目下达

受训人员整队立正后，组训人员下达汽车火灾扑救训练的课目和相关内容，主要内容如下：

（1）课目：汽车火灾扑救训练。

（2）目的：使同志们熟悉汽车火灾的危险特性，掌握汽车火灾扑救的技战术方法，提升同志们技战术应用水平，增强汽车火灾扑救能力。

（3）内容：燃油车辆火灾扑救，燃气车辆火灾扑救，新能源车辆火灾扑救。

（4）方法：由组训人员组织指挥，受训人员配合实施。

（5）场地：消防综合训练场。

（6）时间：约2学时。

（7）要求：受训人员在训练过程中要严肃认真，协同配合，严格按操作规程实施，特别注意训练过程中的训练安全，做好个人防护，将理论知识应用到实际训练过程中，理论联系实际，提升综合训练水平。

二、理论提示

车辆火灾扑救是指消防救援人员到达火场后，运用各种方法与手段控制火势发展扩大的行动过程。车辆火灾是消防救援队伍在日常出警过程中处理得较多的事故类型，该事故具有起火快、燃烧猛烈、易形成爆炸燃烧以及疏散困难易造成人员中毒等一系列特点。训练前参训消防救援人员需要明确以下两个问题：

（1）车辆火灾扑救的战术方法有哪些？

冷却法、泡沫覆盖法、窒息法、破拆法、堵截法、夹攻法、突破法、围歼法、监护法。

（2）在车辆火灾扑救过程中，可以将事故区域划分成哪些区域？

在事故发生点周围0～5 m范围内为干净区，干净区往外5 m范围内为工作区，工作区向外10 m为附属处置区，附属处置区向外10 m为准备区。

三、灾情设定

灾情设定包括基本灾情和突发灾情，基本灾情提前告知受训人员，突发灾情不提前告

知受训人员，由导调人员结合现场情况随机设置。

1. 基本灾情

某日9时15分，某双向6车道高速公路快车道上，发生一起小轿车与货车对向相撞的交通事故，并引发两辆车辆车头起火。高速公路北侧存在一天然水源，南侧为山地，该路段为由西至东的高速公路。

指挥中心接到报警后立即调集消防一中队前往现场处置，事故车辆的同向车道上存在车辆堵塞情况，对向车道上并未出现车辆拥堵。

距离事故点50 m远处标出起点线，设置人员集合区域和消防车停放区域。

呈现方式：在某道路上设置两辆小轿车发生碰撞，并将碰撞地点选择在车辆快车道上。

2. 突发灾情

训练过程中，导调人员结合实际情况，随机设置以下突发情况：

（1）被追尾小轿车后备厢内存在大量危险化学品，并在此次交通事故中被引燃。

呈现方式：在被追尾小轿车后备厢内放置大量发烟饼。

（2）交通事故造成被追尾车辆油箱发生燃烧爆炸，并在地面形成流淌火。

呈现方式：在车辆油箱部位及地面放置大量发烟饼。

（3）在事故车辆中存在人员被困情况，且其生命受到燃烧火焰威胁。

呈现方式：在事故车辆内设置假人，并在事故车辆内放置发烟饼。

四、参训力量设定

车辆：水罐消防车（载水量6 t）1辆，抢险救援车1辆。

人员：2个班组，共13人，其中设置中队指挥员1人、安全员（警戒组）1人、急救人员1人、器材协调员2人、破拆组2人、灭火战斗组6人，共同完成汽车火灾扑救训练任务。

装备器材：乳胶手套1盒，抢险救援手套6双，一次性口罩1盒，救援头盔12顶，护目镜12副，各类木块20个，模块化垫块10个，颈托1个，肢体固定气囊1个，垫布5块，方向盘保护罩2个，玻璃破碎器1套，宽胶带2盘，锐边防护套12个，液压破拆工具组2套，顶撑基座1个，气动顶撑套件1套，紧固带4个，粗方木棍1根，快速支撑杆2个，短绳2条，硬质担架1副，薄木板1块，警戒锥20个，警戒带3个，标识牌1套，80水带2盘，65水带2盘，多功能水枪2支，变口5个，发烟罐5个。

五、训练展开

汽车火灾扑救行动应围绕积极抢救人员、保护车载物资、消灭汽车火灾的基本任务展开，在“救人第一，科学施救”思想的指导下，实施重点保护、防止爆炸、掩护疏散、快速灭火的战斗行动，迅速控制火势，消灭火灾。

1. 对现场实施火情侦察及安全检查

安全员对现场实施火情侦察及安全检查：

消防救援队伍到达现场后，首先需对现场情况进行侦察，主要侦察内容包含：着火车辆类型，现场环境及周边区域情况，是否有人员被困，是否存在伤亡和确定伤亡数量，为之后的现场处置提供依据。

指挥词如下：

指挥员："我命令安全员对事故现场实施火情侦察及安全检查。"

安全员："安全员收到。"

安全员："指挥员、指挥员，收到请回答，我是安全员。"

指挥员："收到，请讲。"

安全员："经过我的侦察发现现场为普通燃油车辆和货车发生的车辆碰撞事故，两辆车车头部位都出现起火燃烧，车内存在×名被困人员。"

指挥员："收到，请安全员继续对现场实施侦察，环绕事故点，查找是否有其他危险源存在，并将事故车辆电瓶断电。"

安全员："安全员收到。"

安全员："我环绕事故点周围进行检查，未发现其他危险源，并已将事故车辆电瓶断电，请指示。"

指挥员："收到，继续对现场实施看护。"

2. 划分事故处置区域

警戒组划分事故处置区域：

为有效发挥各人员的职能，防止出现器材混乱、人员职责不明的情况。在车辆事故处置过程中，一般会在事故点周围设置干净区、工作区、附属处置区等区域。干净区内只允许进入执行任务的技术工具操作员以及医疗人员，不允许其他人员进入该区域，防止出现人员混杂情况；工作区内存在待使用器材、医疗设备、医疗用品以及装备协调员、指挥员；附属处置区内设置人员看管区、碎片堆放区、伤员救治区、遗体停放区等。道路上也需要设置相应的警戒带，一般可以依托交警部门对现场实施管控。

指挥词如下：

指挥员："我命令警戒组对现场实施管控。"

警戒组："警戒组收到。"

警戒组："指挥员、指挥员，我是警戒组，收到请回答。"

指挥员："收到，请讲。"

警戒组："我组已依托交警部门对现场实施管控，且在事故点周围设置干净区、工作区、附属处置区等区域，请指示。"

指挥员："警戒组对交警部门所设置的现场管控进行检查，并调整水罐消防车和抢险救援车的位置，保证事故处置区域安全。"

警戒组："警戒组收到。"

3. 解救受困人员

破拆组解救受困人员：

在车辆火灾事故过程中，通常会存在人员被困情况，此时消防救援队伍应当遵循"救人第一，科学施救"的处置原则，对现场事故进行处置。在解救受困人员前，首先要对车体实施稳固支撑，保证人员在实施救助过程中不受到二次伤害。在实施破拆车体玻璃及车门破拆前，需向受困人员交代处置程序，防止受困人员出现惊慌情况。当受困人员脱困后，应当科学组织伤员转运。在救援过程中，应当注意防止火灾对救援人员及受困人员造成损伤，以及防止出现救援行动造成地面油品被引燃的情况。

指挥词如下：

指挥员："我命令破拆组协同急救人员、器材协调员对事故点中受困人员实施救援，在救援过程中需注意防止破拆行动造成其他危险，如造成地面油品被引燃的情况。"

破拆组："破拆组收到。"

急救人员："急救人员收到。"

器材协调员："器材协调员收到。"

破拆组："破拆组已对事故车辆实施稳固支撑，并对仪表盘实施顶撑作业，受困人员已脱困，我组正协同急救人员对受困人员实施伤员转运。"

指挥员："破拆组将受困人员转移出来后，需对受困人员情况进行登记。"

破拆组："破拆组收到。"

4. 出水枪扑灭车辆火灾

灭火战斗组出水枪扑灭车辆火灾：

在车辆火灾的灭火战斗过程中，需先掌握车辆动力类型、车辆用途等一系列基本信息。主要原因是不同的车辆动力类型、车辆用途其火灾扑救过程亦不同。如燃油车辆需对油箱实施集中冷却，而对于燃气车辆而言，一般不允许对动力装置实施液体冷却。其次在车辆事故处置过程中，应当充分发挥围歼、分割的战术措施，合理处置车辆火灾。

在处置汽车前引擎舱火灾时应当考虑打开前车引擎盖，并使用大量水流浇灌降温，防止火势进一步扩大。在打开车辆前引擎盖时，消防救援人员应当先将前引擎盖掀起一点，同时用水枪通过缝隙向引擎舱内注水降温，防止发动机舱出现轰燃。在扑救车辆前引擎舱火灾时，消防救援人员还应当对车辆的其他部分采取冷却降温措施，防止火势进一步扩大。

在扑救货车火灾时，消防救援人员应当首先探明起火部位。当发现起火部位为半挂车车头部位，此时消防救援人员可以考虑将货车车头与挂车部分分离开，有效降低火灾蔓延的可能性，降低火势控制难度；当发现起火部位为挂车部分时，消防救援人员应当在搞清楚货物种类后，在水枪掩护下转移货物，减少火灾扩大的可能性。

当车辆出现油箱油品泄漏的情况时，消防救援人员应当使用泡沫对油品实施覆盖，防止火灾出现扩大情况。另外，在处理车辆油品泄漏情况时，还需要特别注意防止油品流入下水道，而被远处火源点燃导致事故现场火势加剧的情况发生。

指挥词如下：

指挥员："我命令灭火战斗组协同破拆组对车辆受困人员实施救援，在协助破拆组实施破拆救人时，需注意对火势进行控制，防止火势对救援人员和受困人员造成伤害。"

灭火战斗组："灭火战斗组收到。"

灭火战斗组："指挥员、指挥员，我是灭火战斗组。"

指挥员："收到，请讲。"

灭火战斗组："我组由消防车单干线出 2 支水枪，对事故点火势进行控制，并防止破拆组及受困人员受到火势威胁。同时分派 2 名战斗员利用手抬机动泵抽取自然水源，向消防车不间断供水。"

指挥员："收到，持续控制火势发展变化，避免火势向挂车方向蔓延。"

灭火战斗组："灭火战斗组收到。"

灭火战斗组："指挥员、指挥员，我是灭火战斗组，收到请回答。"

指挥员："收到，请讲。"

灭火战斗组："我组已协助破拆组完成人员施救工作，请指示。"

指挥员："灭火战斗组集中力量对车辆火灾实施扑救，在扑救货车火灾过程中应注意将驾驶室与挂车进行分离，防止出现火势蔓延扩大情况。同时注意对油箱实施强制冷却，防止火势烘烤油箱，导致油箱发生燃烧爆炸的危险。"

灭火战斗组："灭火战斗组收到。"

灭火战斗组："灭火战斗组已将车辆事故火灾扑灭完毕，请指示。"

指挥员："继续对车辆事故现场实施冷却，将事故车辆温度恢复至常温。"

灭火战斗组："灭火战斗组收到。"

六、受训人员自评

训练结束后，受训人员对自身训练过程进行讲评，以安全员事故点检查为例，组织自评。

七、组训人员讲评

组训人员讲评是汽车火灾扑救训练的一个重要环节，用于对整个训练过程进行评析和总结，组训人员讲评示例如下：

组训人员："今天我们对汽车火灾扑救的内容、方法、要求及注意事项进行了实战训练，本次训练也是对大家灭火战术理论知识掌握程度的一次检验，同志们在训练过程中表现的严肃认真，基本达到了训练目标和要求。此外，还有两个方面需要进一步改进。一方面，在处置货运车辆的过程中，应当正确理解"救人第一，科学施救"的指导思想，汽车火灾扑救中，控制火势更有利于实施救人行动；另一方面，在扑救新能源汽车火灾时，消防救援人员应当注意做好防触电处理，不要使用直流水直接冲击车辆动力电池；当纯电动汽车的明火被扑灭后，消防救援人员应当继续对事故车辆实施冷却，防止纯电动汽车出现复燃。特别的，在扑救纯电动汽车火灾时，消防救援人员应当佩戴好空气呼吸器，保护自身呼吸道。希望各位同志在今后的学习和训练中不断提高车辆火灾扑救的技战术能力，讲评完毕！”

八、训练结束

组训人员讲评结束后，组织受训人员清点人员和装备，收整并归还器材，对训练场地进行恢复。

九、训练考核

训练成绩主要从训练准备、训练过程和训练结束 3 个方面进行评定，为便于量化评定，按照总分 100 分，训练准备占 20 分，训练过程占 60 分，训练结束占 20 分标准进行控制，扣分细则和考核标准见表 2－12－1。

表 2－12－1　汽车火灾扑救训练成绩评定标准

项目	分值	分项内容及标准				扣　分
		序号	分项	分数	考核标准	
训练准备	20	1	器材准备	10	训练所需器材准备齐全，器材完好	器材准备数量不足扣 1 分，器材有故障扣 1 分/件
		2	训练着装	10	受训人员着装符合要求，身份标志明显	受训人员着装不符合要求，每人次扣 1 分
训练过程	60	3	安全员安全检查	10	安全问题检查全面	未查出安全问题扣 3 分/处
		4	事故现场区域划分	10	划分区域正确，标识明显	区域划分不明扣 5 分，标识位置有误扣 2 分
		5	解救受困人员	10	程序展开合理，高效合理转运伤员	程序展开混乱扣 5 分，伤员转运处理不当扣 3 分/处
		6	出水扑救车辆火灾	15	程序展开合理，人员分工明确	程序展开混乱扣 5 分，人员职责不明扣 2 分/人
		7	训练安全	10	符合火场安全要求，个人防护意识较强	违反火场安全规定、有危险动作的每处扣 1 分
		8	训练作风	5	作风紧张，动作迅速，训练行动积极	受训人员作风拖拉、不紧张，存在嬉戏打闹等现象，发现一处扣 1 分

表 2-12-1（续）

项目	分值	分项内容及标准				扣　分
		序号	分项	分数	考核标准	
训练结束	20	9	收整器材	10	收整器材规范，无遗漏	不规范一次扣 1 分，遗漏一件扣 1 分
		10	现场恢复	10	现场使用过的设施恢复原样，无遗漏	恢复不到位一处扣 1 分
说明	考核标准满分为 100 分，没有加分项目，只有扣分，每小项分数扣完为止；90 分以上为优秀，80～89 分为良好，70～79 分为中等，60～69 分为合格，不满 60 分为不合格					

课目十三　危险化学品槽罐车火灾扑救训练

一、课目下达

受训人员整队立正后，组训人员下达危险化学品槽罐车火灾扑救训练的课目和相关内容，主要内容如下：

（1）课目：危险化学品槽罐车火灾扑救训练。

（2）目的：通过训练，使受训人员掌握危险化学品槽罐车火灾扑救的内容、方法、要求和注意事项，提高指挥员处置危险化学品槽罐车火灾的指挥能力和站级处置能力，满足第一任职需要。

（3）内容：LNG、CNG、LPG 槽罐车及其他槽罐车火灾扑救训练。

（4）方法：由组训人员组织指挥，受训人员配合实施。

（5）场地：模拟化工训练场。

（6）时间：约 4 学时。

（7）要求：受训人员在训练过程中要严肃认真，协同配合，将危险化学品槽罐车火灾的理论知识应用到实际训练过程中，理论联系实际，提升综合训练水平。

二、理论提示

危险化学品槽罐车火灾是危险化学品事故中较为常见的一类事故，也是危险化学品事故处置过程中较难处置的一类事故，需要大家着重进行掌握。另外 LNG、CNG、LPG 槽罐车火灾的处置方式与这三类槽罐车的基本结构密切相关，所以需要大家提前掌握这一部分内容。训练前参训消防救援人员需要明确以下两个问题：

（1）如何区分 LNG、CNG、LPG 槽罐车？

首先从操作箱的角度来区分 LNG、CNG、LPG 槽罐车，LNG 槽罐车的操作箱位于车辆尾部，CNG 槽罐车的操作箱也位于车辆尾部，LPG 槽罐车的操作箱位于槽罐车两侧。

其次从罐体形式进行区分，LNG 罐体为双层罐体，CNG 罐体为多管式的高压集束管，LPG 罐体为单层罐体。

最后从安全装置进行区分，LNG 罐体上存在安全阀和安全帽，CNG 罐体上只存在超压放空管，LPG 罐体上存在两个安全阀。

（2）LPG 槽罐车发生泄漏事故时，需要关闭紧急切断阀时，可以在哪些地方进行操作？

可以在 LPG 槽罐车的操作箱部位以及槽罐车尾部对紧急切断阀进行人工干预。

三、灾情设定

灾情设定包括基本灾情和突发灾情，基本灾情提前告知受训人员，突发灾情不提前告知受训人员，由导调人员结合现场情况随机设置。

1. 基本灾情

某日 15 时 30 分，由 A 地至 B 地由北向南通行的高速公路 23 km 处发生了槽罐车泄漏事故。事故发生时，当地风向为西南风，天气为多云。槽罐车泄漏点东侧为一片居民区，西北侧为一片鱼塘，西南侧为一片荒地。

距离槽罐车 100 m 远处标出起点线，设置人员集合区域和消防车停放区域。

呈现方式：将槽罐车停放在高速车道一侧，模拟危险化学品槽罐车发生泄漏后的现场情况，同时在槽罐车附近投放大量发烟饼，模拟危险化学品泄漏后，泄漏物质与空气发生物理作用产生的白色气团。并根据现场组训人员的安排在槽罐车上相应部位设置泄漏点（通过磁铁吸附方式对泄漏点进行标注）。

2. 突发灾情

训练过程中，导调人员结合实际情况，随机设置以下突发情况：

（1）在槽罐车发生事故后，天气逐渐由多云转为晴天。

呈现方式：通过槽罐车的控制装置，将槽罐车泄漏点的压力逐渐变大。

（2）槽罐车发生事故后，有易燃易爆液体泄漏至地面，并在地面流淌火。

呈现方式：通过在危险化学品槽罐车周边设置模拟的流淌火，完成对假设事故的情景设定。

（3）在处置危险化学品槽罐车事故过程中，由于槽罐车仰翻造成安全阀被完全封死。

呈现方式：在危险化学品槽罐车事故处置过程中，假设槽罐车安全阀无法实施自动卸压的情况。

（4）在槽罐车泄漏点已被堵住的情况下，需要对槽罐车进行转移时发现车辆抱死系统已启动。

呈现方式：通过危险化学品槽罐车的操作箱，将槽罐车的抱死系统启动。

（5）消防救援队伍到达现场时，发现槽罐车辆驾驶人员已逃离。

呈现方式：不在槽罐车辆上设置车辆驾驶员。

四、参训力量设定

车辆：水罐消防车（载水量 6 t）1 辆，A 类泡沫消防车 1 辆，抢险救援消防车 1 辆。

人员：3 个班组，共 18 人，其中设置指挥员 1 人，内部侦检组 3 人、洗消组 4 人、堵漏组 3 人、外部侦检组（救生组）3 人、警戒组 2 人、掩护组 2 人。

装备器材：一级化学防护服 8 套，二级化学防护服 12 套，有毒气体探测仪 1 个，可燃气体探测仪 1 个，警戒锥 20 个，警戒带 3 盘，对讲机 10 个，洗消帐篷 1 个，标识牌 1 套，担架 1 副，水幕水带 3 盘，屏障水枪 2 个，分水器 1 个，80 水带 2 盘，65 水带 3 盘，各类变口 3 个，多功能水枪 1 个，木楔堵漏工具 1 套，金属套管堵漏工具 1 套，粘贴式堵漏工具 1 套，小孔堵漏工具 1 套，内封式堵漏袋 1 套，外封式堵漏袋 1 套，紧固带 4 个，磁压堵漏工具 1 套，注胶堵漏工具 1 套。

五、训练展开

在槽罐车事故处置过程中，消防救援力量到场后首先需对现场划定警戒区域。一般在无法确定槽罐车泄漏物质的情况下，按照以下原则对警戒区域进行划分。消防救援队伍到场后，如泄漏量较小时，警戒距离应不少于 300 m；如果为较大泄漏量时，警戒距离为 500 m 以上；如发生泄漏的槽罐车为低温运输槽罐车，则其警戒距离为 1000 m 以上。而针对于不同物质而言，其安全处置距离也会有相应的不同。下面以 LNG 槽罐车事故处置为例进行介绍。

1. 侦检组开展侦察检测

侦察检测工作是危险化学品槽罐车事故能否顺利处置的前提条件，如果无法正确识别现场危险源，后期的处置工作就无法正常开展。故侦察检测工作是危险化学品槽罐车事故处置的基石。

现场指挥员派出的内部侦检小组，可以通过现场的各类危险化学品标识识别泄漏的危险源。一般而言，LNG 槽罐车的危险化学品标识、品名分类编号可以在槽罐车罐体侧边查看到，同时侦检小组还可以前往 LNG 槽罐车的驾驶舱搜寻货运单、押运单等一系列单据，获取槽罐车的基本情况。

在处置 LNG 槽罐车火灾事故过程中，消防救援人员应当首先检查 LNG 槽罐车上的安全帽是否可以正常发挥作用。因为 LNG 槽罐车分为内罐和外罐两层，内罐具有极低温度，而外罐直接与大气接触，内罐的极低温度通过内罐和外罐之间的真空来维持，而安全帽是否能够发挥效用是内罐和外罐之间的真空度是否存在的标志。当发现 LNG 槽罐车的安全帽已失效时，应当放弃槽罐车的救援。而当 LNG 槽罐车的安全帽依旧发挥作用时，应当正常按照车辆事故火灾的处置方法进行处置。在处置过程中，应当时刻注意内罐压力情况，当出现内罐超压时，应当及时采用工艺法释放内罐压力，防止出现罐体超压解体情况。

指挥词如下：

指挥员："我命令内部侦检组着一级化学防护服及空气呼吸器进入槽罐车事故区域内实施侦检。"

内部侦检组组长："内部侦检组收到。"

内部侦检组组长：“指挥员、指挥员，我是内部侦检组，收到请回答。”

指挥员：“收到，请讲。”

内部侦检组组长：“内部侦检组经过对槽罐车的整体侦检后，发现槽罐车驾驶员已逃离现场，而槽罐车的起火部位为罐体尾部的操作箱。”

指挥员：“收到，请内部侦检组侦检确定槽罐车运送物质的种类和性质。”

内部侦检组组长：“内部侦检组收到。”

内部侦检组组长：“指挥员、指挥员，我是内部侦检组，经我组侦察发现，该事故槽罐车为 LNG 槽罐车，运送的为液化天然气。”

指挥员组长：“继续对事故 LNG 槽罐车实施侦察，着重对 LNG 槽罐车的安全帽进行侦察，并汇报槽罐车的内罐压力。”

内部侦检组组长：“内部侦检组收到。”

内部侦检组组长：“指挥员、指挥员，我是内部侦检组。经侦检发现 LNG 槽罐车上的安全帽完好无损，同时侦检发现槽罐车的内罐压力为 0.3 MPa。”

指挥员：“收到，内部侦检组可以撤离至安全区域。”

内部侦检组组长：“内部侦检组收到。”

内部侦检组组长：“指挥员、指挥员，我是内部侦检组，我组经过洗消后已到达安全区域，请指示。”

指挥员：“收到，原地待命。”

2. 外部侦检组对现场危险区域进行划定

为区分危险化学品槽罐车事故区域中的各级危险范围边界，减少长时间作战的后勤保障难度，一般在危险化学品事故处置现场需要划定轻危区和重危区。轻危区和重危区的划定既可以使不同的消防救援人员采取不同的防护等级，也可以满足人员防护的要求，同时也可以不同程度地减少危险化学品事故处置对于防护装备的要求。

指挥词如下：

指挥员：“我命令外部侦检组着二级化学防护服及空气呼吸器进入事故区域，划定现场的轻危区和重危区。”

外部侦检组：“外部侦检组收到。”

外部侦检组：“指挥员、指挥员，我是外部侦检组，根据指挥员安排我组已划定轻危区和重危区。”

指挥员：“收到，你组继续呈‘倒三角’队形对泄漏区域内危险化学品浓度进行侦检，同时搜寻重危区、轻危区内的受困人员，如发现有受困人员及时向我汇报。”

外部侦检组：“外部侦检组收到。”

外部侦检组：“指挥员、指挥员，我是外部侦检组，经侦检发现重危区、轻危区内分别存在 1 人、3 人受困，请指示。”

指挥员：“收到，你组继续对现场进行侦检。”

外部侦检组："外部侦检组收到。"

3. 救生组对现场人员实施救援

在危险化学品事故救援过程中，同样需要对现场人员进行救援，这体现了"救人第一，科学施救"的基本原则。

指挥词如下：

指挥员："我命令救生组着二级防护服，背空气呼吸器进入危险化学品事故区域中对受困人员实施救援。"

救生组："救生组收到。"

救生组："报告指挥员，救生组携带受困人员经过洗消后，全部转移至安全区域，请指示。"

指挥员："收到，你组对转移出来的受困人员做好登记，并在原地待命。"

救生组："救生组收到。"

4. 掩护组对现场环境进行管控

当 LNG 槽罐车发生泄漏但未起火燃烧时，消防救援人员应当控制事故点周边的引火源，同时利用水幕水带和屏障水枪对现场易燃气体实施驱散稀释。掩护组在对易燃气体实施驱散稀释的操作时，应当将水幕水带和屏障水枪设置在较远位置，并控制水流射流方向，防止驱散稀释水流直接喷射在 LNG 槽罐车上起到加热槽罐车罐体的作用。

指挥词如下：

指挥员："我命令掩护组快速对现场实施管控。"

掩护组："掩护组收到。"

掩护组："报告指挥员，掩护组已控制事故点周边火源，并设置水幕驱散稀释易燃气体，同时使用开花水枪对槽罐车尾部操作箱火势进行控制，请指示。"

指挥员："收到，你组在设置水幕水带时应当避免使水流喷射到槽罐车周边。"

掩护组："掩护组立即按照要求调整水幕设置位置。"

掩护组："指挥员、指挥员，我是掩护组，根据你的指示安排，我组已将水幕位置调整完毕，请指示。"

指挥员："我命令你组继续对现场实施看护，并时刻检测罐内压力情况，一旦出现罐内超压，及时利用工艺法泄压排险，泄压时不应向泄压口喷水。"

掩护组："掩护组收到。"

5. 堵漏组对泄漏点实施堵漏

在现场处置时需要考虑现场的各类因素，如泄漏点位置、泄漏压力、泄漏点周边情况等，并根据现场情况灵活选择堵漏方式。

在使用磁压堵漏工具实施堵漏时，堵漏小组应当在进入事故点前先约定好相应的沟通方式，防止穿戴好防护装备后无法较好地实施沟通，出现处置失误。一般堵漏小组由 3 ~ 4 人组成，当进入事故区域时，堵漏小组应呈"倒三角"队形，以便在出现意外时能够相互救援。当发现携带的堵漏工具不适合实施堵漏时，堵漏组组长应当考虑向指挥员汇报该情况，并在指挥员的指令下撤离至安全区，根据情况更换堵漏器材，再次开展堵漏作业。

指挥词如下：

指挥员："我命令堵漏组着一级化学防护服及空气呼吸器进入槽罐车事故区域内对泄漏点实施堵漏，同时掩护组对泄漏点处的火焰实施解封，配合堵漏组对现场进行管控。"

堵漏组："堵漏组收到。"

掩护组："掩护组收到。"

堵漏组："指挥员、指挥员，我是堵漏组，根据指挥员安排堵漏组着一级化学防护服携带木楔堵漏工具及紧固带，在掩护组的掩护下对槽罐车实施了堵漏，现场未发现其他泄漏点，请指示。"

指挥员："堵漏组和掩护组再次检查现场情况，对该泄漏点实施监护，并准备移交现场。"

堵漏组："堵漏组收到。"

掩护组："掩护组收到。"

六、受训人员自评

训练结束后，受训人员对自身训练过程进行讲评，以 LNG 槽罐车处置过程为例，组织自评。

七、组训人员讲评

组训人员讲评是危险化学品槽罐车火灾扑救训练的一个重要环节，用于对整个训练过程进行评析和总结，组训人员讲评示例如下：

组训人员："今天我们对危险化学品槽罐车火灾扑救的内容、方法、要求及注意事项进行了实战训练，本次训练也是对大家灭火战术理论知识掌握程度的一次检验，同志们在训练过程中表现的严肃认真，基本达到了训练目标和要求。此外，还有两个方面需要进一步改进。一方面，在处置各类危险化学品槽罐车事故火灾时，应当先区分清楚泄漏物质情况后，再采取相应措施。例如 LNG 槽罐车事故和 CNG 槽罐车事故的处理方式就差异很大，故需要先确定槽罐车的类型以及运输的物质类型才可以确定相应的事故处置方案。另一方面，针对类似于 LPG 槽罐车事故时，首先需先确定槽罐车上所运送的液化石油气的具体成分才能确定接下来的事故处置方法。如液化石油气槽罐车上所运送的是丁二烯，那么在实施倒罐前需先对倒罐车辆实施气体置换。希望各位同志在今后的学习和训练中不断提高危险化学品槽车火灾扑救的技战术能力，讲评完毕！"

八、训练结束

组训人员讲评结束后，组织受训人员清点人员和装备，收整并归还器材，对训练场地进行恢复。

九、训练考核

训练成绩主要从训练准备、训练过程和训练结束3个方面进行评定，为便于量化评定，按照总分100分，训练准备占20分，训练过程占60分，训练结束占20分标准进行控制，扣分细则和考核标准见表2－13－1。

表2－13－1　危险化学品槽罐车火灾扑救训练成绩评定标准

项目	分值	分项内容及标准				扣　分
		序号	分项	分数	考核标准	
训练准备	20	1	器材准备	10	训练所需器材准备齐全，器材完好	器材准备数量不足扣1分，器材有故障扣1分/件
		2	训练着装	10	受训人员着装符合要求，身份标志明显	受训人员着装不符合要求，每人次扣1分
训练过程	60	3	现场侦察	10	程序展开合理，指挥口令简明扼要	程序展开混乱扣5分/次，指挥口令烦琐扣3分/次
		4	洗消展开	5	按照程序展开	未按照程序展开扣5分
		5	外部侦检组	5	程序展开合理，洗消区域设置正确	程序展开混乱扣5分，区域设置错误扣5分/处
		6	救生过程	5	不同危险区采取不同防护措施，救助方式合理	防护级别不对应扣2分/人，救助形式错误2分/次
		7	掩护灭火救援	10	合理方式实施掩护，与堵漏组配合密切	未针对车辆类型实施掩护作业扣5分，与堵漏组配备不密切扣3分
		8	堵漏作业	10	堵漏器材使用灵活，程序展开合理	堵漏技术单一扣5分，程序展开混乱扣5分
		9	训练安全	10	符合火场安全要求，个人防护意识较强	违反火场安全规定、有危险动作的每处扣1分
		10	训练作风	5	作风紧张，动作迅速，训练行动积极	受训人员作风拖拉、不紧张，存在嬉戏打闹等现象，发现一处扣1分
训练结束	20	11	收整器材	10	收整器材规范，无遗漏	不规范一次扣1分，遗漏一件扣1分
		12	现场恢复	10	现场使用过的设施恢复原样，无遗漏	恢复不到位一处扣1分
说明	考核标准满分为100分，没有加分项目，只有扣分，每小项分数扣完为止；90分以上为优秀，80～89分为良好，70～79分为中等，60～69分为合格，不满60分为不合格					

课目十四　可燃液体储罐火灾扑救训练

一、课目下达

受训人员整队立正后，组训人员下达可燃液体储罐火灾扑救训练的课目和相关内容，主要内容如下：

（1）课目：可燃液体储罐火灾扑救训练。

（2）目的：通过训练，使受训人员掌握可燃液体储罐火灾扑救的火灾类型和特点、技战术内容、方法、要求和注意事项，提高指挥员灵活运用灭火战术能力、火场指挥能力和班组间的协同配合能力，满足第一任职需要。

（3）内容：可燃液体储罐火灾扑救的火灾类型、灭火战术方法、要求及注意事项。

（4）方法：由组训人员指导，受训人员组织实施，其他人员配合。

（5）场地：消防综合训练场。

（6）时间：约4学时。

（7）要求：受训人员在训练过程中要严肃认真，协同配合，将战术理论知识应用到实际训练过程中，理论联系实际，提升综合训练水平。

二、理论提示

储罐是收发和储存原油、汽油、煤油、柴油、喷气燃料、溶剂油、润滑油和重油等整装、散装可燃液体的设备。可燃液体储罐根据存储液体类型、存储方式、罐体结构、埋设深度等划分为不同类型。本次训练以结构形式划分储罐类型，分类依次展开固定顶储罐火灾、外浮顶储罐火灾、内浮顶储罐火灾的灭火训练。

训练前参训消防救援人员需要明确以下三个问题：

（1）固定顶储罐的火灾形式和防控理念是什么？

固定顶储罐由于设计安装不合理、设备老化、误操作、违章作业等原因，都容易导致油品外溢积聚，形成爆炸燃烧危险源。固定顶储罐油蒸气积聚、一遇到点火源即易发生燃烧爆炸，造成火灾事故。固定顶储罐火灾包括以下四种形式：①储罐挥发出的油蒸气从呼吸阀、量油孔等处冒出，形成稳定燃烧，即火炬式燃烧；②检修人孔法兰巴金垫密封损坏，在防火堤内形成地面流淌火、油池火；③罐内油气混合物达到爆炸极限后，遇火源发生燃爆，罐顶撕裂或部分开裂，呈半敞开式燃烧，存在灭火死角；④罐内油气混合物达到爆炸极限后，遇火源发生燃爆，造成罐盖完全损坏，罐顶呈敞开式全液面燃烧。防控理念：固定顶储罐结构简单，油面无浮盘，液面与罐顶有较大空间，油品蒸发量较大，一旦发生火灾，全液面燃烧的风险较大。应立足于全液面燃烧，发生火灾时采取的战术均应按照全液面火灾对待。

（2）外浮顶储罐的火灾形式和防控理念是什么？

外浮顶储罐的火灾形式分为五种：①储罐密封圈火灾（包括密封圈分散火点和密封圈环形火带）；②浮盘卡盘倾斜时，储罐半液上/半液下火灾；③浮盘沉没时，储罐全液面火灾；④储罐火灾与管道阀门流淌火灾；⑤防火堤池火。防控理念：外浮顶储罐火灾应立足于初期密封圈火灾快速处置，控制油气挥发温度、燃烧速度、燃烧面积，避免出现"卡盘""沉盘"，这是处置外浮顶储罐火灾的战术思想。

（3）内浮顶储罐的火灾形式和防控理念是什么？

内浮顶储罐的火灾形式有六种：①铁浮舱式浮盘内浮顶储罐呼吸阀、量油孔火灾；②铁浮舱式浮盘内浮顶储罐通风口（帽）火灾；③铁浮舱式浮盘内浮顶储罐罐顶崩口开裂火灾；④易熔盘内浮顶储罐呼吸阀、量油孔火灾；⑤易熔盘内浮顶储罐罐顶崩口开裂火灾；⑥易熔盘内浮顶储罐全液面火灾。关于防控理念，因内浮顶储罐类型不同而各有差异。对于钢制内浮顶储罐，主要指浅盘、敞口隔舱、单盘、双盘，由于钢材抗烧能力相对较好，且储罐设有通风口或通风帽，浮盘不易出现油蒸气聚集的情况，因此其防控理念主要基于密封圈环形火灾。对于易熔盘内浮顶储罐，由于其浮盘为铝合金材料，抗高温、抗烧性较差，易形成全液面火灾，因此氮封系统是保证其本质安全的根本。同时也应按全液面火灾计算燃烧液面积和设计泡沫灭火系统。

三、灾情设定

灾情设定包括基本灾情和突发灾情，基本灾情提前告知受训人员，突发灾情不提前告知受训人员，由导调人员结合现场情况随机设置。

（一）固定顶储罐火灾

1. 基本灾情

消防综合训练场固定顶储罐区共有3个原油储罐，一号罐为满罐，罐容积为2000 m^3；二号罐容积为2000 m^3，罐内液位为一半；三号罐容积为1000 m^3，内液位约1/4。某日8时30分，天气晴朗，西北风4级，一号罐罐内油蒸气爆炸，罐顶炸裂，形成全液面或半敞开式燃烧。二号和三号罐体未受损、未起火，但受火焰高温炙烤。由于罐体破裂，一号罐部分油品流淌至地面，在防火堤内形成大面积流淌火和池火。固定灭火系统均损坏，无法发挥作用。

距离储罐区50 m远处标出起点线，设置人员集合区域和消防车停放区域。DCS（分散控制系统）设置在模拟消防控制室内。区域设置：火灾现场设置冷却作战区、车辆停靠区、器材准备区、外围警戒区、安全撤离区。

2. 突发灾情

灭火过程中，一号原油储罐发生沸溢和喷溅，半径 100 m 范围内均有原油喷溅覆盖，形成大面积流淌火。

呈现方式：导调人员在化工装置模拟训练区拉响警报声，同时点燃 3 处防火堤外油盆模拟流淌火，安全员向指挥员报告灾情。

（二）外浮顶储罐火灾

1. 基本灾情

消防综合训练场外浮顶储罐区共有 3 个储罐，内部盛装原油，一号罐容积为 2000 m^3，二号罐容积为 2000 m^3，三号罐容积为 1000 m^3，一、三号罐均为满液位状态，二号罐为半液位状态。某日 14 时 30 分，天气晴朗，西北风 3 级，二号罐密封圈由于雷击引发火灾，一号和三号罐体未受损、未起火，但受火焰高温炙烤。固定灭火系统均损坏，无法发挥作用。

距离储罐区 50 m 远处标出起点线，设置人员集合区域和消防车停放区域。DCS（分散控制系统）设置在模拟消防控制室内。区域设置：火灾现场设置冷却作战区、车辆停靠区、器材准备区、外围警戒区、安全撤离区。

图 2－14－1　外浮顶储罐火灾卡盘现象模拟设置示意图

2. 突发灾情

（1）灭火过程中，随着液面下降，二号罐罐体变形，浮盘单边卡盘（图 2－14－1），储罐内出现拱顶罐式局部空间燃烧，浮盘倾斜。

呈现方式：导调人员在化工装置模拟训练区设置警示牌，告知安全员出现浮盘卡盘现象，燃烧面积扩大，安全员向指挥员报告灾情。

（2）灭火过程中，二号罐内出现沉盘，储罐内形成全液面燃烧。

呈现方式：导调人员在化工装置模拟训练区设置警示牌，告知安全员出现浮盘沉盘现象，火情扩大为全液面燃烧，安全员向指挥员报告灾情。

（三）内浮顶储罐火灾

消防综合训练场共有 3 个内浮顶储罐，内部盛装轻质石脑油，一号罐容积为 2000 m^3，二号罐容积为 2000 m^3，三号罐容积为 1000 m^3，一、三号罐均为满液位状态，二号罐为半液位状态。某日 14 时 30 分，天气晴朗，西北风 3 级，一号罐由于静电火花引发呼吸阀火灾。

距离储罐区 50 m 远处标出起点线，设置人员集合区域、消防车停放区域。DCS（分散控制系统）设置在模拟消防控制室内。区域设置：火灾现场设置冷却作战区、车辆停靠区、器材准备区、外围警戒区、安全撤离区。

四、参训力量设定

基本作战力量编成：配置灭火冷却单元2个，每个单元由1辆主战车、2辆后援车组成，共需泡沫消防车6辆，举高喷射消防车3辆。

人员：3个班组，共18人，设置站级指挥员1名、安全员1名，还有灭火组（6人，由一班组成）、冷却一组（5人，由二班组成）和冷却二组（5人，由三班组成），共同完成可燃液体储罐灭火训练任务。

装备器材：热成像仪2台，风速风向仪1个，移动水炮3门，D80水带10盘，D65水带30盘，二分水器3个，发烟罐5个，油盆、柴油和汽油若干，泡沫钩管、泡沫枪若干。

五、训练展开

1. 固定顶储罐全液面火灾扑救

指挥员根据油池和罐体火灾大小，估算灭火力量，合理确定战斗员任务分工，做好灭火战斗展开准备，按照先扑救防火堤池火、后扑救罐火的顺序，采取“分区逐段、接力释放、强缓联用、合围推进”的战术。听到“开始”的口令后，战斗员按分工展开战斗。

（1）抢险车对外围进行警戒，防止无关人员进入，并确定1名安全员观察火势，随时发出撤离信号。

（2）泡沫消防车的数量根据需要出泡沫钩管、泡沫管枪和泡沫炮的数量确定。在上风方向防火堤均匀设置泡沫钩管、泡沫管枪出泡沫覆盖灭火，泡沫钩管和泡沫管枪的数量根据防火堤面积计算确定，泡沫管枪向罐壁和两侧防火堤壁喷射泡沫。

（3）2辆消防车从防火堤两侧设置泡沫管枪和泡沫炮向罐壁喷射泡沫，进行泡沫覆盖，防止火势蔓延。

（4）待上风方向防火堤内形成泡沫覆盖面后，分别向两侧防火堤延伸1支管枪，继续喷射泡沫。同时增设2门泡沫炮配合泡沫枪向下风方向延伸。视情可在防火堤两侧增设泡沫钩管和泡沫炮，以提升高泡沫覆盖效果。

（5）使用3辆举高喷射消防车和臂架式泡沫炮向全液面燃烧的储罐内喷射泡沫，扑灭储罐火灾。

2. 沸溢喷溅造成流淌火灾扑救

沸溢喷溅发生后，造成防火堤外大面积流淌火，指挥员根据现场情况，组织力量扑救流淌火。估算灭火力量，合理确定战斗员任务分工，做好灭火战斗展开准备。

（1）抢险车对外围进行警戒，防止无关人员进入，并确定一名安全员观察火势，随时发出撤离信号。

（2）泡沫消防车数量根据需要出泡沫钩管、泡沫管枪和泡沫炮的数量计算确定。在上风方向防火堤均匀设置（相距5 m）泡沫钩管、泡沫管枪出泡沫覆盖灭火，泡沫管枪向罐壁和两侧防火堤壁喷射泡沫。

（3）2辆消防车从防火堤两侧设置泡沫管枪和泡沫炮，向罐壁喷射泡沫，同时利用沙袋或混凝土袋在流淌火区域筑堤围堵，将流淌油品控制在有限区域内，防止火势蔓延。

（4）待上风方向防火堤内形成泡沫覆盖后，分别向两侧防火堤延伸1支管枪喷射泡沫。同时增设2门泡沫炮配合泡沫枪向下风方向延伸。视情可在防火堤两侧增设泡沫钩管和泡沫炮提高泡沫覆盖效果。

3. 外浮顶储罐密封圈火灾扑救

外浮顶储罐密封圈火灾，登罐灭火（图2－14－2）按以下步骤进行：

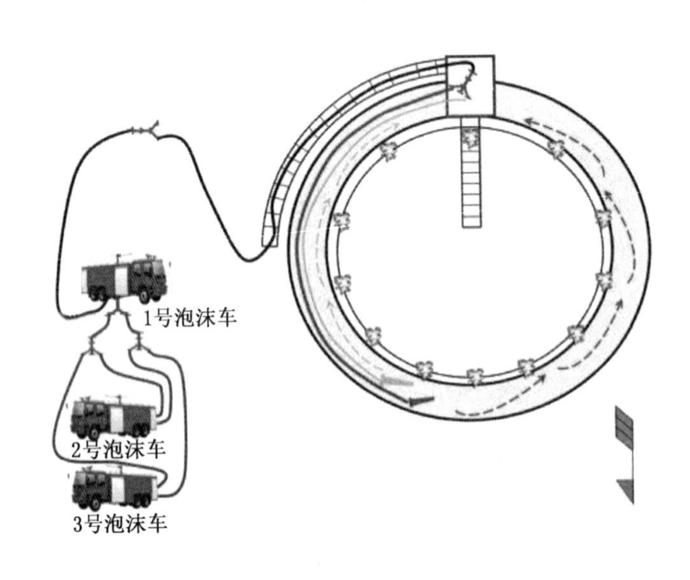

图2－14－2　外浮顶储罐登罐灭火示意图

（1）登罐灭火。以罐顶平台为基准，当罐顶平台处下风向时，从平台沿罐顶外环形走道两侧分别向前敷设水带，从上风向出2支泡沫管枪（一前一后），待形成泡沫层后，1支泡沫枪从上风处往回推进，另1支泡沫枪从上风向处逐段向前推进，最后将围堰覆盖闭合。

（2）冷却降温。启动着火罐固定喷淋系统实施冷却降温，邻近罐不开固定喷淋，着火罐和邻近罐均不需要设置移动冷却力量。及时关闭储罐电加热并定时排水，浮顶排水防止压斜浮盘，罐内排水及时消除水垫层；当冷却水不足时（如固定泵损坏等），采取邻近罐区同质冷油循环法降低油温。

外浮顶储罐登罐灭火注意事项如下：

（1）登罐灭火前，需观察泡沫竖管延伸至平台末端的设置情况，若出现以下情况，登罐时需沿罐外盘梯铺设水带干线，携带三分水器至罐顶平台并用绳索固定：①未设置二分水器；②二分水器设置位置和方向不合理；③末端设置为半固定管牙接口或手轮式开关二分水器。选用流量 16 L/s 泡沫管枪，始终顺风向沿罐壁斜向下喷射，确保泡沫尽可能流淌至泡沫堰板内，车泵压力控制在 1 MPa 以内，6 级风加压至 1. 4 MPa 左右。

（2）三号员在向一、二号员供水过程中，要缓开缓关，防止开关过快造成水锤作用发生意外，供水中可将分水器两分水开关各开一半，待全部出水后再全开；延伸水带时，始终保持 1 支管枪常开、1 支延伸停水更换。

（3）登罐作业人员不能超过 4 人，并着隔热服、佩戴空气呼吸器，携带通信电台、方位灯和安全绳，安全员佩戴双电台、双方位灯（夜间使用）。

（4）登罐灭火过程中，若遇风向突变、被浓烟围困，可考虑利用上风或侧风向的罐顶逃生梯下至储罐抗风圈位置紧急避险；如有必要可利用安全绳就近沿冷却水竖管翻越至抗风圈位置紧急避险。

4. 内浮顶储罐呼吸阀火灾扑救

遵循“内外结合、固移联用”窒息灭火战术思想，采用“注氮灭火 + 固定（半固定）泡沫灭火系统泡沫覆盖 + 举高喷射消防车水流切封灭火”的战术措施。内浮顶储罐呼吸阀火灾扑救力量部署如图 2 – 14 – 3 所示。

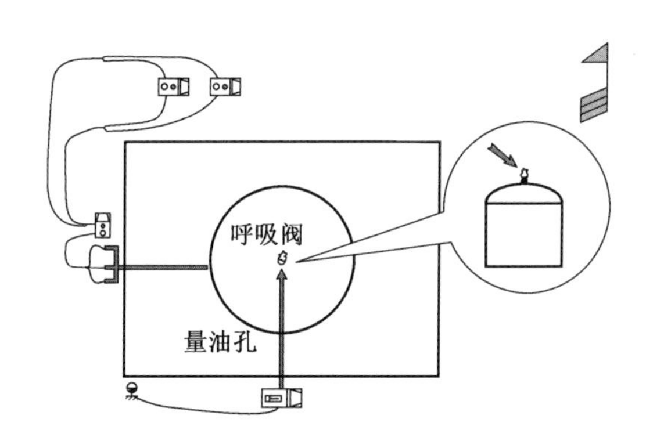

图 2 – 14 – 3　内浮顶储罐呼吸阀火灾扑救力量部署

（1）固定氮封系统 + 固定泡沫灭火系统灭火。①开启事故罐氮封系统旁通阀，注入压力不小于 0. 4 MPa 的氮气进行惰化、抑制、窒息灭火；同时启动固定泡沫灭火系统或利用消防车连接半固定泡沫灭火系统，校验发泡效果后，注入泡沫冷却盘板，防止因铝浮盘热传导快引起复燃。②临时应急注氮灭火，利用干粉车或氮气瓶组，连接固定氮封系统排渣口，通过移动式应急注氮装置调节压力和流量，实现惰化、抑制、窒息灭火；同时启动固定泡沫灭火系统或利用消防车连接半固定泡沫灭火系统，校验发泡效果后，注入泡沫冷却盘板，防止因铝浮盘热传导快引起复燃。③未安装氮封系统的易熔盘内浮顶储罐，或“非标准”材质浮盘内浮顶，在校验泡沫后，应采取泡沫缓释放的方式注入泡沫灭火。

（2）举高喷射消防车雾状水流切封灭火。举高喷射消防车上风或侧上风站位，举升延展至最大工作高度和水平跨度，调节举高喷射消防车臂架炮至储罐上方，自上而下垂直向下（斜向下45°最佳）喷射半喷雾水、雾状泡沫射流封闭呼吸阀和量油孔，隔绝空气、瞬间窒息灭火。扑灭后，举高喷射消防车转为罐顶漫流持续冷却，防止二次复燃。

（3）重点冷却保护着火罐及邻近罐。着火罐、邻近罐组均要实施冷却保护，开启罐组内着火罐和邻近罐固定喷淋系统，部署移动力量（移动炮等）重点冷却着火罐液位边界线以上和邻近罐迎火面液位边界线以上部位约0.5 m处，也可采取举高喷射消防车漫流冷却方法（1辆车保护1个储罐），从储罐顶部喷射形成漫流均匀降温保护。

六、受训人员自评

受训人员自评，通过反思训练环节中好的地方和不足之处，可以锻炼受训人员各个角色的总结经验发现问题的能力，受训人员讲评模板如下：

受训人员1：“今天我们训练的课目是×××，我所参训的角色是×××，我的任务是×××，操作注意事项（或技术方法）是×××。此次训练存在的不足是×××，下次训练会×××，讲评完毕！”

七、组训人员讲评

组训人员讲评是训练结束前的重要环节，用于对整个训练过程进行评析和总结，组训人员讲评示例如下：

组训人员：“今天我们训练的3项内容为固定顶储罐全液面火灾扑救、外浮顶储罐密封圈火灾扑救、内浮顶储罐呼吸阀火灾扑救。通过训练，同志们基本掌握了训练的内容、方法、要求及注意事项。但是训练过程还存在几点不足：第一，×××；第二，×××。希望各位同志在今后的学习和训练中不断提高实战能力，讲评完毕！”

八、训练结束

（1）讲评完毕，所有人员将现场器材收集，水带控水收卷，仪表关机，器材泄掉余水。

（2）清点人员装备，整收装备器材为：热成像仪2台，风速风向仪1个，移动炮3门，D80水带10盘，D65水带30盘，二分水器3个，发烟罐5个，油盆、柴油和汽油若干。

（3）还原场地设施，清理现场积水及无关用品，恢复至备用状态。

九、训练考核

训练考核为过程性考核，由组训人员安排专人负责，考核标准见表2－14－1。

表2-14-1　可燃液体储罐火灾扑救实训评分标准

项目	内　容	评　分　细　则	得分
训练准备（10分）	列队报告（5分）	1. 列队时间超3 min的，扣1分 2. 指挥员报告程序不符合要求或缺项的，扣1分	
	执勤状态（5分）	1. 消防救援人员个人防护装备佩带不齐全的，每件扣0.5分 2. 执勤人员每少1人的，扣1分	
训练展开（80分）	车辆位置（10分）	车辆未保持安全距离、作业面选择错误、车辆停放不合理、水带横过道路未设置保护的，每项扣0.5分	
	现场侦察（10分）	1. 未采取外部观察、内部侦察、询问知情人、利用消防控制室和侦检仪器进行侦察的，扣1分 2. 灾情侦察不迅速、情况掌握不准确的，扣2分	
	疏散救人（10分）	1. 引导人员疏散选择通道（路线）不合理的，扣1分 2. 未携带必要救生器材的，扣1分 3. 搜救不彻底的，本项内容不得分	
	供水线路（10分）	1. 未就近使用水源的，扣1分 2. 超出管网供水能力使用水源的，扣1分 3. 未按水带铺设要求选择最佳线路铺设水带的，每处扣0.5分 4. 灭火剂、射水器具选择不正确的，每项扣1分	
	阵地设置（10分）	1. 未合理选择进攻路线的，扣1分 2. 未正确选择进攻起点的，扣1分 3. 未合理设置水枪阵地的，扣1分	
	技术应用（10分）	1. 警戒、冷却、灭火、堵漏位置选择不合理的，每处扣2分 2. 警戒、冷却、灭火、洗消方法不正确的，每处扣2分	
	装备应用（10分）	1. 现场使用器材不正确的，扣2分 2. 未发挥器材装备最大作战效能的，扣1分 3. 不爱护器材、随意破坏器材的，不得分	
	个人防护（5分）	根据现场情况，防护装备选择不正确、防护措施错误的，此项内容不得分	
	作战安全（5分）	1. 现场未按规定设安全员的，扣2分 2. 违反灭火救援作战行动安全规定的，此项内容不得分	
训练结束（10分）	收整器材（5分）	收整器材规范，无遗漏。不规范一次扣1分，遗漏一件扣1分	
	现场恢复（5分）	现场使用过的设施恢复原样，无遗漏。恢复不到位一处扣1分	

课目十五　液化烃储罐火灾扑救训练

一、课目下达

受训人员整队立正后，组训人员下达液化烃储罐火灾扑救的课目和相关内容，主要内容如下：

（1）课目：液化烃储罐火灾扑救。

（2）目的：通过训练，使受训人员掌握全压力液化烃储罐火灾扑救的技战术内容、方法、要求和注意事项，提高指挥员火场指挥能力和班组间的协同配合能力，满足第一任职需要。

（3）内容：液化烃储罐火灾扑救的内容、方法、要求及注意事项。

（4）方法：由组训人员指导，受训人员组织实施，其他人员配合。

（5）场地：消防综合训练场。

（6）时间：约2学时。

（7）要求：受训人员在训练过程中要严肃认真，协同配合，将战术理论知识应用到实际训练过程中，理论联系实际，提升综合训练水平。

二、理论提示

液化烃常温常压下以气态方式存在，为便于储存需将其液化。液化有加压和降温至其沸点以下两种方式，因此出现了全压力式和全冷冻式液化烃储罐，而半冷冻式是结合了两者的特点来设计。液化烃储罐发生火灾，灾情瞬息突变，可能发展成极端的火灾爆炸事故。因此，应根据火场环境和条件、灾情发展趋势及时采取措施，做到进攻与撤离兼顾，有针对性地组织灭火救援工作。训练前参训消防救援人员需要明确以下两个问题：

（1）液化烃储罐的防控理念是什么？

三种储罐的工艺关键是对高压气相和低温液相物料的处理，其核心防控理念是防止和减缓液化烃的汽化量和汽化速度，避免出现大规模急剧泄漏，突破容器耐压极限，发生爆炸或燃烧。

（2）液化烃储罐灾情处置常用技术有哪些？

强制冷却、放空排险、安全控烧、水流切封、干粉灭火。

三、灾情设定

灾情设定包括基本灾情和突发灾情，基本灾情提前告知受训人员，突发灾情不提前告知受训人员，由导调人员结合现场情况随机设置。

1. 基本灾情

某日 15 时 30 分，消防综合训练场液化烃全压力储罐安全阀、放空阀等发生气相泄漏，遇火源产生喷射火。

利用模拟装置，训练时在相应部位点火，模拟火灾。

距离装置 100 m 远处标出起点线，设置人员集合区域和消防车停放区域。

DCS（分散控制系统）设置在模拟消防控制室内。

2. 突发灾情

训练过程中，导调人员结合实际情况，随机设置以下突发情况：

（1）受风向、压力等因素影响，火势烘烤邻近储罐及管线，热辐射持续上升导致单一储罐灾情向罐组灾情扩展。

呈现方式：邻近管线及储罐的温度，在 DCS（分散控制系统）显示温升过快，控制人员向指挥员报告。

（2）储罐泄漏着火爆炸后，储罐支柱失去支撑能力，罐体倾斜或倒塌拉断管线，大量液化烃泄漏燃烧，储罐安全附件、控制线路被烧毁，导致 DCS（分散控制系统）控制室不能监测储罐的温度、压力、液位等关键参数，同时由于控制线路的烧毁导致工艺紧急注氮和紧急放空等措施失效，储罐进入失控状态，发生储罐解体爆炸和罐组的连锁爆炸，属于失控灾情。

呈现方式：化工装置模拟训练区响起警报声，DCS（分散控制系统）安全员向指挥员报告灾情。

四、参训力量设定

基本作战力量编成：按照罐组内 1 个着火罐灾情配置，共需要 3 门流量为 33 L/s 的水力自摆炮，1 门流量为 80 L/s 的电控炮，所有喷射器具总需水量约 180 L/s。

人员：2 个班组，共 12 人，设置站级指挥员 1 名、安全员 1 名、冷却一组（5 人，由一班组成）和冷却二组（5 人，由二班组成），共同完成液化烃储罐冷却训练任务。

装备器材：热成像仪 2 台，风速风向仪 1 个，移动炮 3 门，D80 水带 10 盘，二分水器 3 个，发烟罐 5 个。

区域设置：火灾现场设置冷却作战区、车辆停靠区、器材准备区、外围警戒区、安全撤离区。

五、训练展开

（一）工艺处置

根据工况进行紧急泄压、火炬燃烧，火炬线或安全阀已动作，但压力仍然持续上升时，远程或由工艺人员手动开启放空阀直排大气，同时开启着火罐及邻近罐固定喷淋系统进行强制冷却。

冷却一组向指挥员汇报如下：

一班一号员：“×××，收到请回答，我是冷却一组！”

指挥员：“收到，请讲。”

一班一号员：“×××，已对着火罐进行紧急泄压、火炬燃烧，安全阀已动作！”

指挥员：“收到，继续监控温度！”

一班一号员：“收到！”

（二）移动力量强制冷却控火

开展冷却罐体行动。水炮冷却布置方式如图2－15－1所示，指挥词和操作步骤如下：

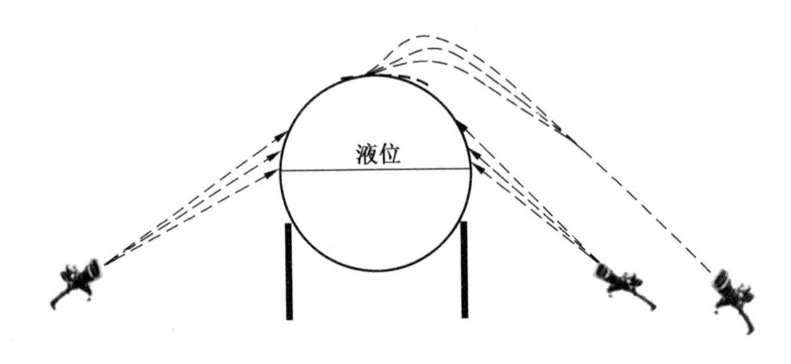

图2－15－1　水炮冷却布置方式示意图

指挥员：“一班、二班，从上风方向铺设水带干线！”

一班一号员：“收到！”

二班一号员：“收到！”

指挥员向DCS（分散控制系统）安全员询问液位情况以合理布置水炮冷却。

指挥员：“安全员，报告储罐液位！”

安全员：“报告指挥员，储罐液位为半液位！”

指挥员：“收到，继续监测！”

安全员：“明白！”

指挥员命令一班布置一门水力自摆炮以固定角度对储罐罐顶射流进行漫流冷却。

指挥员：“一班，布置一门水力自摆炮进行冷却！”

一班一号员：“收到！”

另外一门水力自摆炮调整位置和角度重点对储罐液位以上气相空间进行冷却。远程电控遥控炮对水力自摆炮冷却不到的盲点进行补充。

指挥员："一班、二班，布置自摆炮和电控炮进行冷却！"

一班一号员，二班一号员："收到！"

（三）液化烃全压力储罐失控灾情处置

当液化烃全压力储罐因泄漏着火发生爆炸后，储罐支柱失去支撑能力，罐体倾斜或倒塌拉断管线，大量液化烃泄漏燃烧，储罐安全附件、控制线路被烧毁，导致DCS（分散控制系统）控制室不能监测储罐的温度、压力、液位等关键参数，同时由于控制线路的烧毁导致工艺紧急注氮和紧急放空等措施失效，储罐进入失控状态，发生储罐解体爆炸和罐组的连锁爆炸，属于失控灾情。

【操作提示：液化烃全压力储罐罐组失控灾情是指失去控制中心监控和工艺处置条件，事故彻底失控，随时可能发生猛烈爆炸，消防救援人员严禁盲目进入着火罐区。当液化烃储罐爆炸泄压，能量释放以后，罐区处于稳定状态，经专家评估和现场侦察综合研判，现场指挥员根据灾情的转化，重新调整、调集和部署作战力量。】

1. 紧急撤离和紧急避险

当储罐燃烧或受热烘烤而出现储罐安全阀、放空阀等发出刺耳的尖叫声，火焰颜色由红变白，储罐发生颤抖，相连的管道、阀门、储罐支撑基础相对变形等现象时，储罐随时有发生爆炸可能，应及时发出警报，立即组织现场人员紧急撤离至安全区域。

安全员发现危险情况，发出警报。

指挥员："现场储罐灾情失控，所有人员紧急撤离！"

一班一号员："收到！"

二班一号员："收到！"

前方战斗人员突遇爆炸来不及紧急紧撤离时，应就近卧倒，头部应朝向撤离方向、脸向下，匍匐撤离或依托掩体紧急避险。

突发灾情撤离、避险后，指挥员清点人数。

指挥员："一班、二班，报告人员情况！"

一班一号员："指挥员，一班所有人员已全部撤离至安全区域！"

二班一号员："指挥员，二班所有人员已全部撤离至安全区域！"

指挥员："收到，原地待命！"

一班一号员："收到！"

二班一号员："收到！"

2. 远距离安全观察监测

所有战斗人员和车辆在上风向安全距离处集结，同时按行业和专业联系专家到场指导。经专家组科学论证和现场侦察综合研判后，具备事故处置条件时视情调派力量进行处置。

爆炸发生后，储罐灾情稳定。

指挥员：“经观察，着火罐已处于稳定燃烧阶段，一班二班返回阵地继续冷却！”

一班一号员：“收到！”

二班一号员：“收到！”

指挥员：“一班、二班，报告阵地情况！”

一班一号员：“指挥员，一班两门水炮持续冷却罐体！”

指挥员：“收到！”

二班一号员：“指挥员，二班一门水炮持续冷却管线！”

指挥员：“收到！”

（四）操作要求及安全注意事项

（1）把灭火救援人员的生命安全放在第一位。

（2）统一紧急撤离信号，科学合理规划撤离路线、紧急避险方案和集结点。紧急撤离时不收器材，不开车辆，主要保证人员安全撤出。

（3）当罐组内所有液化烃储罐上部下部都着火，包括进出物料线、平衡线、安全阀线、火炬线等着火，物料经过燃烧泄压后，通过望远镜远距离观察，上部气相喷射火高度小于 5 m 时，说明储罐压力已经降低到具备消防移动力量处置的条件。

（4）当燃烧爆炸泄压后，具备消防移动力量处置条件时，指挥员根据现场灾情，判断采用相应的战法进行处置。

六、受训人员自评

受训人员自评，通过反思训练环节中好的地方和不足之处，可以锻炼受训人员各个角色的总结经验发现问题的能力，受训人员讲评模板如下：

受训人员 1：“今天我们训练的课目是×××，我所参训的角色是×××，我的任务是×××，操作注意事项（或技术方法）是×××。此次训练存在的不足是×××，下次训练会×××，讲评完毕！”

七、组训人员讲评

组训人员讲评是训练结束前的重要环节，用于对整个训练过程进行评析和总结，组训人员讲评示例如下：

组训人员：“今天我们训练的两项内容为液化烃储罐火灾冷却方法以及灾情的紧急撤离方法。通过训练，同志们基本掌握了训练的内容、方法、要求及注意事项。但是训练过程还存在几点不足：第一，×××；第二，×××。希望各位同志在今后的学习和训练中不断提高实战能力，讲评完毕！”

八、训练结束

（1）讲评完毕，所有人员将现场器材收集，水带控水收卷，仪表关机，器材泄掉余水。

（2）清点人员装备，整收装备器材为：热成像仪 2 台，风速风向仪 1 个，移动炮 3 门，D80 水带 10 盘，二分水器 3 个。

（3）还原场地设施，清理现场积水及无关用品，恢复至备用状态。

九、训练考核

训练考核为过程性考核，由组训人员安排专人负责，考核标准参见表 2 - 14 - 1。

课目十六　石油化工装置火灾扑救训练

一、课目下达

受训人员整队立正后，组训人员下达石油化工装置火灾扑救的课目和相关内容，主要内容如下：

（1）课目：石油化工装置火灾扑救训练。

（2）目的：通过训练，使受训人员掌握石油化工装置火灾扑救的技战术内容、方法、要求和注意事项，提高指挥员火场指挥能力和班组间的协同配合能力，满足第一任职需要。

（3）内容：石油化工装置火灾扑救的内容、方法、要求及注意事项。

（4）方法：由组训人员指导，受训人员组织实施，其他人员配合。

（5）场地：石油化工模拟训练场。

（6）时间：约2学时。

（7）要求：受训人员在训练过程中要严肃认真，协同配合，将战术理论知识应用到实际训练过程中，理论联系实际，提升综合训练水平。

二、理论提示

石油化工装置是石油加工生产的主要设备，装置内的物料种类多、状态复杂，既有高温又有高压，一旦发生火灾事故，处置难度极大。化工装置火灾灾情瞬息突变，可能发展成极端的火灾连锁爆炸事故，形成立体火灾。因此，应根据火场环境和条件、灾情发展趋势及时采取措施，做到进攻与撤离兼顾，有针对性地组织灭火救援工作。训练前参训消防救援人员需要明确以下两个问题：

（1）最常见的石油化工生产装置是什么？

常减压装置。

（2）化工装置灾情处置常用工艺处置措施有哪些？

紧急停车、紧急泄压、关阀断料等工艺措施。

三、灾情设定

灾情设定包括基本灾情和突发灾情，基本灾情提前告知受训人员，突发灾情不提前告知受训人员，由导调人员结合现场情况随机设置。

1. 基本灾情

生产装置区内单体设备管线、阀门、法兰等部位的冷油烃类物料发生泄漏（如换热器出来的物料等），遇火源或其他原因发生燃烧，在装置区地面的围堰内形成流淌火。若长时间燃烧，将持续炙烤化工装置，从而导致装置单元的立体火灾。按照围堰流淌火 60 m^2（长 12 m，宽 5 m）进行战斗部署。

利用模拟装置，训练时在相应部位点火，模拟火灾。

距离装置 50 m 远处标出起点线，设置人员集合区域和消防车停放区域。

DCS（分散控制系统）设置在模拟消防控制室内。

2. 突发灾情

训练过程中，导调人员结合实际情况，随机设置以下突发情况：

受风向、压力等因素影响，烘烤邻近储罐及管线，热辐射持续上升导致常减压装置管线、阀门、法兰等部位的物料泄漏（如回流罐、换热器等区域物料），发生燃烧，形成装置区带压设备喷射火，二、三、四层装置区的瀑布火导致装置单元立体火灾。

呈现方式：化工装置模拟训练区火点增多，DCS（分散控制系统）安全员向指挥员报告灾情。

四、参训力量设定

基本作战力量编成：按照围堰面积 60 m^2，共需 2 只钩管（16 L/s）、2 只管枪（16 L/s）、2 门移动炮（4 L/s）、3 门泡沫炮（40 L/s），考虑企业稳高压消防水系统设为 400 L/s，为保证现场灭火冷却单元连续作战 1 h 以上需要（所有喷射器具总需水量约 500 L/s），还需调集 1 套 400 L/s 远程供水泵组，即 1 个远程供水单元。视情调集 18 m、60 m 举高喷射消防车作为主战车辆靠前部署，泡沫输转车和远程供水系统作为供液保障。

人员：1 个特勤站，共 20 人，设置站级指挥员 2 名、安全员 1 名，钩管组（4 人，由一班组成）、管枪组（8 人，由二班组成）以及水炮和泡沫炮组（5 人，由三班组成），共同完成训练任务。

装备器材：热成像仪 2 台，风速风向仪 1 个，钩管 2 只，管枪 2 只，移动炮 2 门，泡沫炮 3 门，D80 水带 10 盘，D65 水带若干盘，二分水器 4 个，发烟罐 5 个。

车辆：水罐消防车 2 辆，泡沫消防车 2 辆，举高喷射消防车 1 辆。

区域设置：火灾现场设置冷却作战区、车辆停靠区、器材准备区、外围警戒区、安全撤离区。

五、训练展开

（一）工艺处置

采取紧急停车、紧急泄压、关阀断料等工艺措施，尽可能让泄漏物料控制在底部围堰里。

DCS 安全员向指挥员汇报如下：

DCS 安全员：“×××，收到请回答，我是安全员！”

指挥员：“收到，请讲。”

DCS 安全员：“×××，已对着火装置进行紧急停车、紧急泄压、关阀断料等工艺措施！”

指挥员：“收到，继续监控灾情！”

DCS 安全员：“收到！”

（二）移动力量局部泡沫战法灭火

根据泄漏范围和火势发展态势，利用泡沫钩管、泡沫管枪、移动炮、移动炮（带泡沫发泡筒），采取混合液撞击发泡与成型泡沫覆盖的方式，纵深覆盖灭火。油烃类火灾采用水成膜泡沫进行覆盖灭火。

1. 设置泡沫钩管、泡沫管枪联用梯次进攻阵地

指挥员：“一班，按照 5 m 间距设置泡沫钩管！”

一班一号员：“收到！”

指挥员：“二班，在钩管中间设置管枪阵地！”

二班一号员：“收到！”

冷油烃类按照 1 支泡沫钩管覆盖范围 5 m 的标准逐一设置，泡沫钩管释放口朝向统一，斜放在围堰上。泡沫管枪在钩管中间区域。

指挥员：“二班，距离围堰外延 5 ~ 7 m 校验泡沫！”

二班一号员：“收到！”

待校验完毕，统一释放于距围堰外沿 0.5 m 处的区域，形成泡沫覆盖层后，向前推进，翻越围堰，降低作业面区域的液面温度，打开作业面。

指挥员：“二班，向前推进阵地！”

二班一号员：“收到！”

指挥员：“一班，校验泡沫钩管！”

一班一号员：“收到！”

泡沫校验合格后，泡沫钩管向燃烧区延伸。

指挥员：“一班，延伸阵地！”

一班一号员：“收到！”

2. 移动炮泡沫原液撞击发泡覆盖装置后部区域流淌火

指挥员：“三班，在泡沫管枪、钩管阵地后方设置 3 门攻坚移动炮！”

三班一号员：“收到！”

阵地设置完毕，直接出混合液撞击一层装置区后部的梁、柱等部位，形成泡沫覆盖层回流延展，覆盖区域在围堰向内延伸约 7 m 的范围，同时对化工装置泵、罐、换热器等设备设施及承载框架的金属构造进行冷却保护。

指挥员："三班，开启移动炮，射流撞击梁柱！"

三班一号员："收到！"

3. 移动炮成型泡沫补位

在泡沫管枪、钩管以及移动炮阵地之间，增设装配泡沫吸气设备的移动炮（30 ~ 40 L/s），释放成型泡沫，对流淌火覆盖的薄弱范围（5 ~ 7 m 的区域）以及设备装置之间的盲区进行补位，增加泡沫覆盖厚度。

指挥员："三班，开启泡沫炮，补位覆盖盲区！"

三班一号员："收到！"

（三）突发灾情处置

突发灾情为常减压装置管线、阀门、法兰等部位的物料泄漏，回流罐、换热器发生燃烧，形成装置区带压设备喷射火，二、三、四层装置区的瀑布火导致装置单元立体火灾。

呈现方式：装置火点增多。

理论提示：根据立体火灾燃烧状况和周边设备布局，利用泡沫钩管、泡沫管枪、移动炮、移动炮（带泡沫发泡筒）以及举高喷射消防车，采取泡沫混合液与成型泡沫组合的方式，形成下、中、上的立体"全泡沫"灭火力量。

1. 举高喷射消防车喷射混合液冷却控制装置中上部区域

18 m 举高喷射消防车举高冷却扑救三层回流罐、四层空冷区等火势，重点扑救瀑布火，保护喷射火炙烤影响的框架结构、重点设备。

指挥员："一班，架设 18 m 举高喷射消防车，对回流罐进行冷却！"

一班一号员："收到！"

60 m 以上举高喷射消防车占据装置两侧，水平延伸 25 m 以上，控制高位塔釜，重点冷却塔釜上段气相部位和喷射火炙烤威胁的设备设施。

指挥员："二班，架设 60 m 举高喷射消防车，对受威胁设备进行冷却！"

一班一号员："收到！"

2. 火势扑灭后，转入控制燃烧阶段

指挥员："一班、二班，停止泡沫射流，改为水射流冷却！"

一班一号员："收到！"

二班一号员："收到！"

（四）操作要求及安全注意事项

（1）落实控制室站位。派员进入 DCS 控制室，设立内部观察哨，确认工艺措施是否启动，如紧急停车、泄压排爆、关阀断料以及工艺控制措施，如氮气或蒸汽灭火系统是否完整好用。

（2）严格防护等级。考虑燃烧热辐射，抵近烃类流淌火作战的人员统一着隔热防护服，佩戴空气呼吸器。此外，指挥员要根据事故装置泄漏物料的理化特性、泄漏蔓延的相态、范围和危害后果，对"防火、防爆、防毒、防灼伤、防冻伤、防同位素辐射"的要求进行核查确认，分类、分级、分区落实安全防护措施。

（3）明确释放强度要求。冷油烃类流淌火泡沫钩管、泡沫管枪的保护范围为5 m。燃烧时间超过2 h，现场按照热油处置对待，泡沫钩管、泡沫管枪的保护范围为3 m，如火势较大或风向变化，可在主阵地或围堰侧风向一侧增加喷射器具。采取“全泡沫”战术主要有两个目的：一是防止不同射流破坏地面流淌火的泡沫覆盖层；二是利用移动炮、举高喷射消防车释放混合液撞击发泡，增加单位面积内的泡沫覆盖强度。释放强度增加不是指增加供液时间，而是增加泡沫释放器具。

（4）把握战法转换时机。一是初战力量到场后，如工艺处置未能确认到位或力量不足时，优先在燃烧区邻近设备有爆炸危险的设备周围部署冷却力量，暂不扑救流淌火和装置瀑布火。待DCS控制人员确认工艺处置措施到位和作战力量充足后，统一转换为全泡沫灭火。二是高中部位立体流淌火与地面流淌火扑灭后，仅呈现喷射火时，确认工艺参数恢复正常数值，现场温度下降后，全部喷射器具从出泡沫转为出水冷却高温设备，控制燃烧，但需做好复燃灭火的准备。

（5）落实基础战术要求。灭火冷却单元需采取耦合供液方式，具备“30 min车载+30 min耦合+30 min外吸”的供液能力，以确保灭火作业不间断，同时注意在同一区域喷射同类型、同比例、同倍数的泡沫，所调集的泡沫液也应保持同类型、同比例、同发泡倍数。

（6）监测泡沫释放效能。在流淌火围堰四周作业面要设置安全观察员，除观察火势态势和装置框架稳定性外，还要对泡沫喷射覆盖效果要进行检查，避免错误操作而影响整体灭火效能，如泡沫管枪开关是否放置混合液挡、泡沫钩管释放朝向是否一致等。

六、受训人员自评

受训人员自评，通过反思训练环节中好的地方和不足之处，可以锻炼受训人员各个角色的总结经验发现问题的能力，受训人员讲评模板如下：

受训人员1：“今天我们训练的课目是×××，我所参训的角色是×××，我的任务是×××，操作注意事项（或技术方法）是×××。此次训练存在的不足是×××，下次训练会×××，讲评完毕！”

七、组训人员讲评

组训人员讲评是训练结束前的重要环节，用于对整个训练过程进行评析和总结，组训人员讲评示例如下：

组训人员：“今天我们训练的内容为化工装置初期火灾扑救方法以及灾情扩大后的处置方法和各项注意事项。通过训练，同志们基本掌握了训练的内容、方法、要求及注意事项。但是训练过程还存在几点不足：第一，×××；第二，×××。希望各位同志在今后的学习和训练中不断提高实战能力，讲评完毕！”

八、训练结束

（1）讲评完毕，所有人员将现场器材收集，水带控水收卷，仪表关机，器材泄掉余水。

（2）清点人员装备，整收装备器材按照表格核对。

（3）还原场地设施，清理现场积水及无关用品，恢复至备用状态。

九、训练考核

训练考核为过程性考核，由组训人员安排专人负责，考核标准参见表2－14－1。

课目十七　高层建筑火灾扑救灭火战术综合训练

一、课目下达

受训人员整队立正后，组训人员下达高层建筑火灾扑救训练的课目和相关内容，主要内容如下：

（1）课目：高层建筑火灾扑救灭火战术综合训练。

（2）目的：通过训练，使受训人员掌握高层建筑火灾扑救的火灾特点、战术方法、要求和注意事项，提高指挥员灵活运用灭火战术能力、火场指挥能力和班组间的协同配合能力，满足第一任职需要。

（3）内容：高层建筑火灾特点、灭火战术方法、要求和注意事项。

（4）方法：由组训人员指导，受训人员组织实施，其他人员配合。

（5）场地：消防综合训练场。

（6）时间：约4学时。

（7）要求：受训人员在训练过程中要严肃认真，协同配合，将战术理论知识应用到实际训练过程中，理论联系实际，提升综合训练水平。

二、理论提示

高层建筑由于其建筑结构特点，一旦发生火灾，极易造成重大财产损失和人员伤亡，灭火救援难度大、技战术要求高。本次开展高层建筑火灾扑救训练，训练前参训消防救援人员需要明确以下两个问题：

（1）高层建筑火灾扑救的难点有哪些？

一是建筑复杂多样。建筑结构与形式多样，内部分隔复杂，起火后易造成大面积充烟，给救人、灭火带来困难。二是堵截控火难度大。烟火既可通过外窗、装饰物或保温材料向上燃烧，也可通过内部竖向管井、敞开的楼梯间和玻璃幕墙与地坪接缝垂直蔓延，极易形成立体火灾。三是作业环境受限。外部道路、场地易被占用，举高消防车难以实施作业，内攻通道易被烟火封堵。四是组织供水困难。可供垂直铺设水带的位置少且铺设耗时费力，消防车载泵的供液高度有限，水带易断裂、脱口造成供液中断，建筑消防供水设施可能潜在故障隐患。五是人员搜救任务重。人数众多且较为分散，疏散通道有限，影响快速搜救；建筑高、层数多，消防员抢救疏散被困人员体力消耗大。

（2）应优先调集哪些装备器材，依靠哪些社会力量？

应优先调集举高消防车、压缩空气泡沫消防车、高层供水消防车、水罐消防车、抢险救援消防车等车辆，支队全勤指挥部和战勤保障力量应遂行出动。应依靠物业管理人员、保安相关人员配合处置，高层住宅楼起火，联系派出所、居委会、楼组长提供住户信息。根据现场需要，调集公安、供水、供电、供气、医疗救护等应急联动力量以及建筑结构专家、建筑设计人员、维保单位技术人员到场配合处置。

三、灾情设定

灾情设定包括基本灾情和突发灾情，基本灾情提前告知受训人员，突发灾情不提前告知受训人员，由导调人员结合现场情况随机设置。

1. 基本灾情

某日 14 时，消防综合训练场一高层建筑由于家中锂电池充电引发火灾，消防救援人员到场时，已经蔓延至建筑外立面，正呈现快速蔓延态势。高层建筑为钢筋混凝土结构、核心筒式建筑，尚且有部分人员被困火场未能及时逃离。固定消防设施完好，建筑内部核心筒共有 8 部电梯、4 部疏散楼梯。

距离建筑入口 50 m 远处标出起点线，设置车辆停放区、人员集结区、器材准备区、外围警戒区和安全撤离区。消防控制室（想定）设置在划定区域，设置桌椅一套，桌面绘制火灾报警系统显示页面、喷淋水泵操作模拟按钮及防排烟系统风机控制装置等。

呈现方式：在模拟坍塌建筑三层（模拟高层建筑）某房间设置课桌、椅子、板凳、沙发等室内建筑装修材料，点燃白色烟饼，使房间内充满烟气。必要时，在金属桶内设置木材火源。

2. 突发灾情

训练过程中，导调人员结合实际情况，随机设置以下突发情况：

（1）内攻过程中，某消防员单独行动，与内攻小组失去联络。

呈现方式：在内攻小组从起火高层建筑内撤出过程中，导调组安排一名消防员故意走开再次进入并躲藏在模拟起火高层建筑内，考察指挥员的安全意识。

（2）灭火过程中，出现火势突然变化，某一侧火势突然加大。

呈现方式：在训练的某个阶段，通过语音提醒在场所有受训人员某侧火势突然加大，呈现出向外喷射状火焰。

（3）灭火过程中，由于高处室外风较大，出现风驱火现象。

呈现方式：通过语音提示在场所有受训人员出现风驱火现象，同时火情显示员通过旗帜发出危险信号。

四、参训力量设定

车辆：水罐消防车（载水量6～9 t）3 辆，抢险救援消防车 1 辆，举高喷射消防车 1 辆，大跨度举高喷射消防车 1 辆，挖掘机等工程破拆类车辆若干。

人员：共出动共 40 人，设置支队级指挥员 1 人，站级指挥员 3 人，根据训练实际情况和灭火救援需要对受训人员进行编组，分为若干战斗组，共同完成警戒、侦察、堵截灭火、强攻近战、救助人员、供水保障等多项训练任务。

根据训练的实际情况可设专人充当现场被困人员，训练开始后即可到达指定被困楼层，并向指挥员汇报情况；火场警戒人员由交通警察、高层建筑保卫人员等组成，训练前到达指定位置做好准备（具体分组与任务略），做好训练所用其他物资器材的准备。

装备器材：个人防护装备若干套，热成像仪 2 台，漏电探测仪 1 个，复合式有毒气体探测仪 1 个，20 m D65 水带 40 盘，20 m D80 水带 20 盘，水枪 10 把，水炮 4 座，分水器 4 个，转换接口若干，救生照明线 1 套，导向绳 1 根，烟饼若干，发烟罐若干。

五、训练展开

导调人员下达初期场景设置情况后，受训人员在支队级指挥员和站级指挥员的指挥下，进行人员分工，组织开展各项训练。

（一）火情侦察

1. 外部观察和询问知情人

站级指挥员：“第一战斗组。”

第一战斗组立正答：“到。”

站级指挥员：“我命令你组进行火情侦察，查明着火高层建筑内被困人员的数量、位置、抢救路线，起火点位置，火势发展方向，固定灭火设施等情况。”

第一战斗组立正答：“是。”

第一战斗组跑步出列后，迅速佩戴空气呼吸器，携带通信器材、照明器材、红外热成像仪、有毒气体检测仪等装备，立即进行火情侦察。侦察小组首先对着火高层建筑外围情况进行观察。接着向知情人进行详细询问，并将情况向站级指挥员报告。

第一战斗组：“001，我是一组，请回答。”

站级指挥员：“001 收到，请讲。”

第一战斗组：“通过外部观察和询问知情人，发现起火位置在高层建筑东北侧，有数名人员被困，燃烧物品及面积不详，请指示。”

站级指挥员：“继续侦察。”

第一战斗组：“是。”

2. 进入消防控制室侦察

站级指挥员：“第二战斗组。”

第二战斗组立正答："到。"

站级指挥员："我命令你组进入消防控制室侦察。"

第二战斗组："是。"

第二战斗组跑步出列后，迅速佩戴空气呼吸器，携带通信器材、照明器材、红外线火源探测仪、热成像仪、有毒气体检测仪等装备，立即进行火情侦察。侦察小组进入消防控制室，消防控制系统显示表明，报警器已经报警，防火卷帘没有降下，自动喷淋和消火栓泵已经启动，但防烟系统和排烟系统风机尚未启动。

第二战斗组："001，我是二组，请回答。"

站级指挥员："001 收到，请讲。"

第二战斗组："通过对消防控制室进行侦察，发现……请指示。"

站级指挥员："继续深入内部侦察。"

第二战斗组："是。"

3. 深入高层建筑内部侦察

深入高层建筑内部火情侦察时，应使用水枪掩护。

站级指挥员："第三、四战斗组。"

第三、四战斗组立正答："到。"

站级指挥员："我命令第三战斗组，进入高层建筑内部侦察火情，第四战斗组出水枪掩护第三战斗组侦察火情。"

第三、四战斗组："是。"

第三、四战斗组立即展开行动。

第四战斗组用室内消火栓铺设 1 条水带、出 1 支水枪，用喷雾射流掩护第三战斗组在高层建筑内部进行火情侦察，完成侦察任务后，及时向站级指挥员报告。

第三战斗组："001，我是三组，请回答。"

站级指挥员："001 收到，请讲。"

第三战斗组："第三战斗组经侦察发现……请指示。"

站级指挥员："返回原地。"

第三战斗组："是。"

第三战斗组战斗员收整器材，集合带回，报告入列。

第四战斗组："001，我是第四战斗组，请回答。"

站级指挥员："001 收到，请讲。"

第四战斗组："第四战斗组掩护任务已完成，请指示。"

站级指挥员："返回原地。"

第四战斗组："是。"

第四战斗组：战斗员收整器材，集合带回，报告入列。

注：无论侦察小组还是水枪掩护组，在侦察和掩护的同时，应视情开展救人、灭火工

作，即边侦察、边灭火、边救人。

训练问题一结束，第一组到第四组收整器材归队，其他组以第一组到第四组训练为例，轮流进行训练，具体情况略。

（二）利用室内消火栓出水枪掩护内攻救人、灭火

站级指挥员："第五、六战斗组。"

第五、六战斗组立正答："到。"

站级指挥员："我命令你们利用水罐消防车出两条干线，利用水枪掩护救人、灭火。"

第五、六战斗组："是。"

第五、六战斗组跑步出列后，立即佩戴空气呼吸器，携带通信器材、救生照明线、安全导向绳、救生担架等装备，利用一台水罐消防车出两条水带干线并各出一支水枪，从高层建筑大门进入内部，掩护救人、灭火。

第五、六战斗组铺设水带完毕且出水后，不断变换射流和射水角度，边灭火边掩护进攻，将被困人员利用担架抬、缓降器救人、绳索技术等多种方法依次救出。由第五战斗组班长向站级指挥员报告。

五班长："001，我是第五战斗组班长，请回答。"

站级指挥员："001 收到，请讲。"

五班长："我们已完成水枪掩护、内攻灭火救人的任务，请指示。"

站级指挥员："返回原地。"

五班长："是。"

第五、六战斗组收整器材、集合，班长带回，报告入列。

（三）利用手提式扩音器稳定被困人员情绪

站级指挥员："第七战斗组。"

第七战斗组立正答："到。"

站级指挥员："我命令你们用手提扩音器稳定被困人员情绪，引导被困人员自救、互救、待救。"

第六战斗组："是。"

第七战斗组跑步出列后，携带通信器材、照明器材、手提扩音器等装备，跑向被困人员楼层的一面（或几面），高喊"你们不要慌，不要跳楼，消防队救你们来了""你们要继续坚持，坚持就是胜利，你们马上到××地方躲避烟火"。也可以根据实际情况采用外语稳定被困人员情绪。

七班一号员："001，我是七班一号员。"

站级指挥员："001 收到，请讲。"

七班一号员："稳定被困人员情绪任务已完成，请指示。"

站级指挥员："返回原地。"

七班一号员："是。"

战斗员收整器材，集合带回，报告入列。

（四）利用举高消防车救人、灭火

站级指挥员："第一、二战斗组。"

第一、二战斗组立正答："到。"

站级指挥员："我命令你们利用登高平台消防车升高靠窗救人。"

第一、二战斗组："是。"

第一战斗组跑步出列后，班长、一号员、二号员登上登高平台消防车工作平台，班长负责指挥或操作工作平台；三、四、五、六号员负责支撑登高平台消防车支腿的垫板，并在地面协助救人；驾驶员负责将车停在适当位置，撑好支腿；班长（或驾驶员）操作工作平台升靠到楼的四层；一、二号员负责救人。将人救到地面后，向站级指挥员报告。

一班长："001，我是一班长。"

站级指挥员："001 收到，请讲。"

一班长："救人任务已完成，请指示。"

站级指挥员："返回原地。"

一班长："是。"

第一战斗组收整器材，全班集合，班长带回，报告入列。

（五）破拆外窗和玻璃幕墙自然排烟，利用排烟机正压式送风排烟

站级指挥员："第三、四战斗组。"

第三、四战斗组立正答："到。"

站级指挥员："我命令你们破拆外窗和玻璃幕墙自然排烟，然后使用排烟机开展正压式送风排烟。"

第三、四战斗组："是。"

第三、四战斗组跑步出列后，立即佩戴空气呼吸器，在模拟外窗的部位，使用玻璃破碎器破拆外窗玻璃和幕墙玻璃。破拆完毕，将机动排烟机抬至高层建筑着火楼层走廊入口位置，启动排烟机进行正压送风排烟。排烟动作完成后，由三班长向站级指挥员报告。

三班长："001，我是第三战斗组班长，请回答。"

站级指挥员："001 收到，请讲。"

三班长："我们已完成破拆外窗、正压式送风排烟的任务，请指示。"

站级指挥员："返回原地。"

三班长："是。"

第三、四战斗组收整器材、集合，班长带回，报告入列。

（六）外攻灭火，防止火势蔓延

站级指挥员："第五、六战斗组。"

第五、六战斗组立正答："到。"

站级指挥员：“我命令你们利用举高喷射消防车和移动水炮外攻灭火，堵截西侧火势。”

第五、六战斗组：“是。”

第五、六战斗组跑步出列后，立即佩戴空气呼吸器，第五战斗组班长和一号员操作控制举高喷射消防车，二、三、四、五、六号员利用另一台水罐消防车向举高喷射消防车供水，利用举高喷射消防车臂架水炮，通过高层建筑外窗和孔洞向内部射水灭火。第六战斗班组一、二号员设置好移动水炮阵地位置，三、四、五、六号员利用另一台水罐消防车，出两条水带干线，向移动水炮供水，第六战斗组班长遥控移动水炮从外围向高层建筑六层以下部分外窗射水灭火。完成灭火任务后，第五战斗组班长向指挥员报告。

五班长：“001，我是第五战斗组班长，请回答。”

站级指挥员：“001 收到，请讲。”

五班长：“我们已完成利用举高喷射消防车和移动水炮外攻灭火的任务，请指示。”

站级指挥员：“返回原地。”

五班长：“是。”

第五、六战斗组收整器材、集合，班长带回，报告入列。

【操作提示：在侦察、内攻灭火和救人过程中，导调人员结合实际情况，随机设置内攻过程中消防员单独行动与内攻小组失去联络；灭火过程中出现火势突然变化、某一侧火势突然加大；由于高处室外风较大、出现风驱火现象等情况，考察训练人员能否采取正确应对措施。】

以上为分段作业，组训人员可在此基础上组织开展连贯作业。实施时首先发出作业开始信号，由指定班、组进行火情侦察并向火场指挥员进行情况汇报请示。其次指挥员根据火情侦察情况，按分段作业要求同时进行利用室内消火栓出水枪掩护内攻救人灭火、利用手提式扩音器稳定被困人员情绪、利用举高喷射消防车救人灭火、破拆外窗和玻璃幕墙自然排烟、利用排烟机正压式送风排烟、外攻灭火防止火势蔓延等作业训练。各班、组作业训练全部展开完毕，向站级指挥员报告，站级指挥员逐个检查展开情况，并进行现场点评。最后发出作业结束信号，各班收整器材，清理作业现场。

六、受训人员自评

训练结束后，受训人员对自身训练过程进行讲评，自评模板如下：

受训人员 1：“今天训练的课目是高层建筑火灾扑救灭火战术综合训练，我所参训的角色是×××，我的任务是×××，在训练过程中做到了×××。此次训练存在的不足是×××，下次训练会×××，讲评完毕！”

七、组训人员讲评

组训人员讲评是高层建筑火灾扑救灭火战术综合训练的最后一个环节，用于对整个训练过程进行评析和总结，本次组训人员讲评示例如下：

组训人员：“今天我们对高层建筑火灾扑救进行了实战训练，本次训练也是对各位灭火战术理论知识掌握和能否灵活应用的一次检验，同志们在训练过程中表现的严肃认真，基本达到了训练目标。但有两个方面需要进一步改进。一方面，消防车应停在上风或侧风、地势较高的位置，与着火建筑保持一定安全距离；另一方面，内攻搜救人员时，对已搜索区域应使用明显标识予以标示，避免重复搜寻，加快救援进度。希望各位同志在今后的学习和训练中不断提高高层建筑火灾扑救的技战术能力，讲评完毕！”

八、训练结束

组训人员讲评结束后，组织受训人员清点人员和装备，收整并归还器材，对训练场地进行恢复。

九、训练考核

训练成绩主要从训练准备、训练过程和训练结束 3 个方面进行评定，为便于量化评定，按照总分 100 分，训练准备占 10 分，训练过程占 80 分，训练结束占 10 分标准进行控制，扣分细则和考核标准见表 2－17－1。

表 2－17－1　高层建筑火灾扑救实训评分标准

项目	内　容	评　分　细　则	得分
训练准备（10 分）	列队报告（5 分）	1. 列队时间超 3 min 的，扣 1 分 2. 指挥员报告程序不符合要求或缺项的，扣 1 分	
	执勤状态（5 分）	1. 消防救援人员个人防护装备佩带不齐全的，每件扣 0.5 分 2. 执勤人员每少 1 人的，扣 1 分	
训练过程（80 分）	车辆位置（10 分）	车辆未保持安全距离、作业面选择错误、车辆停放不合理、水带横过道路未设置保护的，每项扣 0.5 分	
	现场侦察（10 分）	1. 未采取外部观察、内部侦察、询问知情人、利用消防控制室和侦检仪器进行侦察的，扣 1 分 2. 灾情侦察不迅速、情况掌握不准确的，扣 2 分	
	疏散救人（10 分）	1. 引导人员疏散选择通道（路线）不合理的，扣 1 分 2. 未携带必要救生器材的，扣 1 分 3. 搜救不彻底的，本项内容不得分	
	供水线路（10 分）	1. 未就近使用水源的，扣 1 分 2. 超出管网供水能力使用水源的，扣 1 分 3. 未按水带铺设要求选择最佳线路铺设水带的，每处扣 0.5 分 4. 灭火剂、射水器具选择不正确的，每项扣 1 分	

表 2－17－1（续）

项目	内　容	评　分　细　则	得分
训练过程（80 分）	阵地设置（10 分）	1. 未合理选择进攻路线的，扣 1 分 2. 未正确选择进攻起点的，扣 1 分 3. 未合理设置水枪阵地的，扣 1 分	
	技术应用（10 分）	警戒、冷却、灭火、排烟、救人方法应用不合理的，每处扣 2 分	
	装备应用（10 分）	1. 现场使用器材不正确的，扣 2 分 2. 未发挥器材装备最大作战效能的，扣 1 分 3. 不爱护器材、随意破坏器材的，不得分	
	个人防护（5 分）	根据现场情况，防护装备选择不正确、防护措施错误的，此项内容不得分	
	作战安全（5 分）	1. 现场未按规定设安全员的，扣 2 分 2. 违反灭火救援作战行动安全规定的，此项内容不得分	
训练结束（10 分）	收整器材（5 分）	收整器材规范，无遗漏。不规范一次扣 1 分，遗漏一件扣 1 分	
	现场恢复（5 分）	现场使用过的设施恢复原样，无遗漏。恢复不到位一处扣 1 分	

课目十八　大型综合体火灾扑救灭火战术综合训练

一、课目下达

受训人员整队立正后，组训人员下达大型综合体火灾扑救训练的课目和相关内容，主要内容如下：

（1）课目：大型综合体火灾扑救灭火战术综合训练。

（2）目的：通过训练，使受训人员掌握大型综合体火灾扑救的火灾特点、战术方法、要求和注意事项，提高指挥员灵活运用灭火战术能力、火场指挥能力和班组间的协同配合能力，满足第一任职需要。

（3）内容：大型综合体火灾特点、灭火战术方法、要求和注意事项。

（4）方法：由组训人员指导，受训人员组织实施，其他人员配合。

（5）场地：消防综合训练场。

（6）时间：约4学时。

（7）要求：受训人员在训练过程中要严肃认真，协同配合，将战术理论知识应用到实际训练过程中，理论联系实际，提升综合训练水平。

二、理论提示

大型综合体由于其建筑结构特点，一旦发生火灾，极易造成重大财产损失和人员伤亡，灭火救援难度大、技战术要求高。本次开展大型综合体火灾扑救训练，训练前参训消防救援人员需要明确以下两个问题：

（1）大型综合体火灾扑救的难点有哪些？

一是火灾荷载大，烟火蔓延途径多，易形成立体火灾；二是内部空间大，蔓延途径多；三是人员密度高，疏散困难，易造成人员伤亡；四是易造成空中坠物，影响战斗行动；五是通风条件较差，无外窗，与外界接通口较小。

（2）应优先调集哪些装备器材，依靠哪些社会力量？

大型综合体火灾，应优先调集远程供水系统、举高消防车、水罐消防车、排烟车、抢险救援消防车等车辆，支队全勤指挥部和战勤保障力量应遂行出动。依靠商场管理人员、保安相关人员配合处置，根据现场需要，调集公安、供水、供电、供气、医疗救护等应急联动力量以及建筑结构专家、建筑设计人员、维保单位技术人员到场配合处置。

三、灾情设定

灾情设定包括基本灾情和突发灾情，基本灾情提前告知受训人员，突发灾情不提前告知受训人员，由导调人员根据现场情况随机设置。

1. 基本灾情

某日 16 时 30 分，消防综合训练场一大型综合体由于配电箱短路引发火灾，消防救援人员到场时，已经蔓延至建筑外立面，正呈现快速蔓延态势。大型综合体为钢筋混凝土结构，尚有部分人员被困火场未能及时逃离。固定消防设施完好，建筑内部共有 12 部电梯、4 部疏散楼梯。

距离建筑入口 50 m 远处标出起点线，设置车辆停放区、人员集结区、器材准备区、外围警戒区和安全撤离区。消防控制室（想定）设置在划定区域，设置桌椅一套，桌面绘制火灾报警系统显示页面、喷淋水泵操作模拟按钮及防排烟系统风机控制装置等。

呈现方式：在模拟坍塌建筑三层（模拟大型综合体）某房间设置课桌、椅子、板凳、沙发等室内建筑装修材料，点燃白色烟饼，使房间内充满烟气。必要时，在金属桶内设置木材火源。

2. 突发灾情

训练过程中，导调人员结合实际情况，随机设置以下突发情况：

（1）内攻灭火过程中，出现部分建筑坍塌，2 名消防员被埋压。

呈现方式：在内攻小组从起火大型综合体内撤出过程中，导调组安排 2 名消防员进入并躲藏在模拟起火大型综合体内，假定所处位置建筑局部坍塌，考察指挥员的安全意识。

（2）灭火过程中，由于高处室外风较大，出现风驱火现象。

呈现方式：通过语音提示在场所有受训人员出现风驱火现象，同时火情显示员通过旗帜发出危险信号。

四、参训力量设定

车辆：水罐消防车（载水量 6 ~ 9 t）5 辆，抢险救援消防车 1 辆，举高喷射消防车 2 辆，大跨度举高喷射消防车 1 辆，挖掘机等工程破拆类车辆若干。

人员：共出动共 40 人，设置支队级指挥员 1 人，站级指挥员 3 人，根据训练实际情况和灭火救援需要对受训人员进行编组，分为若干战斗组，共同完成警戒、侦察、堵截灭火、强攻近战、救助人员、供水保障等多项训练任务。

根据训练的实际情况可设专人充当现场被困人员，训练开始后即可到达指定被困楼层，并向指挥员汇报情况；火场警戒人员由交通警察、大型综合体保卫人员等组成，训练前到达指定位置做好准备（具体分组与任务略），做好训练所用其他物资器材的准备。

装备器材：个人防护装备若干套，热成像仪 2 台，漏电探测仪 1 个，复合式有毒气体探测仪1个，20 m D65水带40盘，20 m D80水带20盘，水枪10把，水炮4座，分水器4个，转换接口若干，救生照明线1套，导向绳1根，烟饼若干，发烟罐若干。

五、训练展开

导调人员下达初期场景设置情况后，受训人员在支队级指挥员和站级指挥员的指挥下，进行人员分工，组织开展各项训练。

（一）火情侦察

1. 外部观察和询问知情人

站级指挥员："第一战斗组。"

第一战斗组立正答："到"。

站级指挥员："我命令你组进行火情侦察，查明着火大型综合体内被困人员的数量、位置、抢救路线，起火点位置，火势发展方向，固定灭火设施等情况。"

第一战斗组立正答："是。"

第一战斗组跑步出列后，迅速佩戴空气呼吸器，携带通信器材、照明器材、红外热成像仪、有毒气体检测仪等装备，利用外部观察和仪器检测进行火情侦察。侦察小组首先对着火大型综合体外围情况进行观察。接着向知情人进行详细询问，并将情况向站级指挥员报告。

第一战斗组："001，我是一组，请回答。"

站级指挥员："001收到，请讲。"

第一战斗组："通过外部观察和询问知情人，发现起火位置在大型综合体四层东北侧，有数名人员被困，燃烧物品及面积不详，请指示。"

站级指挥员："继续侦察。"

第一战斗组："是。"

2. 进入消防控制室侦察

站级指挥员："第二战斗组。"

第二战斗组立正答："到。"

站级指挥员："我命令你组进入消防控制室侦察。"

第二战斗组："是。"

第二战斗组跑步出列后，侦察小组迅速佩戴空气呼吸器，进入消防控制室，利用固移结合的灭火战术，根据消防控制系统显示，报警器已经报警，防火卷帘没有降下，自动喷淋和消火栓泵已经启动，但防烟系统和排烟系统风机尚未启动。

第二战斗组："001，我是二组，请回答。"

站级指挥员："001收到，请讲。"

第二战斗组："通过对消防控制室进行侦察，发现……请指示。"

站级指挥员："继续深入内部侦察。"

第二战斗组："是。"

3. 深入大型综合体内部侦察

深入大型综合体内部火情侦察时，应使用水枪掩护。

站级指挥员："第三、四战斗组。"

第三、四战斗组立正答："到。"

站级指挥员："我命令第三战斗组，进入大型综合体内部侦察火情，第四战斗组出水枪掩护第三战斗组侦察火情。"

第三、四战斗组："是。"

第三、四战斗组立即展开行动。

第四战斗组用室内消火栓铺设1条水带、出1支水枪，用喷雾射流掩护第三战斗组在大型综合体内部进行火情侦察，完成侦察任务后，及时向站级指挥员报告。

第三战斗组："001，我是三组，请回答。"

站级指挥员："001收到，请讲。"

第三战斗组："第三战斗组经侦察发现……请指示。"

站级指挥员："返回原地。"

第三战斗组："是。"

第三战斗组战斗员收整器材，集合带回，报告入列。

第四战斗组："001，我是第四战斗组，请回答。"

站级指挥员："001收到，请讲。"

第四战斗组："第四战斗组掩护任务已完成，请指示。"

站级指挥员："返回原地。"

第四战斗组："是。"

第四战斗组：战斗员收整器材，集合带回，报告入列。

注：无论侦察小组还是水枪掩护组，在侦察和掩护的同时，应视情开展救人、灭火工作，即边侦察、边灭火、边救人。

训练问题一结束，第一组到第四组收整器材归队，其他组以第一组到第四组训练为例，轮流进行训练，具体情况略。

（二）利用举高喷射消防车灭火

站级指挥员："第五、六战斗组。"

第五、六战斗组立正答："到。"

站级指挥员："我命令你们利用举高喷射消防车灭火。"

第五、六战斗组："是。"

第五战斗组跑步出列后，班长、一号员、二号员登上登高平台消防车工作平台，班长负责指挥或操作工作平台；三、四、五、六号员负责支撑登高平台消防车支腿的垫板，并在地面协助救人；驾驶员负责将车停在适当位置，撑好支腿；班长（或驾驶员）操作举高喷射消防车炮头升靠到着火楼层的四层，一、二号员协助出水灭火。

五班长："001，我是五班长。"

站级指挥员："001 收到，请讲。"

五班长："外攻灭火任务已完成，请指示。"

站级指挥员："返回原地。"

五班长："是。"

第一战斗组收整器材，全班集合，班长带回，报告入列。

（三）破拆外窗和玻璃幕墙自然排烟，利用排烟机正压式送风排烟

站级指挥员："第一、二战斗组。"

第一、二战斗组立正答："到。"

站级指挥员："我命令你们破拆外窗和玻璃幕墙自然排烟，然后使用排烟机开展正压式送风排烟。"

第一、二战斗组："是。"

第一、二战斗组跑步出列后，立即佩戴空气呼吸器，在模拟外窗的部位，使用玻璃破碎器破拆外窗玻璃和幕墙玻璃。破拆完毕，将机动排烟机抬至大型综合体着火楼层走廊入口位置，启动排烟机进行正压送风排烟。排烟动作完成后，由一班长向站级指挥员报告。

一班长："001，我是第一战斗组班长，请回答。"

站级指挥员："001 收到，请讲。"

一班长："我们已完成破拆外窗、正压式送风排烟的任务，请指示。"

站级指挥员："返回原地。"

一班长："是。"

第一、二战斗组收整器材、集合，班长带回，报告入列。

（四）外攻灭火，防止火势蔓延

站级指挥员："第三、四战斗组。"

第三、四战斗组立正答："到。"

站级指挥员："我命令你们采用两侧夹攻的灭火战术利用高喷车和移动水炮外攻灭火，堵截西侧火势。"

第三、四战斗组："是。"

第三、四战斗组跑步出列后，立即佩戴空气呼吸器，第三战斗组班长和一号员操作控制举高喷射消防车，二、三、四、五、六号员利用另一台水罐消防车向举高喷射消防车供水，利用举高喷射消防车臂架水炮，通过大型综合体外窗和孔洞向内部射水灭火。第四战斗班组一、二号员设置好移动水炮阵地位置，三、四、五、六号员利用另一台水罐消防车，出两条水带干线，向移动水炮供水，第四战斗组班长遥控移动水炮从外围向大型综合体六层以下部分外窗射水灭火。完成灭火任务后，第三战斗组班长向指挥员报告。

三班长：“001，我是第三战斗组班长，请回答。”

站级指挥员：“001 收到，请讲。”

三班长：“我们已完成夹攻灭火的任务，请指示。”

站级指挥员：“返回原地。”

三班长：“是。”

第三、四战斗组收整器材、集合，班长带回，报告入列。

（五）占据水源保障供水

站级指挥员：“第五、六战斗组。”

第五、六战斗组立正答：“到。”

站级指挥员：“我命令你们利用水罐消防车出两条干线，利用水枪掩护救人、灭火，并利用消防车占据水源保障供水。”

第五、六战斗组：“是。”

第五、六战斗组跑步出列后，立即佩戴空气呼吸器，利用一台水罐消防车出两条水带干线各出一支水枪，从大型综合体大门进入内部，掩护救人、灭火；同时第二辆消防车占据最近的消火栓，并出两条 80 mm 干线对主站消防车进行供水。

第五、六战斗组铺设水带完毕且出水后，不断变换射流和射水角度，边灭火，边掩护进攻，将被困人员利用担架抬、缓降器救人、绳索技术等多种方法依次救出。由第五战斗组班长向站级指挥员报告。

五班长：“001，我是第五战斗组班长，请回答。”

站级指挥员：“001 收到，请讲。”

五班长：“我们已完成水枪掩护、内攻灭火救人的任务，请指示。”

站级指挥员：“返回原地。”

五班长：“是。”

第五、六战斗组收整器材、集合，班长带回，报告入列。

【操作提示：在侦察、内攻灭火和救人过程中，导调人员结合实际情况，随机设置灭火过程中出现部分建筑坍塌，2 名消防员被埋压；由于高处室外风较大、出现风驱火现象等情况，考察训练人员能否采取正确应对措施。】

以上为分段作业，组训人员可在此基础上组织开展连贯作业。实施时首先发出作业开始信号，由指定班、组进行火情侦察并向火场指挥员进行情况汇报请示。其次指挥员根据火情侦察情况，按分段作业要求同时进行利用室内消火栓出水枪掩护内攻救人灭火、利用手提式扩音器稳定被困人员情绪、利用举高喷射消防车救人灭火、破拆外窗和玻璃幕墙自然排烟、利用排烟机正压式送风排烟、外攻灭火防止火势蔓延等作业训练。各班、组作业训练全部展开完毕，向站级指挥员报告，站级指挥员逐个检查展开情况，并进行现场点评。最后发出作业结束信号，各班收整器材，清理作业现场。

六、受训人员自评

训练结束后，受训人员对自身训练过程进行讲评，自评模板如下：

受训人员 1："今天训练的课目是大型综合体火灾扑救灭火战术综合训练，我所参训的角色是×××，我的任务是×××，在训练过程中做到了×××。此次训练存在的不足是×××，下次训练会×××，讲评完毕！"

七、组训人员讲评

组训人员讲评是大型综合体火灾扑救灭火战术综合训练的最后一个环节，用于对整个训练过程进行评析和总结，本次组训人员讲评示例如下：

组训人员："今天我们对大型综合体火灾扑救进行了实战训练，本次训练也是对各位灭火战术理论知识掌握和能否灵活应用的一次检验，同志们在训练过程中表现的严肃认真，基本达到了训练目标。但有两个方面需要进一步改进。一方面，消防车应停在上风或侧风、地势较高的位置，与着火建筑保持一定安全距离；另一方面，外攻使用举高喷射消防车射水时，一定要与内攻相配合，避免外攻射水造成烟气和热量流窜，流动的烟气对内攻人员造成伤害。希望各位同志在今后的学习和训练中不断提高大型综合体火灾扑救的技战术能力，讲评完毕！"

八、训练结束

组训人员讲评结束后，组织受训人员清点人员和装备，收整并归还器材，对训练场地进行恢复。

九、训练考核

训练成绩主要从训练准备、训练过程和训练结束 3 个方面进行评定，为便于量化评定，按照总分 100 分，训练准备占 10 分，训练过程占 80 分，训练结束占 10 分标准进行控制，扣分细则和考核标准参见表 2－17－1。

课目十九　石油化工火灾扑救灭火战术综合训练

一、课目下达

受训人员整队立正后，组训人员下达石油化工火灾扑救训练的课目和相关内容，主要内容如下：

（1）课目：石油化工火灾扑救灭火战术综合训练。

（2）目的：通过训练，使受训人员了解石油化工火灾的特点、扑救措施，熟练掌握石油化工火灾扑救的基本程序和对策，提高各级指挥员的组织指挥和各参战消防救援站之间的协同配合能力，增强消防救援队伍的科学决策能力、快速反应能力、后勤保障能力。

（3）内容：石油化工火灾扑救灭火战术综合训练的内容、方法、要求及注意事项。

（4）方法：由组训人员指导，受训人员组织实施，其他人员配合。

（5）场地：石油化工模拟训练场。

（6）时间：约2学时。

（7）要求：受训人员在训练过程中要严肃认真，协同配合，将战术理论知识应用到实际训练过程中，理论联系实际，提升综合训练水平。

二、理论提示

石油化工火灾主要分为储罐火灾和装置火灾，石油化工火灾瞬息突变，可能发展成极端的大面积、大强度火灾和连锁爆炸事故。因此，应根据火场环境和条件、灾情发展趋势，及时采取措施，做到进攻与撤离兼顾，有针对性地组织灭火救援工作。训练前参训消防救援人员需要明确以下五个问题：

（1）石油化工储罐有哪几种形式？

内浮顶储罐、外浮顶储罐、固定顶储罐。

（2）化工装置灾情处置常用工艺处置措施有哪些？

紧急停车、紧急泄压、关阀断料等工艺措施。

（3）为什么说石油化工火灾扑救难度大？

扑救难度大主要体现在以下几个方面：①着火爆炸后泄漏的物料多为易燃易爆及有毒物质，灭火过程中灭火人员必须加强全方位的安全防护；②生产工艺过程复杂，一旦发生火灾，采取工艺控制技术水平要求高；③装置区域内生产设备形成立体布局，造成灭火射流角度受限制，加上地面有流淌火影响，阵地选择困难；④火灾发生后易导致连锁性复合型灾害和多种险情，直接威胁灭火人员安全；⑤扑救所需灭火剂供给强度大，灭火时间长，不间断地供给保障困难；⑥火灾的复燃复爆性强。

（4）石油化工火灾的危险性主要体现在哪些方面？

主要体现在四个方面：①物料具有易燃易爆有毒性；②生产工艺条件苛刻，安全风险高；③管道及设备易腐蚀而发生泄漏；④关联紧密，连锁反应。

（5）面对石油化工火灾，应采取何种对策？

应采取的基本对策主要有以下七点：①全面掌握火灾现场情况；②调取基础资料，查验灾情状态；③工艺处置措施与消防技战术措施联合应用；④消防固定设施与移动装备配合协同作战；⑤以攻为主，以防为辅，攻防结合；⑥根据着火物料种类，合理选择灭火剂；⑦强化对现场火情突变危险的监控。

三、灾情设定

灾情设定包括基本灾情和突发灾情，基本灾情提前告知受训人员，突发灾情不提前告知受训人员，锻炼和考察受训人员火灾扑救的临机判断和处置能力。

1. 基本灾情

内浮顶储罐全液面火灾，随着油温升高，罐顶边缘撕裂开口加大，直至罐顶落入油面，形成全液面燃烧。生产装置区内单体设备管线、阀门、法兰等部位的冷油烃类物料发生泄漏（如换热器出来的物料等），遇火源或其他原因发生燃烧，在装置区地面的围堰内形成流淌火。

利用模拟装置，训练时在相应部位点火，模拟火灾。距离装置 50 m 远处标出起点线，设置人员集合区域和消防车停放区域。DCS（分散控制系统）设置在模拟消防控制室内。

2. 突发灾情

训练过程中，导调人员结合实际情况，随机设置以下突发情况：

储罐火灾因池火或储罐全液面火灾处置不及时或战术战法不当，引起“罐火 + 池火”同时产生的灾情。受风向、压力等因素影响，常减压装置形成设备喷射火，导致装置单元形成立体火灾。

呈现方式：化工装置模拟训练区火点增多，发烟罐多点发烟气。DCS（分散控制系统）安全员向指挥员报告灾情。

四、参训力量设定

（一）基本作战力量编成

防火堤池火扑救需 10 个钩管、10 个管枪（16 L/s）、6 门攻坚炮（80 L/s）、2 个推车式网格产生器（40 L/s）。同时，化工装置起火，火灾按照围堰面积 120 m^2，共需 4 只钩管（16 L/s）、4 只管枪（16 L/s）、4 门移动炮（4 L/s）、6 门泡沫炮（40 L/s）。考虑企业稳高压消防水系统设为 400 L/s，为保证现场灭火冷却单元连续作战 1 h 以上需要（所有喷射器具总需水量约 500 L/s），还需调集 1 套 400 L/s 远程供水泵组，即 1 个远程供水单元。视情调集 18 m、60 m 举高喷射消防车作为主战车辆靠前部署，泡沫输转车和远程供水系统作为供液保障。

1. 第一出动力量

11 车 58 人。

（1）特勤一站：2 车 15 人；水罐泡沫消防车 1 台（8 人），泡沫消防车 1 台（7 人）。

（2）特勤二站：3 车 18 人；泡沫消防车 1 台（4 人），抢险救援车 1 台（7 人），泡沫消防车 1 台（7 人）。

（3）普通一站：3 车 12 人；泡沫消防车 1 台（3 人），举高喷射消防车 1 台（3 人），A 类泡沫消防车 1 台（6 人）。

（4）保障大队：2 车 8 人；供水泵组 1 台（4 人），充气车 1 台（4 人）。

（5）支队指挥车：1 车 5 人。

2. 增援出动力量

5 车 22 人。

（1）普通二站：2 车 10 人；A 类泡沫消防车 1 台（5 人），水罐泡沫消防车 1 台（5 人）。

（2）普通三站：3 车 12 人；云梯消防车 1 台（3 人），水罐泡沫消防车 1 台（3 人），抢险救援车 1 台（6 人）。

（二）装备器材

热成像仪 2 台，风速风向仪 1 个，钩管若干只，管枪若干只，移动炮若干门，泡沫炮若干门，D80 水带若干盘，D65 水带若干盘，发烟罐 10 个。

区域设置：火灾现场设置冷却作战区、车辆停靠区、器材准备区、外围警戒区、安全撤离区。

五、训练展开

（一）初期扑救

1. 单位自救和报警

罐区发生灾情后，保安人员立即疏散周围工作人员，同时公司立即启动应急预案，单位负责安全保卫人员迅速出动，使用固定消防设施进行现场冷却保护。安全负责人立即向单位值班领导汇报情况，同意启动应急预案，疏散单位人员，同时立即向 119 指挥中心报警，并安排专人到交通路口引导消防车辆进入。随后，迅速启动单位消防泵，保证消防供水不间断，启动固定水炮，保护罐体和喷淋设施。单位安全员疏散周围群众，并带到安全位置。

安保人员："你好，是消防队吗？"

接警人："是的。"

安保人员："××公司发生油罐和装置火灾，请快来扑救！"

接警人："请提供一下位置。"

安保人员："×××！"

接警人："好的，我们马上赶往处置。"

2. 力量调集

市消防指挥中心调集特勤一站、特勤二站、普通一站、保障大队等力量赶赴现场处置，支队指挥车随行，11 车 58 人出动。支队指挥员命令指挥长按应急预案，调集普通二站、普通三站增援到场实施处置，随即赶赴现场实施组织指挥，同时利用信息平台向支队全勤指挥部发出作战指令。

3. 首批力量到场作战

厂区人员对周边道路实施警戒管控，保证消防车畅通，疏散无关车辆和人员。

专职队到场后，所有车辆一律停靠在上风方向并确保安全距离，坚持"救人第一，科学施救"的指导思想，立即向单位负责人了解灾情及人员被困情况，随即消防救援站指挥员对消防救援站人员进行分工，组成侦察小组、救人小组、作战小组，各组按照预案利用现有装备迅速展开战斗行动；根据侦察情况，确定警戒范围，设立警戒线，严禁无关人员、车辆进入现场；泡沫消防车停于警戒线外侧，单干线出 2 支多功能水枪进入事故罐区外部，利用多功能水枪出喷雾水掩护救人，将 2 名被困人员救出。

特勤一站抢险救援消防车停于安全区内，利用随车携带的检测器材对现场气体泄漏浓度进行检测，划分重危区、轻危区、安全区，并对现场泄漏气体浓度保持持续监测；使用 2 台泡沫消防车，架设 1 门智能遥控炮出水冷却罐体。

特勤二站泡沫消防车占据消防水池，并为举高喷射消防车供水；消防救援站指挥员指定 2 名技能熟练、经验丰富的消防员配合单位工程技术人员进行工艺操作。

战勤保障大队供水泵组和供气车停于储罐区东侧安全区域，供水泵组占据消防水池，向前方作战车辆供水；移动供气车不间断运转，安排专门人员运送空气呼吸器，对前方替换下来的空气呼吸器气瓶进行充气，对损坏空气呼吸器进行维修，做好供水、供气保障。

4. 成立火场指挥部与增援力量到场作战

支队值班指挥员到达现场后宣布成立火场指挥部，对现场全部参战力量实施指挥。由支队长担任总指挥员，副总指挥员兼前沿作战指挥由参谋长担任，侦察组、警戒组、通信组由相关业务部门担任负责，后勤保障组由战勤保障大队大队长负责。

（二）增援力量处置

增援力量到场后，泡沫消防车停于二号消防水池北侧，从二号消防水池取水，从起火罐南侧接近，从侧风方向进行冷却。

普通三站利用举高喷射消防车对邻近罐进行冷却。

增援力量全部到场后，现场力量按照指挥部命令进行部署，对储罐和装置区的火势进行专业处置，现场情况得到基本控制。

现场总指挥员根据各小组汇报的情况，准确把握时机，对现场进行总攻。

总指挥员下令集结，各参演消防救援站在讲评集结区列队，作战指挥员根据处置情况进行讲评，然后向支队领导报告。

（三）相关要求与注意事项

1. 统一指挥，令行禁止

训练中，遵循客观规律，实施统一指挥；所有参战人员必须严守纪律，服从命令，听从指挥，精神饱满，战斗行动迅速。

2. 注意安全，严防事故

加强消防救援人员教育，掌握石油化工装置处置的基本程序以及训练单位的生产工艺和基本情况。要开展安全教育，提高受训人员的安全意识。

3. 其他

个人装备主要是战斗服、空气呼吸器、通信工具、安全绳、手斧、安全钩、手套等；根据训练的实际情况可设置专人充当现场被困人员，训练开始后即可到达指定位置，并向指挥员汇报情况；火场警戒人员由交通警察、单位保卫人员等组成，训练前到达指定位置做好准备。

六、受训人员自评

受训人员自评，通过反思训练环节中好的地方和不足之处，可以锻炼受训人员各个角色的总结经验发现问题的能力，受训人员讲评模板如下：

受训人员1：“今天我们训练的课目是×××，我所参训的角色是×××，我的任务是×××，操作注意事项（或技术方法）是×××。此次训练存在的不足是×××，下次训练会×××，讲评完毕！”

七、组训人员讲评

组训人员讲评是训练结束前的重要环节，用于对整个训练过程进行评析和总结，组训人员讲评示例如下：

组训人员：“今天我们训练的内容为石油化工火灾扑救综合训练方法以及各项注意事项。通过训练，同志们基本掌握了训练的内容、方法、要求及注意事项。但是训练过程还存在几点不足：第一，×××；第二，×××。希望各位同志在今后的学习和训练中不断提高实战能力，讲评完毕！”

八、训练结束

（1）讲评完毕，所有人员将现场器材收集，水带控水收卷，仪表关机，器材泄掉余水。

（2）清点人员装备，整收装备器材按照表格核对。

（3）还原场地设施，清理现场积水及无关用品，恢复至备用状态。

九、训练考核

训练考核为过程性考核，由组训人员安排专人负责，考核标准参见表2-14-1。

附录　灭火战术演练方案示例

超高层建筑灭火救援跨区域联合实战演练方案

为检验高层建筑灭火救援作战编成建设成果，提升全省消防救援队伍扑救高层建筑火灾和跨区域协同作战能力，省消防救援总队拟开展超高层建筑灭火救援跨区域联合实战演练。为确保演练成功举行，特制定此方案。

一、演练目的

此次演练坚持实战导向，采取随机拉动、临机设情的演练方式，按照“规模适度、注重程序、规范编成、磨合机制、检验效能、锻炼队伍”的原则，通过跨区域实兵、实装、实战演练，进一步增强单位自防自救意识，提升高层建筑灭火救援作战编成攻坚克难实战能力。

二、演练时间、地点

20××年×月×日（星期×），在××大厦举行。

三、单位概况

××大厦主要用于人员办公、召开会议等，日常办公人员2500余人。大厦地上36层，地下4层，总建筑高度173.3 m。主要功能分区：一楼有南、北、东3个疏散出口，与主楼大厅连接；大厦地下1层至4层为地下停车场及设备用房，第1～3层为会议区，第4～36层为办公区，在第12层、第27层设有避难层，楼顶为钢结构构架。

四、灾情设定

某日上午10时，大厦第29层办公区域因电气故障引发火灾，燃烧面积约200 m^2，高温烟气通过横向和竖向空间迅速蔓延，29层南侧、西侧局部火势突破外窗，29层有数名人员被困。辖区支队接警后，立即调派辖区各消防救援站到场处置，全勤指挥部遂行出动。由于起火区域可燃物多、火灾荷载大，部分建筑消防设施存在故障，火势蔓延迅速，支队全勤指挥部到场后侦察发现火场燃烧面积已达到400 m^2，于是立即调整作战部署，全力控制火势发展，并向总队指挥中心汇报。总队在接到报告后，按照“区域协同、就近调度”原则，命令附近一、二、三支队高层建筑灭火救援作战编成前往增援，同时调派

四、五支队外部控火单元（增援力量集结地点由各支队自定，原则上为高速公路入口处附近，便于队伍集结、装备操作的区域），总队全勤指挥部遂行出动。

五、组织领导和分工

总队成立由总队领导以及办公室、作战训练处、信息通信处、作战指挥中心、后勤装备处、财务处有关人员为成员的实战演练领导小组，负责跨区域综合实战演练的组织实施。

六、现场指挥部

成立省政府应急演练现场指挥部，指挥部组成：

总 指 挥 员：赵××　省人民政府副省长

副总指挥员：钱××　省应急管理厅厅长

李××　省消防救援总队总队长

王××　市人民政府副市长

成　　　员：市应急管理局、市公安局、市卫生健康委、市消防救援支队、市水务集团、市燃气公司、供电公司等单位主要负责同志。

七、消防救援队伍组织机构

灭火救援演练工作具体分工如下：

（一）消防灭火救援指挥部（一部）

总 指 挥 员：李××总队长。

副总指挥员：董××副总队长、王××副总队长。

成　　　员：王××、张××、刘××、李××、张××、崔××。

（1）统筹各作战力量，做好演练的组织、指挥和协调工作，把握演练整体进程，确保演练安全顺利进行。

（2）在总队作战指挥中心下达力量调度命令，检查现场及各增援力量应急响应、战斗实施、视频传输、通信联络、按增援命令集结等情况。

（二）作战区域划分（三区）

将整个作战区域划分为作战核心区、作战力量集结区、跨区域增援力量集结区3个区域。

1. 作战核心区

大厦内部为作战核心区，设置消防指挥部（大厦3层会议室307）、前方指挥点（大厦1层）、前沿指挥所（着火层下两层位置），明确各级指挥员具体的作战职责。

（1）消防指挥部：统筹整个演练，下达作战指令，指挥各前沿指挥点的作战行动、协调力量集结、火场供水、安全警戒、战勤保障和外攻作战行动。

（2）前方指挥点：负责指挥协调各楼层内攻作战行动。

（3）前沿指挥所：负责指挥协调着火层内攻作战行动。

2. 作战力量集结区

以大厦入口为界，东侧为消防救援力量作战车辆及人员集结区，西侧为社会应急联动力量集结区。

3. 跨区域增援力量集结区

舜华南路南北道路东侧，以舜华南路与华奥路交叉口为界，南侧为二支队作战车辆及人员集结区，北侧为三支队作战车辆及人员集结区；凤飞路南北道路西侧为一支队作战车辆及人员集结区。

（三）灭火作战编组（五组）

灭火救援指挥部下设作战指挥组、通信保障组、政工保障组、战勤保障组、信息控制组5个作战编组。

1. 作战指挥组

组长：王××副总队长。

成员：王××、刘××、张××、崔××、霍××。

具体工作职责：

（1）指挥调度演练力量进入集结地及战斗位置，对整个演练过程进行调度和检查；指挥、协调跨区域增援队伍到场后的行动计划。

（2）完善灭火救援方案；组织指战员深入现场熟悉场地，明确作战任务部署、响应机制、参演力量和作战部署，执行指挥部演练指令，跟踪演练进程。

（3）现场检查××市各社会应急联动力量协同作战情况。

2. 通信保障组

组长：王××。

成员：王××及市支队通信处相关人员。

具体工作职责：

（1）制定演练通信保障方案，做好演练现场的语音视频传输，负责建立现场通信网络，确保现场通信畅通有序。

（2）利用视频系统检查增援支队远程视频传输调度指挥情况；现场检查视频传输、通信联络、通信装备以及二级、三级指挥网组建应用情况，检查增援队伍按命令集结情况；负责演练导调组相关人员通信器材的配备、发放工作。

3. 政工保障组

组长：宿××。

成员：吴××及市支队组织教育处相关人员。

具体工作职责：

制定演练思想政治工作方案，负责演练期间人员思想鼓动等战时思想政治工作。

4. 战勤保障组

组长：王××。

成员：王××、赵××及市支队后勤装备处、战勤保障处相关人员。

具体工作职责：

（1）制定演练战勤保障方案，负责参演消防救援人员的饮食、医疗保障、补给油料、器材装备、灭火药剂和个人防护装备。

（2）开展车辆维修和装备抢修工作。

5. 信息控制组

组长：邵××。

成员：邱××及市支队宣传处相关人员。

具体工作职责：

（1）做好信息宣传报道、信息报送、演练信息发布与网络舆情信息控制工作。

（2）制定演练宣传报道方案，对演练进行跟踪录像和后期剪辑，将演练相关影像资料建档。

八、参演力量

1. 总队机关

灭火救援指挥部相关人员，政工宣传、饮食保障、宣传报道人员。

2. 辖区支队

××支队根据灾害事故类型及规模调集辖区力量到场。

3. 增援支队力量

（1）一支队：调集1个高层建筑灭火救援作战编成，包含1个作战指挥单元、2个内攻灭火单元、1个破拆排烟单元、1个外部控火单元、1个供水供液单元。

（2）二支队：调集1个高层建筑灭火救援作战编成，包含1个作战指挥单元、2个内攻灭火单元、1个破拆排烟单元、1个外部控火单元、1个供水供液单元。

（3）三支队：调集1个高层建筑灭火救援作战编成，包含1个作战指挥单元、1个内攻灭火单元、1个外部控火单元、1个供水供液单元。

（4）四支队：调集1个外部控火单元，包含101 m登高平台消防车，2辆重型水罐消防车，1部通信指挥车或先导车。

（5）五支队：调集1个外部控火单元，包含101 m登高平台消防车，2辆重型水罐消防车，1部通信指挥车或先导车。

九、演练内容

（一）跨区域增援力量调派

增援命令：一、二、三、四、五支队，市××大厦发生火灾，过火面积约400 m^2，有人员被困。命令你们按照《全省消防救援队伍灭火救援战区协作暂行规定》，出动相应灭火救援作战编成进行增援。

1. 人员器材装备清点

（1）清点到场人数及车辆数量、种类、载灭火剂吨位；检查是否按照增援命令出动人员、车辆，携带器材装备。

（2）检查战斗人员个人防护装备是否佩戴齐全，空气呼吸器是否按 1∶1 配备，是否配备带有后场接收装置的方位灯、呼救器。

（3）抢险救援车牵引、照明、破拆、撑顶、移动供气、充气等设备是否配备齐全。

2. 装备测试

（1）测试各支队指挥车与总队作战指挥中心音视频联络。

（2）测试驾驶员操作抢险救援车牵引、照明、吊升设备（每支队 1 人）。

（3）测试四、五支队 101 m 登高平台消防车定位举升。

（4）测试一、二、三支队远程供水系统水带铺设。

（二）现场综合实战演练

1. 总队全勤指挥部作战任务

（1）指挥导调组负责下达作战任务，全程检查指导。

（2）战勤保障组负责对现场战勤保障力量进行全程指导检查。

（3）政工宣传组负责现场录像、照相、编写信息。

2. 市支队接警信息及作战任务

接警信息：20××年×月×日 10 时，××大厦 29 层办公区域因电气故障引发火灾，过火面积 200 m^2，有人员被困。

第一阶段：初期响应阶段

（1）单位处置。火灾发生后，单位发现火情自救并报警，单位员工、微型消防救援站立即启动应急方案进行先期处置，启动固定消防设施，并拨打火警电话报警。

（2）支队接警调度。支队指挥中心接到××大厦发生火灾的报警后，立即启动灭火救援方案，按照支队高层建筑作战编成调出相关力量，支队全勤指挥部同步出动。

第二阶段：初战控火阶段

辖区消防救援站处置。辖区消防救援站到场后，组成侦察搜救单元利用消防控制室、询问知情人、外部、内部、仪器等火情侦察手段进行不间断侦察，组织人员深入内部侦察、救人，并利用固定消防设施控火。

第三阶段：攻坚灭火阶段

支队全勤指挥部和高层建筑灭火救援作战编队到场处置。全勤指挥部和高层建筑灭火救援作战编队到场后，成立现场指挥部（通信指挥车）、前方指挥部（消防控制室）、前沿指挥部（着火层下两层），根据现场及到场力量情况部署作战任务、指挥作战行动。高层建筑灭火救援作战编队在指挥部的统一指导下，按照任务分工展开作战。

第四阶段：跨地增援阶段

跨区域联动。接到增援请求后，总队全勤指挥部到场成立总指挥部。总队向一、二、三、四、五支队下达跨区域增援命令，各单位立即部署配足相关器材、灭火药剂、油料及自行保障物资，在半小时内集结完毕出发赶赴现场。

第五阶段：灭火阶段

跨区域力量协同处置。总指挥部按照灾情发展和跨区域力量到场情况作出力量部署。

第六阶段：总结讲评阶段

灭火救援专家组专家张 × × 对演练情况进行总结讲评。

（三）课目设置

课目一：单位自救、报警与接应

发现火情后，单位值班人员立即拨打火警电话报警，并派人到主干道迎接消防车；同时启动单位应急方案，启动室内消防设施系统进行先期处置。

课目二：火情侦察、报告

辖区消防救援站到场后，组成侦察搜救单元，通过询问知情人、外部观察、深入消防控制室侦察等方式，查明起火部位，掌握火灾现场情况，并向支队指挥中心汇报。

课目三：利用固定消防设施控火救人

辖区消防救援站车辆占据市政消火栓，通过消防车为大厦水泵接合器供水；组成内攻搜救单元，利用消防电梯上至起火楼层下层（28 层），使用室内消防设施出 2 支水枪控火，灭火掩护小组掩护搜救疏散人员，并利用担架和消防电梯救出 1 名被困人员。

课目四：外部区域划分与警戒

支队全勤指挥部到场，在大厦南侧设置现场指挥部，前方指挥员充分利用消防控制室进行火情侦察，通过视频监控屏、火灾报警控制器等设备，核实起火部位和火势蔓延情况，观察烟气流动，人员疏散、防火门启闭状态，自动喷淋系统动作情况；查看应急广播、防排烟、消防泵等建筑消防设施启用情况；及时向现场指挥部反馈火灾现场情况。将现场周边划分为集结区、作战区、指挥区和综合疏散区。由交警对周边道路实施交通管制和警戒。

课目五：信息控制与分指挥部设立

明确现场通信组网，按照通信保障方案，合理分配通信信道，保证火场通信畅通；使用无人机、4G/5G 无线图传设备及时上传现场处置影像；在大厦 27 层设立火场前沿指挥所，作为一线指挥、物资储备、人员集结与进攻准备的阵地。

课目六：外部控火，开辟救生、供水通道

特勤大队二站外部控火单元在大厦南侧设置阵地，从外部控制火势发展；贤文消防救援站外部控火单元在大厦北侧，通过 12 层避难层救援窗口开辟救生、供水通道，利用云梯车营救 1 名被困人员。

课目七：分区铺设水带、协同救人灭火

按照高层建筑火灾“以固为主、固移结合”的作战原则，充分利用消防竖管建立供水通道，分别选用 3 根室内消火栓竖管作为供水线路，采用低中区低压接力供水、中区低部位反向中压供水、高区低部位消火栓反向高压供水三种不同的供水方式，假设水泵房瘫痪，借助室内消火栓管网进行供水。

课目八：火场排烟

（1）机械排烟：①利用单位内部设施排烟、送风；②广场消防救援站破拆排烟单元，携带机动、电动排烟设备深入大厦内部（29 层、30 层）进行排烟。

（2）人工排烟：各分区内攻搜救小组，利用破拆器材，模拟破拆窗口排烟。

（3）自然排烟：各分区内攻搜救小组，打开背风面的大厦外窗，实施自然排烟。

课目九：火场供水、供液

远程供水系统到场前，各单元供水采取占据市政消火栓与运水供水共同保障方式；远程供水系统到场后，为各作战单元车辆供水；大功率水罐消防车利用水泵接合器向楼内加压供水。

课目十：作战单元力量轮换

各作战单元到场后，划分主战力量和备用力量，备用力量在力量集结区待命，根据实际情况实施作战力量轮换。

课目十一：火势扩大，增设阵地

在处置中，侦察人员发现火势向楼顶扩大蔓延，指挥部命令：前沿指挥部立即派出两个内攻灭火小组前往处置，一组利用消防电梯迅速到达着火层下层，利用楼顶室内消火栓出 3 支水枪进行灭火。

课目十二：应急联动力量指挥与协同

启动市应急救援调度指挥机制，调集应急、公安、医疗、供水、供电、供气、通信等相关联动单位参与救援。公安交警主要负责交通管制；医疗急救车在集结区待命，对搜救出的被困人员实施现场急救并转运；水务集团保障现场消火栓供水；燃气公司切断大厦及周边裙房燃气；电力抢修车、通信保障车在集结区现场待命。

课目十三：跨区域增援力量指挥与协同

总队全勤指挥部到场接替现场指挥权，调集增援一、二、三支队各 1 个高层建筑灭火救援作战编队，同时根据火场需求，跨战区调派增援四、五支队 2 部 101 m 登高平台消防车增援。增援单位出发后立即向总队指挥中心报告出动情况，打开 4G/5G 图传系统实时传输编队开进情况，每半小时向总队指挥中心和辖区支队现场指挥部通报行进位置。

十、演练进程表

序号	时间	演　练　内　容
1	10:10	单位发现火情自救并报警
2	10:15	支队指挥中心接到××大厦发生火灾的报警，按照支队高层建筑作战编成调出相关力量，支队全勤指挥部同步出动
3	10:25	辖区各消防救援站到达现场开展处置
4	11:00	支队全勤指挥部和高层建筑灭火救援作战编队到场处置，并向总队请求支援
5	11:30	总队成立总指挥部，向一、二、三、四、五支队下达增援命令
6	12:00	一、二、三、四、五支队组队集结完毕，并向总队作战指挥中心报告，同时使用4G/5G图传系统上传队伍集结影像，完成总队视频拉动课目
7	12:30	集合队伍讲评总结
8	13:00	演练结束，各参战力量归队

十一、工作要求

（1）提高认识，认真准备。组织超高层建筑实战演练是切实做好超高层火灾灭火救援工作的重要举措，各单位要高度重视，明确责任，按照职责分工认真抓好各项准备工作，以此检验队伍快速响应、自行保障和协同作战能力。

（2）严密组织，密切协调。各相关处室要按照既定工作部署，强化沟通协调，统筹安排，制定详尽的工作子方案，按照工作内容和完成时限将责任落实到具体人。各参演单位要结合自身实际，根据作战编成、作战单元（编组）科学合理编配。

（3）加强管理，确保安全。各单位要进一步强化指战员安全意识，切实把安全与事故预防工作贯穿到演练始终。演练期间，带队指挥员是本单位安全工作第一责任人，要严格落实干部带车制度，控制车速、保持车距、不拉警报、杜绝疲劳驾驶，确保行车安全。

参考文献

[1] 中华人民共和国公安部消防局．中国消防手册：第六卷·灭火救援［M］．上海：上海科学技术出版社，2006.

[2] 商靠定．灭火战术训练［M］．北京：中国人民公安大学出版社，2019.

[3] 中华人民共和国公安部消防局．中国消防手册：第九卷·灭火救援基础［M］．上海：上海科学技术出版社，2006.

[4] 赵泽志．如何推进消防部队灭火救援实战化能力建设分析［J］．消防界，2017（2）：24－24.

[5] 中华人民共和国公安部消防局．灭火救援教程［M］．上海：上海科学技术出版社，2006.

[6] 商靠定，岳庚吉．灭火救援典型战例研究［M］．北京：中国人民公安大学出版社，2013.